普通高等教育机械类专业"十四五"系列教材

U0151729

机械控制工程基础

（第2版）

王朝晖 编著

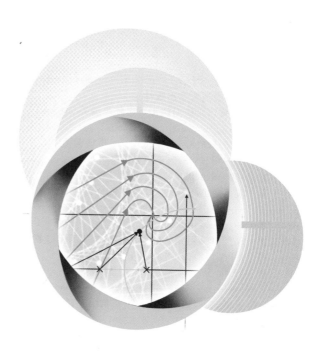

西安交通大学出版社
XI'AN JIAOTONG UNIVERSITY PRESS

内容简介

本书介绍经典控制理论应用于机械传动系统中的基本原理和方法。内容包括机械控制系统的基本概念;典型机电系统在时域和频域中的数学模型;系统的瞬态响应性能指标分析;系统的稳定性分析;系统稳态误差的概念与计算方法;根轨迹曲线的概念;应用根轨迹法 PID 补偿校正系统;系统频率响应分析技术;频率响应补偿校正系统等。本书在引入数学理论时辅以大量的计算实例讲解,学生在学完课程内容后可以按图索骥快速上手解决实际问题。

本书可作为高等院校机械类、仪器仪表类等专业的本科生、研究生专业课程教材使用,也可供相关专业技术人员在解决实际工程问题时参考查阅。

图书在版编目(CIP)数据

机械控制工程基础/王朝晖编著. —2 版. —西安:西安
交通大学出版社,2022.7
ISBN 978 - 7 - 5605 - 9323 - 4

Ⅰ.①机… Ⅱ.①王… Ⅲ.①机械工程-控制系统-
高等学校-教材 Ⅳ.①TH - 39

中国版本图书馆 CIP 数据核字(2022)第 059918 号

Jixie Kongzhi Gongcheng Jichu
机械控制工程基础
(第 2 版)

编 著	王朝晖
责任编辑	郭鹏飞
责任校对	王 娜

出版发行	西安交通大学出版社
	(西安市兴庆南路 1 号 邮政编码 710048)
网 址	http://www.xjtupress.com
电 话	(029)82668357 82667874(市场营销中心)
	(029)82668315(总编办)
传 真	(029)82668280
印 刷	陕西龙山海天艺术印务有限公司

开 本	787mm×1092mm 1/16	印张 14.5	字数 332 千字
版次印次	2022 年 7 月第 2 版 2022 年 7 月第 1 次印刷
书 号	ISBN 978 - 7 - 5605 - 9323 - 4
定 价	42.00 元

如发现印装质量问题,请与本社市场营销中心联系。
订购热线:(029)82665248 (029)82667874
投稿热线:(029)82669097
读者信箱:21645470@qq.com

前　言

　　自动控制理论是现代智能制造不可或缺的基础技术理论之一。应用于机械工程的自动控制理论,其相关的概念和应用技术方法一般统称为"机械控制工程"或"机械工程控制理论"。早在 20 世纪 70 年代末这门课程就被引入到机械类本科生专业教学计划中,经过几十年的课程建设,现在已经成为国内很多工科院校机械类本科生和研究生的必修课。

　　西安交通大学是国内最早开设这门课程的高校。当年西安交大的阳含和教授(1920—1988)在学习了钱学森先生的《工程控制论》后,认为工程控制论的知识内容对机械类学生非常重要,高校应该开设这门课。1978 年起他在西安、武汉和北京为国内部分高校的研究生和青年教师开设"机械控制工程"讲座。后来几位青年教师将听课笔记整理成讲义,进而修订编写成教材并出版。阳含和教授对学科专业方向有非常敏锐的洞察力,学术思想十分活跃,在 20 世纪 70 年代末期就提出我们国家要布局机器人方面的研究。遥想交大"西迁一代"先贤们的学术素养和拳拳爱国之心,令人无限敬仰。他们开创的学科方向和打下的学科基础泽被后人至今,也令人不胜感慨。

　　传统机械控制工程的相关理论非常丰富。随着科学技术的不断进步,新的控制理论和应用技术层出不穷。面向智能制造、智能运维的机械控制技术,一直是西安交大机械电子工程学科的教学、科研重点方向。近年来,为了适应新时代不同层次的人才培养要求,我们将授课内容重新做了全面调整,分为"机械控制工程基础""机械工程现代控制理论""机械工程智能控制理论",面向本科生、硕士研究生和博士研究生讲授。三门课程的授课内容相互衔接,构成了较为系统的机械工程自动控制理论体系。

　　本书为本科生授课用配套教材,主要内容包含经典控制理论的基本原理以及在机械系统中的应用方法:机械控制系统的基本概念;典型机电系统在时域和频域中的数学模型;系统的瞬态响应性能指标分析;系统的稳定性分析;系统稳态误差的概念与计算方法；根轨迹曲线的概念；应用根轨迹法 PID 补偿校正系统；系统频率响应分析技术等。此次重新修订，补充了第 9 章频域法补偿校正系统方法，以备教学之需。本教材注重学以致用，在引入数学理论的同时，给出了大量的计算实例讲解。这样在面对实际工程问题时，读者可以按图索骥快速找出相应的解决方案。

在教材编写和使用过程中，教研室的李小虎、董霞、王诗彬、刘金鑫等教授都提出了很多宝贵的意见和建议，在此一并表示感谢。个人能力所限，书中难免还有错讹疏漏之处，欢迎批评指正。

西安交通大学　王朝晖

2022 年 4 月

目　　录

绪 论

第 1 章

1.1 自动控制理论简述

自动控制系统是现代工业最为显著的特征之一。文明肇始,人类就有了自动化的梦想。亚里士多德(Aristotle)在其有关"政治学"的论著中就提出:"……如果所有工具,都能够完成自己的工作,服从并预见到人的意志,……倘若织梭能自动织布,琴拨能自动拨弦,那么工匠就不需要帮手了,主人也就不需要奴隶了。"亚里士多德明白无误地说出了我们研究自动化的目的:令人类获得自由、解放和高品质的生活。

自动控制这一现象本身就存在于自然之中。我们身体内就有很多个自动控制系统。人手去抓取桌子上的杯子时,眼睛会一直盯着并将手与杯子之间的距离反馈给大脑,大脑实时计算判断,令手臂调节其运动方向和速度以精确移动到水杯的位置。再比如遇到突发危险状况时,身体里的肾上腺素作用于人的心血管系统和交感神经相关系统,促使心率加快,血管舒张,瞳孔放大,提高身体的警觉性。

在古代就有了自动控制的实例,如古希腊人克特西比乌斯(Ktesibios)设计的水钟是采用浮子来实现水箱液位的恒定的,类似于今天抽水马桶的液位控制原理。但真正学术意义上的自动控制理论的提出与发展是第一次工业革命前后的产物。

17世纪,随着大航海时代的来临,人们对精密计时技术有了更高的需求。为此惠更斯(Christiaan Huyghens)和胡克(Robert Hooke)在研究钟摆振荡的原理时,已经涉及了动力学方程、控制系统的数学模型、线性化处理、系统过渡状态、稳定性等控制理论的基本概念。这些研究成果随后被用于风车速度的调节上。其主要机构是基于一个绕风车轴旋转的小球系统。在离心力作用下,小球远离轴的位移正比于风车的旋转速度。当旋转速度加快时,球会远离轴,通过比例机构作用于风车上使其速度慢下来。英国人瓦特(James Watt)据此原理发明了蒸汽机,成为工业革命中的标志性事件。在瓦特的机械装置中,当小球旋转速度增加时,一个或几个阀门就会张开,令蒸汽逸出,这样锅炉里的压力就会降低,速度也就降下来了。这样就尽可能地保持速度恒定。英国天文学家艾里(George Biddell Airy)在数学上分析了瓦特发明的调节系统原理。1868年麦克斯韦尔(James Clerk Maxwell)第一次在其著作中给出明确的数学描述。他分析了蒸汽机运行中的一些不稳定的行为,提到了一些控制原理。随后控制理论思想不断丰富。

进入20世纪后,自动控制和设计分析技术取得了重要进步,应用领域不断扩展。如电话系统中的扩音器,电厂中的分布式系统,航空器的稳定化,造纸业的电子机械,化学、石油和钢铁工业中的应用,等等。国际上的学术机构如美国机械工程师协会(ASME)和英国电气工程技术学会(IEE)也开始关注自动控制理论的研究。1948年,维纳(Norbert Wiener)出版了标志性专著《控制论,或动物和机器的控制和通信》(*Cybernetics, or control and communication in the animal and machine*),"控制论(cybernetics)"的概念开始向社会经济的各个研究领域渗透。应用于工业界的自动控制理论与技术也日益精进,最终成为一个重要的学科研究方向。

当时有两个新兴的全然不同的控制理论思想或方法:第一种是基于时间域微分方程的分析方法,第二种是基于系统的频率特性,即"输入"与"输出"的幅值和相位分析等概念与方法。在第二次世界大战以及战后很长一段时间,飞机跟踪和弹道式导弹控制和其他防空装备的控制机理得到了充分研究,极大地促进了频域设计方法的发展。20世纪60年代以后,这些控制理论和方法被定义为"经典"控制理论的一部分。一般的工业系统,如机床和轧钢机中常用的调速系统、发电机的自动电压调节系统,以及冶炼炉的温度自动控制系统,等等,这些系统均被当作单输入-单输出的线性定常系统来处理。解决上述问题时,采用频率法、根轨迹法、Nyquist稳定判据、对数频率特性综合等方法比较方便。这些方法均属于经典控制论范畴。经典控制理论是与生产过程的局部自动化相适应的,它具有明显的依靠手工进行分析和综合的特点。这与1940—1950年工业生产发展的状况,以及电子计算机技术的发展水平尚处于初期阶段密切相关。

经典控制理论与系统其精确度不足以描述复杂的真实世界。事实上,我们所面对的"真实系统"通常是非线性和非确定性的,因为他们会被"噪声"影响。这就促使人们在此领域做出新的努力。20世纪50年代中期,由于空天技术发展的需要,人们提出了诸如把卫星用最少燃料或最短时间准确地发射到预定空间轨道一类的控制问题。这类控制问题十分复杂,采用经典控制理论难以解决,人们需要一种更先进的控制理论。随着计算机技术的日益成熟,现代控制理论应运而生。20世纪60年代初,一套以状态空间法、极大值原理、动态规划、卡尔曼-布什滤波为基础的分析和设计控制系统的新的原理和方法得以确立,这标志着现代控制理论基本形成。在现代控制理论的推动下,人类在探索自然的进程中迈出了很大一步。如苏联相继成功发射洲际弹道导弹和第一颗人造地球卫星,美国的阿波罗11号把宇航员阿姆斯特朗和奥尔德林送上月球,实现了人类太空探索的重大跨越。

1990年至今,随着工程技术领域的飞速发展和相互之间的交叉融合,现代控制理论又在最优控制、自适应控制、智能控制、最优滤波、系统辨识等方向深入发展。特别是自动控制理论与人工智能二者的天然联系,诞生了模糊控制、神经网络、H无穷鲁棒控制、深度学习等新的控制理论和技术。也有人将这些学术成就统称为第三代控制理论——智能控制理论。

时至今日,自动控制系统在现代社会中已无处不在。如空天技术中的火箭发射、卫星姿态调整、飞行器自动导航,制造业中的无人车间、自动化生产线、工业机器人、数控加工系统,现代物流业的智能仓储、无人驾驶,等等。随着计算机、互联网、大数据这些信息技术的飞跃式发展,原本只是对机器自动化的控制理论研究,现在已进入对人机共融控制理论的研究。自动控制理论也已成为现代工程教育知识体系中不可或缺的组成部分。

1.2　机械控制工程

1954 年,钱学森在美国根据控制论的思想和方法,出版了英文版《工程控制论》一书,其首先将控制理论推广应用到了工程技术领域。20 世纪 70 年代,西安交通大学阳含和教授在国内首次开设了机械控制工程课程,主要讲授经典控制理论在机械工程中的应用。机械结构的运动与控制是所有工业领域的基本问题。机械控制工程(也就是机械工程控制论),就是以机械传动(包括液压气动等)系统为对象,研究这一工程领域中的广义系统动力学问题,研究机械系统及其输入、输出三者之间的动态关系,如图 1.1 所示。输入信号和输出信号亦分别被称为"激励"和"响应";系统可以是一个机械结构,也可以是一个传动过程。

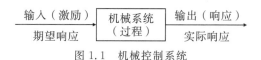

图 1.1　机械控制系统

我们可以用电梯升降这一设备运行的过程来描述机械控制系统的概念。乘客从一楼进电梯,按下要抵达四层的按钮。电梯接收指令后启动,历经静止—加速—匀速—减速—停止各个阶段后,将乘客送到指定楼层。此处电梯就是机械系统,乘客按下电钮,相当于给电梯一个输入信号,也表达了想要得到的系统最终的输出信号。而电梯运行过程中,我们关注的是电梯的上升速度和抵达目的楼层的位置精度,其次还要考虑上升过程中乘客体验的舒适度等。

我们可以把这个过程呈现为图 1.2 中的各条曲线的形态。乘客输入的指令信号可以表示为一个阶跃函数,如图中虚线所示;图中还绘制了电梯运行过程中的时间-位置曲线(电梯响应),从这条曲线可以看出电梯的性能优劣。

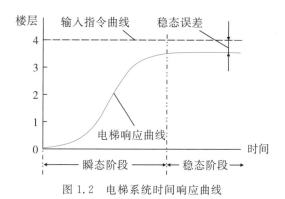

图 1.2　电梯系统时间响应曲线

从图 1.2 中电梯的时间-位置响应曲线可以看出,电梯上升过程很明显分为两个阶段:瞬态过程与稳态过程。图中曲线的形状表达了瞬态过程的品质和进入稳态时的误差等主要的电梯性能指标。显然,乘客的舒适程度和等待电梯的耐心反映在瞬态过程品质中。如果电梯启停上升的速度过快,乘客就会感到很不舒服;但如果电梯响应速度太慢,乘客等待时间过长就会感到不耐烦。图中曲线标注的稳态误差也是机械控制系统一个重要的性能指标。设想若电梯没有把乘客准确送到四层而是到了其他位置就停下来,那电梯就不能用了。注意在这个例子的分析过程中,很多实际的物理量(过程)都被抽象成为"信号"来表述,这是研究控制系统的主要方法。

从系统论的角度来看,机械工程控制论主要的研究内容有三个方面:

(1)已知机械系统结构和输入信号,研究输出信号有何规律和特点。

(2)已知机械系统结构和理想(期望)输出信号,确定输入信号如何施加。

(3)已知输入信号和输出信号,确定机械系统应具有何种结构与参数。

也可以简而言之为系统分析和系统设计两大研究内容。系统分析就是确定系统性能的过程。通过分析测试计算等手段,确定系统瞬态响应的品质和稳态误差的大小,判断系统是否达到所期望的性能指标。系统设计就是构造或改变系统的结构,使系统的输出性能指标达到我们的要求。

在原有机械结构中引入控制系统可以扩充出很多新功能。第一可以实现功率放大,例如通过汽车操控系统,人的手臂和腿脚动作就可以驱动汽车在路面上行驶。第二可以实现远程操纵作业,人们可以远程控制机器人在有毒有害的作业场所搬运材料。第三是可以实现各种输入的物理信号的转换,为作业提供方便。例如,在温度控制系统中,输入是恒温器的旋钮位置,输出是热。一个简单的位置输入信号导出了所需的热量输出。第四是可以实现对干扰的补偿校正。通常在机械传动系统中存在位置和速度波动,在热量控制系统中存在温度波动,在电子系统中存在电压、电流频率波动等。工业装置不可避免地要在这些参数变化的干扰中工作,还要保证有正确的输出。这时候就需要控制系统来修正这些干扰带来的运行偏差。如天线系统要瞄准预定的位置,如果强风使天线扭转或其他干扰影响,系统就必须检测出干扰并矫正天线的位置。显然,仅靠系统输入的定值信号无法实现矫正功能,控制系统自身必须能量测出扰动导致的位置偏移量,而后驱使天线回到所要求的位置。在一个机械控制系统中上述四个功能其实是相互关联、互不可分的。

1.3 机械控制系统基本概念与定义

1. 机械控制系统的基本定义

我们先给出机械控制系统相关概念的若干基本定义。

系统:能够完成一定任务的一些部件的组合。

机械系统:能够实现一定的机械运动,输出一定的机械能,以及承受一定的机械载荷的系统。

控制系统:系统的可变输出如果能够按照要求由参考输入或控制输入进行调节的系统。

开环系统:如图 1.3 所示,"变送器"模块将输入信号转换为"控制器"可用的形式;控制器驱动机械系统(过程)。输入信号有时也称为参考值,输出信号称为被控变量。其他信号,

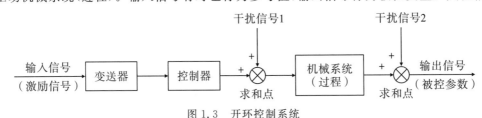

图 1.3　开环控制系统

诸如干扰信号,通过求和点进入到控制器和系统中。此即开环系统的普遍形式。

开环系统的特征是无法校正(补偿)加在控制器驱动信号中的任何干扰(噪声),包括混入控制器中的干扰信号 1,和直接在输出端的干扰信号 2,系统对这两种干扰信号都无法修正。例如普通车床在金属棒料外圆加工时,调整好进给量后刀具持续切削作业。如果棒料材料中有硬质大颗粒状杂质,外圆尺寸加工精度就会受到影响,严重时还有可能引起崩刃。对这种意外(干扰),开环的切削系统就无法修正调整。

反馈:将系统输出信号以一定的方式返回到系统的输入端,并共同作用于系统的过程。

闭环系统(反馈控制系统):如图 1.4 所示,系统的输出量对系统有控制作用,或者说系统中存在反馈回路的,称为闭环系统。

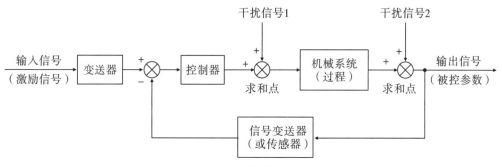

图 1.4　闭环控制系统

在闭环系统回路中,信号变送器(或传感器)模块获得输出信号,并将其变换输送到"控制器"模块中。在第一个求和点处,求取输入输出信号的代数和(称为"作用信号"),再施加到控制器中。

反馈控制系统最经典的例子是贮水槽液面自动调节系统。这种系统在古代文明中很早就出现了,直至今日很多抽水马桶还在采用这种原理。如图 1.5 所示,由于浮子浮出液面实际高度 h 与贮槽内所需液面高度 H_0 存在的差,使得杠杆能控制进水阀门放水,一直到 $h = H_0$ 时,杠杆施加作用关闭进水阀门。

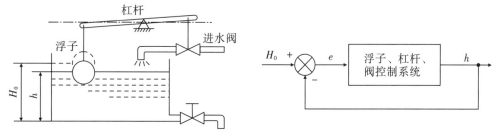

图 1.5　液面自动调节系统及其作用框图

开环系统的缺点,如对外加干扰的敏感,以及对这些干扰无法补偿校正,这些或许可以通过闭环系统加以改善。参见图 1.4,系统测量输出响应,通过反馈通路将此测量信号返回,在求和点处将响应信号与输入信号进行比较。两路信号若有任何差异,则系统通过作用信号驱动被控对象,实施系统校正。整个过程就是一个"测量偏差并用以纠正偏差"的过程,因而闭环控制系统的控制精度一般优于开环控制系统,对噪声、干扰和环境变化的敏感性较小,瞬态响应和稳态误差等性能指标也易于调整。但这里要指出,对于闭环系统而言,由于增加了反馈环节,容易造成系统的振荡甚至不稳定,因此其稳定性始终是一个重要问题。在实际分析、设计控制系统时,也不能盲目地因为闭环控制系统比开环系统精度高而一定选择闭环控制,还需考虑使用要求和经济成本等因素。

总之,系统具有反馈回路,具有测量和校正功能的称为闭环系统,或者反馈控制系统。系统不具有这些测量和校正功能,则称为开环系统。

现在绝大部分机械控制系统,不论是开环系统还是闭环系统,都选用计算机作为系统回路中的控制器(或补偿器)。采用计算机作为控制器的优点很多,比如用同一台计算机通过分时技术可以同时控制或补偿多个系统回路;而且,通过软件来调整补偿器的参数以实现系统响应要求,比起更换调整硬件来要方便很多。

2. 机械控制系统分类

控制系统的分类方法有很多。如根据系统的功能分类,有温度控制系统、速度控制系统、压力控制系统、流量控制系统等等;按照有无反馈可分为开环系统和闭环系统。如果按照输入信号的特征,可以分为如下三类控制系统:

(1)自动调节系统 这种系统的特征是输入量为一恒值,通常称为系统的给定值,也称为恒值系统。控制系统的任务是尽量排除各种干扰因素的影响,使输出量维持于给定值(期望值)。如工业过程中恒温、恒压、恒速等控制系统。

(2)随动系统(跟踪系统) 该系统的控制输入量是一个事先无法确定的任意变化的量,要求系统的输出量能迅速平稳地复现或跟踪输入信号的变化。如雷达天线的自动跟踪系统和高炮自动瞄准系统就是典型的随动系统。

(3)程序控制系统 系统的控制输入信号不是常值,而是事先确定的运动曲线,将其编成程序固化在输入装置中。即输入信号是事先确定的程序信号,控制的目的是使系统的被控参量按照要求的程序作业。如数控车床就属此类系统。

根据系统中传递信号的性质分类,机械控制系统可以分为两类:

(1)连续控制系统 系统中各部分传递的信号为随时间连续变化的信号。连续控制系统通常采用微分方程描述。

(2)离散(数字)控制系统 系统中某一处或多处的信号为脉冲序列或数字量传递的系统。离散控制系统通常采用差分方程描述。

本课程主要以自动调节系统、连续控制系统为例来研究机械控制原理。

3. 机械控制系统的性能指标

无论是分析系统还是设计系统,都要先明确判定系统优劣的性能指标。系统对输入信号的响应是一个动态过程:先历经一个瞬态响应过程,而后进入稳态响应状态。通常自动调节系统的稳态响应与系统输入信号相类似。

一般来说,针对机械系统的分析和设计主要考察三项指标:系统的稳定性、系统的瞬态响应品质、系统的稳态响应误差。设计控制系统就要使系统的稳定性达到要求,瞬态响应品质增高,系统的稳态误差降低。

当系统受到外界扰动作用时,其输出将偏离平衡状态;当这个扰动作用去除后,系统恢复到原来平衡状态或者趋近于一个新的平衡状态的能力,就是系统的稳定性。如图1.6所示,小球置于拱形顶端的稳定性就不如置于凹槽底部。

图 1.6　系统稳定性示意图

稳定性表征了系统能否正常工作。由于机械系统存在着惯性和储能元件,当系统各个参数设计分配的不恰当时,将会引起系统的振荡而失去工作能力(失稳)。因此具有稳定性是控制系统工作的首要条件。

系统针对某个激励的响应过程分为瞬态和稳态两个阶段。考察瞬态响应阶段的品质,一般是指当系统实际输出量与期望的输出量之间产生偏差时,消除这种偏差的快速程度。但在某些场合"快速"并不一定是绝对的追求目标。例如前述控制电梯升降的例子,如果电梯启停速度过快,人的乘坐体验就不舒适。因此系统的瞬态响应品质应该是综合指标的体现,但大多数情况下人们还是希望系统的响应能尽量快。

系统的瞬态响应结束后就进入稳态响应阶段,此时系统的输出信号应当类似于输入信号。系统的稳态响应与期望的输出量之间的偏差,称为系统的稳态误差。稳态误差又称为系统的静态精度或稳态精度。

不同的机械控制系统,对稳定性、瞬态响应品质、稳态误差的要求并不一样。如随动控制系统要求快,调速控制系统要求稳等。同一个控制系统的稳定性、响应品质、稳态误差各性能指标之间也是相互制约。提高了系统的响应快速性,可能会引起系统大幅振荡;改善了系统的稳定性,响应速度有可能滞缓,甚至导致系统稳态精度降低。控制系统的这些性能指标在设计阶段需要仔细权衡。

在分析与设计控制系统时还要考虑其他一些重要的性能指标,其中之一就是系统的鲁棒性(robust)。在设计系统的瞬态响应曲线、稳态误差和稳定性时,都是假定系统参数不变。但系统在实际运行中,参数都会随着时间的推移而改变。这样系统性能也会随着时间推移而变化,系统也不再保持初始设计的状态。通常系统参数变化与性能改变之间并非呈现线性关系。在某些情况下,即使是同样的系统,参数值的变化导致系统性能的改变也是或大或小的。鲁棒性设计就可以使系统对参数的变化不过于敏感。

4. 计算机辅助分析与设计

计算机是现当代控制系统设计与分析必不可少的工具。在自控技术发展历史中,控制系统设计属于劳动密集型工作,大量的数据分析和参数调整需要人工计算。能够提高设计效率的也只有图解法等有限的手段。人工计算过程冗长繁琐,计算精度也不高。计算机的引入在自动控制领域兴起了一场意义深远的技术革命,特别是改变了控制理论与技术的工程实现途径。我们可以把现实工程中的非线性等其他因素都纳入考虑范围,利用计算机建立更为精确复杂的数学模型。在个人电脑上用软件就可以完成控制系统的分析、设计和快速仿真计算工作;可以很方便地改变参数,即时测试对比不同的设计方案。我们可以采用"假设-分析"的方法去试凑各种方案以寻求较好的设计结果。我们在后续章节要学习的根轨迹法,如果不借助计算机程序的搜索功能,单凭人工画图计算根本无法完成。

市场上已经有很多适用于控制系统设计分析的商业软件平台,如 MATLAB,Python,Labview,以及面向不同行业应用的专业软件等。但在本课程学习过程中,特别是在完成课后练习题和实验算例实现时,我们强烈建议大家先用手工计算而后再用计算机仿真计算验证。如果只是简单盲目地将算例参数输入计算机程序中直接得出计算结果,就不能真正理解自动控制理论的原理与思想。

1.4　课程性质与学习要求

本书是"机械工程控制理论"系列课程的配套教材之一。此系列课程是讲授自动控制理论在机械工程中的应用,是应用技术理论类课程。自动控制理论起源于现代应用学科,是总结了机械、电子、化学、生物、经济、管理、人文社会等学科的学术发展成果,是用数学来描述的技术理论。简言之,自动控制理论是对多个学科实践知识的抽象总结,描述其共性的规律;是将实际问题引入数学领域进行分析推导,然后再将结果应用于指导解决具体的学科实际问题。因此,工程数学知识在现当代自动控制理论中扮演着重要的角色。这也是学习本门课程的第一个要注意的特点。

机械控制系统是将自动控制理论运用于机械系统中以实现高品质的机械传动性能。虽然控制对象是机械装置,但实现控制的手段绝对不局限于机械传动的方法。特别是现代科技的发展,控制元器件可以是机、电、液、气、声、光、磁、热等多种物理效应的体现。因此,不论是从控制理论的来源,还是控制系统的实现,都带有多个学科交叉综合的特点。这是本课程的第二个特点。其实在开发大项目的过程中,控制系统工程师全过程不可或缺。在项目的概念设计阶段,要确定或完成整个系统的功能设计,包括系统整体性能指标,各子系统功能,这些功能之间的互连形式,硬件软件设计,确定系统评测方案和流程,等等。在工程设计阶段,控制系统工程师要负责硬件选型和设计,确定通信接口,包括设计所有子系统以满足系统性能指标要求,涉及各种传感器、电机、电子元器件、气动与液压回路,等等。所以控制系统工程师除要具备多个领域的基本知识外,还要具备与这些领域的专业工程师交流的能力。

在学习本门课程过程中,同学们将会发现,你们先前学过的课程内容,如高等数学、线性代数、工程力学、热工学、电工电子、测试技术等课程,都有了全新的诠释和意义。其实你已经学会了对那些具体的物理对象进行数学建模的方法和能力,只是没有将其系统化。学完本门课程,理解并掌握了控制系统的思想,可以让所有在工程领域工作的人们用同一种语言来沟通。建立起系统的思维方式,也更容易学习其他学科的知识技能。你将会发现,工程类的各个学科领域分支,在关注的目标和设计实现方法上并无本质差别。

因为本课程具有这些特点,同学们在学习过程中要注意方式方法。

首先是要勤于思考,学会举一反三。如课程中以机械装置为例所讲的理论方法,是否可以推广到电气系统中去?

第二是要课后多做练习。虽然本课程所涉及的题目内容,现有计算机仿真软件可以非常方便快捷地给出解决方案,但还是建议大家在课后手工计算一些题目,特别要重视图解法这一手工解题方法。将手工练习与计算机仿真结合起来,对于真正理解控制理论的思想大有裨益。

第三是重视课内和课外的实验。一门应用技术理论课程的最终目的,是想教会学生解决实际问题的能力。针对一个具体的机械系统,用课堂所学的理论知识完成分析设计,不仅可以了解那些数学公式对应现实系统的真正含义,加深对理论的理解;而且也会认识到理论解决实际问题的复杂性和局限性。对于工科学生而言,能够深刻理解后一点至关重要。

课后练习题

1.机械控制工程的主要研究对象和任务是什么?

2.在原有机械结构中引入控制系统可以扩充出哪些新功能?

3.什么是反馈及反馈控制?试列举一个反馈控制的实例。

4.说明开环控制系统及闭环控制系统,它们的区别是什么?

5.如果按照输入信号的不同表现形式,可以分为哪三类控制系统?

6.机械控制系统的性能指标都有哪些?

第 **2** 章

数学建模

2.1　简述

对机械控制系统进行分析和设计,首先是要用数学语言描述机械传动(过程)。所谓的"数学模型"就是为了某种目的,用字母、数字及其他数学符号建立起的等式或不等式,以及图表、图像、框图等描述客观事物的特征及其内在逻辑联系的数学结构表达式。数学建模,就是用数学的抽象理论来描述现实问题,在此基础上就可以用数学的概念、方法和逻辑进行深入的分析和研究,从而定性或定量地表达实际问题,并为解决实际问题提供精确的数据或可靠的指导。

用数学语言来描述具体的物理结构或过程,通常要采用很多假设和简化。最后得到的数学模型,既要尽可能地反映真实物理系统的性能,还要保证可用于分析计算。若模型过于复杂导致难以计算那也不可行。

用于控制系统设计与分析的数学模型有两种表达方法,一种是在频域中的传递函数法,一种是在时域中的状态方程法。经典控制论主要采用第一种方法。

构建数学模型其实就是科学和工程中的基本物理、化学原理的应用。如对电路系统建模,就是欧姆定理和基尔霍夫定律的应用。研究机械系统时,大多是以牛顿力学为基本原理,建立系统的动力学方程,根据这些物理方程建立系统输入与输出之间的关系。建立数学模型是分析、研究一个动态系统特性的前提,是非常重要同时也是较困难的工作。一个合理的数学模型应以最简化的形式,准确地描述系统的动态性能。

实际工程中建立控制系统数学模型的方法主要有两种:

(1)理论法　依据系统及元件各变量之间所遵循的物理或化学规律,列出相应的数学表达式,建立模型,也称为解析法。

(2)实验法　人为地对系统施加某种测试信号,记录其输出响应,并用适当的数学模型进行逼近,也称为系统辨识。

机械系统的动力学方程一般都呈现为微分方程的形式。微分方程的形式和系数,就描述了机械系统内部之间的关系或形态。式(2.1)为 n 阶线性时不变微分方程的通用表达式,式中,$y(t)$ 表示系统的输出,$x(t)$ 为输入,二者都是时间域函数。

$$a_n \frac{\mathrm{d}^{(n)} y(t)}{\mathrm{d} t^n} + a_{n-1} \frac{\mathrm{d}^{(n-1)} y(t)}{\mathrm{d} t^{n-1}} + \cdots + a_0 y(t) = b_m \frac{\mathrm{d}^{(m)} x(t)}{\mathrm{d} t^m} + b_{m-1} \frac{\mathrm{d}^{(m-1)} x(t)}{\mathrm{d} t^{m-1}} + \cdots + b_0 x(t)$$

$$(2.1)$$

微分方程用于控制系统的分析与设计并不是很方便,因为在方程中无法直观地表达输入与输出之间的关系。一种较为理想的数学表达方法是方框图,如图 2.1(a)所示,输入、输出和系统三部分相互独立、清晰明了。如果想要表达几个子系统之间的关系也很方便,如图 2.1(b)显示了几个子系统"串联"这一联接关系。图中每个方框模块里面,有一个被称为"传递函数"的数学表达式。利用传递函数计算规则,各模块功能也很容易合成。显然用方框图对系统进行表达、分析和设计都很方便。

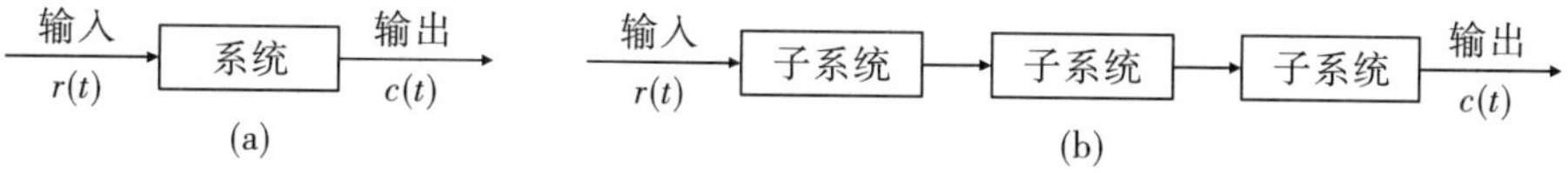

图 2.1 方框图

借助拉普拉斯(Laplace)积分变换,可以将系统的输入、输出和系统本身分别表示为独立的单元。而且这些单元之间的相互关系,也可以用简单的代数运算来研究。

2.2 拉普拉斯积分变换

1. 拉普拉斯积分变换

定义:对于时间域函数 $f(t)$,其拉普拉斯积分变换为

$$\mathcal{L}[f(t)] = F(s) = \int_0^\infty f(t)e^{-st}\,dt \tag{2.2}$$

此处 $s = \sigma + j\omega$ 为复数变量。称 $f(t)$ 为原函数,$F(s)$ 为象函数。若已知 $f(t)$ 且形如式(2.2)的积分存在,就可以求出象函数 $F(s)$。

函数 $f(t)$ 的拉普拉斯变换式存在,要满足两个条件:

(1)在任一有限区间上,$f(t)$ 分段连续,只存在有限个间断点。

(2)当 $t \to \infty$ 时,$f(t)$ 的增长速度不超过某一个指数函数,即满足 $|f(t)| \leqslant Me^{at}$,M, a 均为实常数。

逆拉普拉斯变换是给定 $F(s)$ 求解 $f(t)$,公式为

$$\mathcal{L}^{-1}[F(s)] = \frac{1}{2\pi j}\int_{\sigma-j\infty}^{\sigma+j\infty} F(s)e^{st}\,ds = f(t)u(t) \tag{2.3}$$

式中,σ 为大于 $F(s)$ 所有奇异点的实常数。$u(t)$ 为单位阶跃函数:

$$u(t) = \begin{cases} 0, & t \leqslant 0 \\ 1, & t > 0 \end{cases} \tag{2.4}$$

此处逆拉普拉斯变换定义是从工程实用的角度考虑,为 $u(t)$ 与 $f(t)$ 的乘积。这样就限定了在 $t < 0$ 时,时间函数 $f(t)$ 的取值为零。除非特别声明,在 $t = 0$ 之前,一般都默认所有的系统输入没有启动,系统的输出响应在 $t = 0$ 之前也为零。为书写简便起见,我们有时省略时间函数 $f(t)$ 后面的 $u(t)$ 乘积项。

拉普拉斯变换还有若干有用的性质和定理。利用式(2.2)和式(2.3)以及相关的定理,可以对很多函数进行相互变换。相对详细的拉普拉斯变换推导和说明参见本书附录。典型时间函数的拉普拉斯变换如表 2.1 所示,在工程计算时我们可以直接查表获得。

表 2.1　典型时间函数的拉普拉斯变换

	$f(t)$	$F(s)$
1	$\delta(t)$	1
2	$u(t)$	$\dfrac{1}{s}$
3	$t \cdot u(t)$	$\dfrac{1}{s^2}$
4	$t^n \cdot u(t)$	$\dfrac{n!}{s^{n+1}}$
5	$e^{-at} \cdot u(t)$	$\dfrac{1}{s+a}$
6	$\sin\omega t \cdot u(t)$	$\dfrac{\omega}{s^2+\omega^2}$
7	$\cos\omega t \cdot u(t)$	$\dfrac{s}{s^2+\omega^2}$

【例 2.1】求解时间函数 $f(t) = Ae^{-at}u(t)$ 的拉普拉斯变换。

【解答】

$$F(s) = \int_0^\infty f(t)e^{-st}\,dt = \int_0^\infty Ae^{-at}e^{-st}\,dt = A\int_0^\infty e^{-(s+a)t}\,dt = -\frac{A}{s+a}e^{-(s+a)t}\Big|_{t=0}^{\infty} = \frac{A}{s+a}$$

$$(2.5)$$

有关拉普拉斯变换的一些性质和定理列于表 2.2,在做正逆变换时可以采用。在引用表中结论时,注意各项定理成立的前提条件和约束。一般情况下的工程实际问题都满足条件,可直接应用。

表 2.2　拉普拉斯变换定理

1	$\mathcal{L}[f(t)] = F(s) = \int_0^\infty f(t)e^{-st}\,dt$	拉普拉斯变换定义
2	$\mathcal{L}[kf(t)] = kF(s)$	线性定理
3	$\mathcal{L}[f_1(t) + f_2(t)] = F_1(s) + F_2(s)$	线性定理
4	$\mathcal{L}[e^{-at} \cdot f(t)] = F(s+a)$	频域变换定理
5	$\mathcal{L}[f(t-T)] = e^{-sT}F(s)$	时间域转换定理
6	$\mathcal{L}[f(at)] = \dfrac{1}{a}F\left(\dfrac{s}{a}\right)$	缩放定理
7	$\mathcal{L}\left[\dfrac{df}{dt}\right] = sF(s) - f(0)$	微分定理
8	$\mathcal{L}\left[\dfrac{d^2f}{dt^2}\right] = s^2F(s) - sf(0) - f'(0)$	微分定理
9	$\mathcal{L}\left[\dfrac{d^nf}{dt^n}\right] = s^nF(s) - \sum_{k=1}^{n} s^{n-k}f^{k-1}(0)$	微分定理
10	$\mathcal{L}\left[\int_0^t f(\tau)\,d\tau\right] = \dfrac{F(s)}{s}$	积分定理
11	$f(\infty) = \lim_{s\to 0} sF(s)$	终值定理
12	$f(0+) = \lim_{s\to\infty} sF(s)$	初值定理

【例 2.2】已知时间域的阶跃信号 $f_1(t)$，斜坡信号 $f_2(t)$ 如图 2.2 所示。写出图中方波和三角波信号的时间域函数表达式，并做拉普拉斯变换。

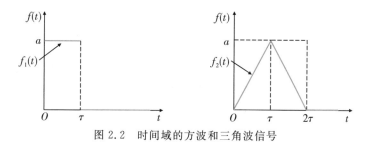

图 2.2　时间域的方波和三角波信号

【解答】从图中可知 $f_1(t)=au(t)$，$f_2(t)=(a/\tau)t$。注意时间域的信号函数，在自变量大于零时才有物理意义。故可写出方波信号表达式为

$$f_\square(t) = f_1(t) - f_1(t-\tau) = au(t) - au(t-\tau) \tag{2.6}$$

三角波信号表达式为

$$f_\triangle(t) = f_2(t) - 2f_2(t-\tau) + f_2(t-2\tau) \tag{2.7}$$

根据表 2.1 中的阶跃函数和斜坡函数拉普拉斯变换，再利用表 2.2 的第 5 条定理，可直接写出方波和三角波的拉普拉斯变换分别为

$$F_\square(s) = L[f_\square(t)] = \frac{a}{s} - \frac{a}{s}e^{-\tau s} = \frac{a}{s}(1-e^{-\tau s}) \tag{2.8}$$

$$F_\triangle(s) = L[f_\triangle(t)] = \frac{a}{\tau} \cdot \frac{1}{s^2} - 2 \cdot \frac{a}{\tau} \cdot \frac{1}{s^2} \cdot e^{-\tau s} + \frac{a}{\tau} \cdot \frac{1}{s^2}e^{-2\tau s} = \frac{a}{\tau s^2}(1-2e^{-\tau s}+e^{-2\tau s}) \tag{2.9}$$

【例 2.3】求取 $F(s)=1/(s+4)^2$ 的逆拉普拉斯变换。

【解答】此例中我们利用表 2.2 的第 4 条频域变换定理，以及表 2.1 第三行函数 $f(t)=tu(t)$ 的拉普拉斯变换来解题。因为函数 $F(s)=1/s^2$ 的逆 Lapalce 变换为 $tu(t)$，则有：

$$L^{-1}\left[\frac{1}{(s+a)^2}\right] = e^{-at}tu(t) \tag{2.10}$$

所以 $f(t)=e^{-4t}tu(t)$。

2. 部分分式展开法

为了求解复杂函数的拉普拉斯变换，我们可以将函数先写成多个分项之和，查表求出每一分项的拉普拉斯变换后再求和。一般 S 域的象函数多表现为代数多项式的形式，可以将其分解为分项单元；对每个分项单元求解拉普拉斯逆变换，然后再求和得出原函数。

代数多项式分数函数可写成 $F(s)=N(s)/D(s)$ 的形式，如下：

$$F(s) = \frac{N(s)}{D(s)} = \frac{b_m s^m + b_{m-1}s^{m-1} + \cdots + b_0}{a_n s^n + a_{n-1}s^{n-1} + \cdots + a_0} \tag{2.11}$$

式中，$a_i(i=0,1,2,\cdots,n)$，$b_j(j=0,1,2,\cdots,m)$ 为实数。若 $N(s)$ 的阶次大于或等于 $D(s)$ 的阶次，先要做多项式除法运算，使分子的阶次低于分母的阶次。

【例 2.4】求解象函数的拉普拉斯逆变换：

$$F(s) = \frac{s^3 + 4s^2 + 7s + 5}{s^2 + 3s + 2} \tag{2.12}$$

【解答】先做多项式除法得到真分式：

$$F(s) = \frac{s^3 + 4s^2 + 7s + 5}{s^2 + 3s + 2} = s + 1 + \frac{2s + 3}{s^2 + 3s + 2}$$

再将最后一项真分式展开，可得

$$F(s) = \frac{s^3 + 4s^2 + 7s + 5}{s^2 + 3s + 2} = s + 1 + \frac{2s + 3}{s^2 + 3s + 2} = s + 1 + \frac{1}{s + 1} + \frac{1}{s + 2} \quad (2.13)$$

各分项作逆拉普拉斯变换，利用表 2.1 中的条目 1，以及表 2.2 中的微分定理(7)和线性定理(3)，可知：

$$f(t) = \frac{\mathrm{d}\delta(t)}{\mathrm{d}t} + \delta(t) + \mathrm{e}^{-t}u(t) + \mathrm{e}^{-2t}u(t) \quad (2.14)$$

【例 2.5】求解象函数的拉普拉斯逆变换：

$$F(s) = \frac{1}{s^2(s + 1)} \quad (2.15)$$

【解答】将真分式 $F(s)$ 分解展开为分项单元：

$$F(s) = \frac{1}{s^2(s + 1)} = \frac{1}{s^2} - \frac{1}{s} + \frac{1}{s + 1}$$

查表 2.1 中对应的条目，写出各分项单元的原函数，然后求和，写出 $F(s)$ 的原函数为

$$f(t) = t - 1 + \mathrm{e}^{-t} \quad (2.16)$$

上两例中多项式函数的分解较为简单，通过观察试凑即可解出。对于高阶的多项式分数函数分解，就要用数学方法来计算了。这里介绍部分分式法来分解多项式函数。这种方法的原理和详细的推导证明过程请参考高等代数学的相关文献，此处直接给出分解方法。

对于式(2.11)形式的 $F(s)$ 有理代数式，设 $n > m$，则 $F(s)$ 可以写成

$$F(s) = \frac{N(s)}{D(s)} = \frac{K(s - z_1)(s - z_2) \cdots (s - z_m)}{(s - p_1)(s - p_2) \cdots (s - p_n)} \quad (2.17)$$

式中，$K = b_m/a_n$；$p_1, p_2, \cdots p_n$ 为 $F(s)$ 的极点；$z_1, z_2, \cdots, z_m$ 为 $F(s)$ 的零点。这些零极点可以是实数也可以是共轭复数。

根据 $F(s)$ 的极点形式，分两种情况来推导部分分式法的公式。

第一种情况，$F(s)$ 无重极点。这种情况下 $F(s)$ 必可展开为分项单元之和，即：

$$F(s) = \frac{N(s)}{D(s)} = \frac{K_1}{s - p_1} + \frac{K_2}{s - p_2} + \cdots + \frac{K_n}{s - p_n} \quad (2.18)$$

式中，$K_1, K_2, \cdots, K_n$ 为待定系数。我们以 $(s - p_1)$ 同乘以式(2.18)的两端，并令 $s \to p_1$，则有

$$K_1 = \frac{N(s)}{D(s)}(s - p_1) \Big|_{s \to p_1} = \frac{N(s)}{D'(s)} \Big|_{s \to p_1}$$

这里 $D'(s)$ 是 $D(s)$ 的一阶导函数。同理，以 $(s - p_2)$ 同乘以式(2.13)的两端，并以 $s = p_2$ 代入，则有

$$K_2 = \frac{N(s)}{D(s)}(s - p_2) \Big|_{s \to p_2} = \frac{N(s)}{D'(s)} \Big|_{s \to p_2}$$

以此类推，即可求出所有的 $K_1, K_2, \cdots, K_n$。

写出各个 K_i 值的求解通式为

$$K_i = \frac{N(s)}{D(s)}(s-p_i)\bigg|_{s \to p_i} = \frac{N(s)}{D'(s)}\bigg|_{s \to p_i} \quad i = 1, 2, \cdots, n \quad (2.19)$$

当 $F(s)$ 的极点为零,或者为共轭复数时,同样可以用此法分解。根据实函数的性质,如果 $F(s)$ 有一对共轭极点 p_1, p_2,那么相应的系数 K_1, K_2 也是共轭复数。

【例 2.6】 求解象函数的拉普拉斯逆变换:

$$F(s) = \frac{2s^2 + 14s + 30}{s^3 + 8s^2 + 19s + 12} \quad (2.20)$$

【解答】 分母多项式因式分解

$$D(s) = s^3 + 8s^2 + 19s + 12 = (s+1)(s+3)(s+4)$$

故 $F(s)$ 极点为 $p_1 = -1, p_2 = -3, p_3 = -4$;

求 $D(s)$ 的导函数 $D'(s)$

$$D'(s) = 3s^2 + 16s + 19$$

而 $F(s)$ 的分子多项式为

$$N(s) = 2s^2 + 14s + 30$$

代入式(2.19),可得

$$K_1 = \frac{N(s)}{D'(s)}\bigg|_{s \to p_1} = \frac{N(-1)}{D'(-1)} = \frac{18}{6} = 3$$

$$K_2 = \frac{N(s)}{D'(s)}\bigg|_{s \to p_2} = \frac{N(-3)}{D'(-3)} = \frac{6}{-2} = -3$$

$$K_3 = \frac{N(s)}{D'(s)}\bigg|_{s \to p_3} = \frac{N(-4)}{D'(-4)} = \frac{6}{3} = 2$$

至此可写出 $F(s)$ 的分项单元和形式为

$$F(s) = \frac{3}{s+1} - \frac{3}{s+3} + \frac{2}{s+4}$$

查表 2.1,写出 $F(s)$ 每个分项的拉普拉斯逆变换,然后求和,可得

$$f(t) = 3\mathrm{e}^{-t} - 3\mathrm{e}^{-3t} + 2\mathrm{e}^{-4t} \quad (2.21)$$

【例 2.7】 求解象函数的拉普拉斯逆变换:

$$F(s) = \frac{20(s+1)(s+3)}{(s^2 + 2s + 2)(s+2)(s+4)} \quad (2.22)$$

【解答】 分母多项式因式分解

$$D(s) = (s^2 + 2s + 2)(s+2)(s+4) = (s+1+\mathrm{j})(s+1-\mathrm{j})(s+2)(s+4)$$

故 $F(s)$ 极点为 $p_1 = -1-\mathrm{j}, p_2 = -1+\mathrm{j}, p_3 = -2, p_4 = -4$;$F(s)$ 可以写成

$$F(s) = \frac{K_1}{s+1+\mathrm{j}} + \frac{K_2}{s+1-\mathrm{j}} + \frac{K_3}{s+2} + \frac{K_4}{s+4}$$

其中 K_1 可按照式(2.19)代入 $p_1 = -1-\mathrm{j}$ 求得:

$$K_1 = \frac{N(s)}{D(s)}(s-p_1)\bigg|_{s \to p_1} = \frac{N(s)}{D(s)}(s+1+\mathrm{j})\bigg|_{s \to -1-\mathrm{j}} = \frac{20(-\mathrm{j})(2-\mathrm{j})}{(-2\mathrm{j})(1-\mathrm{j})(3-\mathrm{j})} = 4+3\mathrm{j}$$

按照同样的方法可求出$K_2 = 4-3\mathrm{j}, K_3 = -5, K_4 = -3$。则$F(s)$可写为

$$F(s) = \frac{4+3\mathrm{j}}{s+1+\mathrm{j}} + \frac{4-3\mathrm{j}}{s+1-\mathrm{j}} - \frac{5}{s+2} - \frac{3}{s+4}$$

根据表2.1中条目5,写出$F(s)$每一分项的拉普拉斯逆变换并求和,可得原函数为

$$f(t) = (4+3\mathrm{j})\mathrm{e}^{-(1+\mathrm{j})t} + (4-3\mathrm{j})\mathrm{e}^{-(1-\mathrm{j})t} - 5\mathrm{e}^{-2t} - 3\mathrm{e}^{-4t}$$

利用欧拉(Euler)公式等将$f(t)$化成实函数的形式:

$$\begin{aligned} f(t) &= \mathrm{e}^{-t}[4(\mathrm{e}^{-\mathrm{j}t} + \mathrm{e}^{\mathrm{j}t}) + 3\mathrm{j}(\mathrm{e}^{-\mathrm{j}t} - \mathrm{e}^{\mathrm{j}t})] - 5\mathrm{e}^{-2t} - 3\mathrm{e}^{-4t} \\ &= \mathrm{e}^{-t}(8\cos t + 6\sin t) - 5\mathrm{e}^{-2t} - 3\mathrm{e}^{-4t} \end{aligned} \tag{2.23}$$

第二种情况是$F(s)$的分母多项式有重根,$F(s)$有重极点。这里我们只讨论$F(s)$有一个r重的极点p_1,其余极点各不相同的情形,即:

$$F(s) = \frac{N(s)}{D(s)} = \frac{N(s)}{a_n(s-p_1)^r(s-p_{r+1})\cdots(s-p_n)} \tag{2.24}$$

这种情况下$F(s)$将被分解为

$$F(s) = \frac{K_{11}}{(s-p_1)^r} + \frac{K_{12}}{(s-p_1)^{r-1}} + \cdots + \frac{K_{1r}}{(s-p_1)} + \frac{K_{r+1}}{(s-p_{r+1})} + \cdots + \frac{K_n}{(s-p_n)} \tag{2.25}$$

式中各K_{1i}的取值为

$$K_{11} = F(s)(s-p_1)^r \Big|_{s \to p_1}$$

$$K_{12} = \frac{\mathrm{d}}{\mathrm{d}s}[F(s)(s-p_1)^r] \Big|_{s \to p_1}$$

$$K_{13} = \frac{1}{2!}\frac{\mathrm{d}^2}{\mathrm{d}s^2}[F(s)(s-p_1)^r] \Big|_{s \to p_1}$$

$$\cdots$$

$$K_{1r} = \frac{1}{(r-1)!}\frac{\mathrm{d}^{(r-1)}}{\mathrm{d}s^{(r-1)}}[F(s)(s-p_1)^r] \Big|_{s \to p_1} \tag{2.26}$$

这里$\mathrm{d}[F(s)(s-p_1)^r]/\mathrm{d}s, \mathrm{d}^2[F(s)(s-p_1)^r]/\mathrm{d}s^2, \cdots, \mathrm{d}^{(r-1)}[F(s)(s-p_1)^r]/\mathrm{d}s^{(r-1)}$是函数$[F(s)(s-p_1)^r]$对变量$s$的各阶导函数。

其余各$K_{r+1}, K_{r+2}, \cdots, K_n$的求取方法与第一种情况相同,参考式(2.19),可得

$$K_i = \frac{N(s)}{D(s)}(s-p_i) \Big|_{s \to p_i} = \frac{N(s)}{D'(s)} \Big|_{s \to p_i} \quad i = r+1, r+2, \cdots, n \tag{2.27}$$

【例2.8】求解象函数的拉普拉斯逆变换:

$$F(s) = \frac{1}{s(s+2)^3(s+3)} \tag{2.28}$$

【解答】令

$$F(s) = \frac{K_{11}}{(s+2)^3} + \frac{K_{12}}{(s+2)^2} + \frac{K_{13}}{s+2} + \frac{K_4}{s} + \frac{K_5}{s+3}$$

根据式(2.26)和式(2.27)写出各个分项的 K 值,如下:

$$K_{11} = F(s)(s+2)^3 \Big|_{s \to -2} = \frac{1}{s(s+3)} \Big|_{s \to -2} = -\frac{1}{2}$$

$$K_{12} = \frac{\mathrm{d}}{\mathrm{d}s}[F(s)(s+2)^3] \Big|_{s \to -2} = \frac{-(2s+3)}{s^2(s+3)^2} \Big|_{s \to -2} = \frac{1}{4}$$

$$K_{13} = \frac{1}{2!}\frac{\mathrm{d}^2}{\mathrm{d}s^2}[F(s)(s+2)^3] \Big|_{s \to -2} = \frac{1}{2!}\frac{\mathrm{d}^2}{\mathrm{d}s^2}\Big[\frac{1}{s(s+3)}\Big] \Big|_{s \to -2} = -\frac{3}{8}$$

$$K_4 = F(s)s \Big|_{s \to 0} = \frac{1}{(s+2)^3(s+3)} \Big|_{s \to 0} = \frac{1}{24}$$

$$K_5 = F(s)(s+3) \Big|_{s \to -3} = \frac{1}{s(s+2)^3} \Big|_{s \to -3} = \frac{1}{3}$$

这样象函数 $F(s)$ 可以写成

$$F(s) = -\frac{1}{2} \cdot \frac{1}{(s+2)^3} + \frac{1}{4} \cdot \frac{1}{(s+2)^2} - \frac{3}{8} \cdot \frac{1}{s+2} + \frac{1}{24} \cdot \frac{1}{s} + \frac{1}{3} \cdot \frac{1}{s+3}$$

上式各分项分别求取拉普拉斯逆变换,再求和可得:

$$f(t) = -\frac{1}{2} \cdot \frac{t^2}{2} \mathrm{e}^{-2t} + \frac{1}{4} \cdot t \, \mathrm{e}^{-2t} - \frac{3}{8} \cdot \mathrm{e}^{-2t} + \frac{1}{24}u(t) + \frac{1}{3} \cdot \mathrm{e}^{-3t}$$

$$= \frac{1}{4}\Big(t - t^2 - \frac{3}{2}\Big)\mathrm{e}^{-2t} + \frac{1}{3}\mathrm{e}^{-3t} + \frac{1}{24}u(t) \tag{2.29}$$

对于低阶的多项式函数分解,还可以采用待定系数法等解题技巧确定 K 值。MAT-LAB 等计算机仿真软件中也有指令(函数)可以完成时间域函数的拉普拉斯变换,和 s 域函数的逆拉普拉斯变换。

2.3　线性时不变系统

经典控制理论主要解决线性时不变系统的问题。所谓线性,是指量与量之间按比例、呈直线的关系。线性函数在数学上可以理解为一阶导数为常数的代数函数:

$$f(x) = kx + b \tag{2.30}$$

如果系统的数学模型表达式是线性的,则称为线性系统。一个线性系统在几个外加激励作用下所产生的响应,等于各个外加激励单独作用下的响应之和,即满足"叠加原理",如图 2.3 所示。

机械工程系统的动态特性通常是用时间域的微分方程来描述的。根据微分方程的特点可以分为以下两类。

(1)线性时不变系统,如下式所示

$$a\ddot{y}(t) + b\dot{y}(t) + cy(t) = dx(t) \tag{2.31}$$

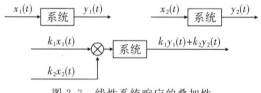

图 2.3 线性系统响应的叠加性

变量前的系数 a,b,c,d 均为常数。也称为线性定常系统。

(2)线性时变系统,如下式所示

$$a(t)\ddot{y}(t) + b(t)\dot{y}(t) + c(t)y(t) = d(t)x(t) \tag{2.32}$$

线性微分方程的系数为时间的函数(是变化量)。如火箭的发射过程,随着燃料消耗火箭本体质量随时间在变化,这一系统就是线性时变系统。

本课程讲授的经典控制理论,研究对象主要是线性时不变系统。常见的机械系统在牛顿力学范畴内,短时间理想状态下都可视为线性时不变系统。

但要注意,我们所处的物理世界并非都是线性关系。用非线性方程描述的系统称非线性系统。如

$$y(t) = x^2(t); \quad \ddot{x}(t) + \dot{x}^2(t) + x(t) = y(t)$$

这些时间函数代表的都不是线性系统。显然非线性系统不能运用叠加原理。系统中包含有非线性因素,极大地增加了系统分析和研究的复杂程度。在机械系统实际运转过程中,各参数之间也不可避免地存在着非线性关系,如机械传动的间隙特性、死区特性、摩擦特性等。对于非线性问题,通常是采用局部线性化的处理方式,即在工作点邻域,将非线性函数用 Taylor 级数展开,取级数中的一次函数作为原函数的近似,这样原系统就可以当作线性系统来处理了。

任意函数的 Taylor 级数展开,是用特定某点的函数值,与此点的距离,以及此点的各阶导数值来表达函数:

$$f(x) = f(x_0) + \frac{\mathrm{d}f(x)}{\mathrm{d}x}\bigg|_{x=x_0} \frac{(x-x_0)}{1!} + \frac{\mathrm{d}^2 f(x)}{\mathrm{d}x^2}\bigg|_{x=x_0} \frac{(x-x_0)^2}{2!} + \cdots \tag{2.33}$$

取 x 为 x_0 的微小邻域中一点,忽略高阶项,就有了原函数的直线近似表达式:

$$f(x) - f(x_0) \approx \frac{\mathrm{d}f(x)}{\mathrm{d}x}\bigg|_{x=x_0} (x-x_0) \tag{2.34}$$

或是

$$\delta f(x) \approx \frac{\mathrm{d}f(x)}{\mathrm{d}x}\bigg|_{x=x_0} \delta x \tag{2.35}$$

也就是说,在 x_0 的微小邻域内,$\delta f(x)$ 与 δx 呈线性关系。

【例 2.9】如图 2.4 左图所示的单摆系统,试给出小球的运动方程。

【解题】图 2.4 右图为小球的受力分析图。忽略摩擦和阻尼等因素,根据牛顿定理可写出圆周方向的小球运动平衡方程为

$$ml\ddot{\theta} + mg\sin\theta = 0 \tag{2.36}$$

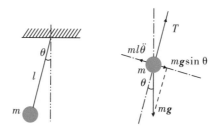

图 2.4 单摆系统及其受力图

对时间域变量 θ 而言，由于存在 $\sin\theta$ 这一非线性因素，所以这是一个非线性数学模型。

将函数 $f(\theta)=\sin\theta$ 在 $\theta=0$ 处泰勒(Taylor)级数展开，并取级数中的一次函数近似，有

$$\sin\theta \approx \sin0 + (\sin\theta)'\big|_{\theta=0}(\theta-0) = \theta \tag{2.37}$$

则原运动方程可以近似为

$$ml\ddot{\theta} + mg\theta = 0 \tag{2.38}$$

所以，在 $\theta=0$ 的微小邻域内，单摆可以当作线性时不变系统来处理。

在考察控制系统性能时，可以是针对多个输入通道，考察多个输出点，称为多输入多输出系统。经典控制理论主要研究单输入单输出(SISO)系统，本课程也主要针对单输入单输出系统进行数学建模。

提取控制系统的数学模型一般有如下几个步骤。

第一步，划分环节(子系统)。

可按系统模块功能(测量、放大、执行)划分；也可由构成系统的元器件之间的物理方程式关系划分。如机械传动系统，可对一个或几个零部件建立独立运动方程，必要时可引进一些中间变量。

第二步，写出每一个环节(子系统)的物理方程式。

①找出联系输入与输出量的内部关系，并确定反映这种内部关系的物理规律，列写数学表达式。

②做数学上的简化处理。如线性化处理，忽略一些次要的非线性因素，或是在工作点附近将非线性函数线性化；另外常用的简化手段是集中参数法，将质量集中于质心、集中载荷等。

第三步，消去中间变量。

第四步，写成标准形式。将微分方程中，与输入量有关的各项写在方程右边；与输出量有关的各项，写在方程左边，并按降幂排列。

对于控制系统各个模块之间的关系，数学微分方程的表达并不直观。在分析研究中，常采用传递函数、方框图等表达方式。

2.4 传递函数

用微分方程表示的系统很难直接转换成方框图模型。借助拉普拉斯积分变换这种数学工具，可以将系统的输入、输出和系统本身分别表示为独立的单元。而且，这些单元之间的相互关系，也可以用简单的代数运算来研究。

n 阶线性时不变系统的微分方程通式为

$$a_n \frac{\mathrm{d}^{(n)} y(t)}{\mathrm{d} t^n} + a_{n-1} \frac{\mathrm{d}^{(n-1)} y(t)}{\mathrm{d} t^{n-1}} + \cdots + a_0 y(t) = b_m \frac{\mathrm{d}^{(m)} x(t)}{\mathrm{d} t^m} + b_{m-1} \frac{\mathrm{d}^{(m-1)} x(t)}{\mathrm{d} t^{m-1}} + \cdots + b_0 x(t)$$

$$(2.39)$$

此处 $y(t)$ 为输出量，$x(t)$ 为输入量，$a_i, b_j (i=0,1,\cdots,n; j=0,1,\cdots,m)$ 都是实数系数。对真实物理系统而言，必然有 $n > m$。对式(2.39)两边做拉普拉斯变换，可得

$$a_n s^n Y(s) + a_{n-1} s^{n-1} Y(s) + \cdots + a_0 Y(s) + Y_0 =$$
$$b_m s^m X(s) + b_{m-1} s^{m-1} X(s) + \cdots + b_0 X(s) + X_0 \qquad (2.40)$$

式中，Y_0 是与 $y(t)$ 有关的初始状态项；X_0 是与 $x(t)$ 有关的初始状态项。可以看出，方程(2.40)的等式两边均为纯代数多项式表达式。

如果令系统所有的初始状态都为零，则式(2.40)变为

$$a_n s^n Y(s) + a_{n-1} s^{n-1} Y(s) + \cdots + a_0 Y(s) = b_m s^m X(s) + b_{m-1} s^{m-1} X(s) + \cdots + b_0 X(s) \quad (2.41)$$

$$令\ G(s) = \frac{Y(s)}{X(s)} = \frac{b_m s^m + b_{m-1} s^{m-1} + \cdots + b_0}{a_n s^n + a_{n-1} s^{n-1} + \cdots + a_0} \qquad (2.42)$$

我们称 $G(s)$ 为系统的传递函数。注意在 $G(s)$ 的表达中，输入与输出已经分离开了，而且表征系统本身的信息也已经独立表达为等式右边关于 s 的多项式。

定义：对单输入单输出线性时不变系统，在初始条件为零时，系统输出的拉普拉斯变换与输入的拉普拉斯变换之比称为系统的传递函数。

传递函数也可以用方框图来表达，如图2.5所示。输入写在方框左边，输出写在方框右边，系统的传递函数写在方框中。

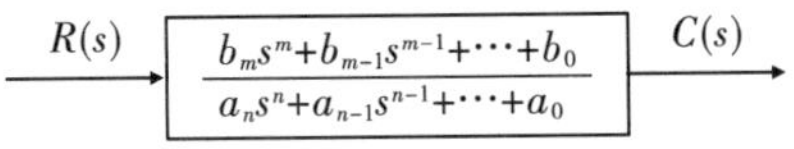

$$R(s) \longrightarrow \boxed{\frac{b_m s^m + b_{m-1} s^{m-1} + \cdots + b_0}{a_n s^n + a_{n-1} s^{n-1} + \cdots + a_0}} \longrightarrow C(s)$$

图 2.5　传递函数方框图

也可以利用式 $C(s) = R(s) G(s)$ 来计算 $C(s)$。

【例 2.10】已知描述系统输入与输出关系的微分方程表达式为

$$\dot{y}(t) + 5y(t) = x(t) \qquad (2.43)$$

在系统初始条件为零时，求解系统的传递函数。

【解答】对方程两边作拉普拉斯变换，得到

$$sY(s) + 5Y(s) = X(s)$$

则系统的传递函数为

$$G(s) = \frac{Y(s)}{X(s)} = \frac{1}{s+5} \qquad (2.44)$$

【例 2.11】对上例描述的控制系统，在初始条件为零时，输入单位阶跃信号 $x(t) = u(t)$，求系统响应 $y(t)$。

【解答】根据系统传递函数的定义 $G(s) = Y(s)/X(s)$，可知输出信号的拉普拉斯变换为 $Y(s) = G(s)X(s)$。输入信号 $u(t)$，查表可知其拉普拉斯变换为

$$X(s) = L[x(t)] = L[u(t)] = \frac{1}{s}$$

代入 $Y(s)$ 计算式，有

$$Y(s) = G(s)X(s) = \frac{1}{s+5} \cdot \frac{1}{s} = \frac{1}{s(s+5)}$$

利用部分分式展开法,写成

$$Y(s) = \frac{0.2}{s} - \frac{0.2}{s+5}$$

对每一个分项再进行逆拉普拉斯变换后再求和,可得时间域的系统响应函数为

$$y(t) = 0.2 - 0.2\,e^{-5t} \tag{2.45}$$

总之,传递函数通过系统输入量与输出量之间的关系来描述系统的固有特性,即以系统外部的输入-输出特性来描述系统的内部特性。对于线性时不变系统,若输入给定,则系统输出特性完全由传递函数 $G(s)$ 决定。注意传递函数是复数 S 域中的系统数学模型,其参数仅取决于系统本身的结构及参数,与系统的输入无关。

传递函数是代数多项式的分数形式,在利用其研究控制系统时,常常写成各因式相乘除的形式。即将形如式(2.42)的 $G(s)$ 变化为下面的形式:

$$G(s) = \frac{b_m s^m + b_{m-1} s^{m-1} + \cdots + b_0}{a_n s^n + a_{n-1} s^{n-1} + \cdots + a_0} = k \cdot \frac{(s-z_1)(s-z_2)\cdots(s-z_m)}{(s-p_1)(s-p_2)\cdots(s-p_n)} \tag{2.46}$$

当 $s = p_i (i=1,2,\cdots,n)$ 时,$G(s) = \infty$,故 $p_i(i=1,2,\cdots,n)$ 称为系统极点;当 $s=z_i(i=1,2,\cdots,m)$ 时,$G(s)=0$,故 $z_i(i=1,2,\cdots,n)$ 称为系统零点。这些极点零点可以是实数也可以是复数。因为 $G(s)$ 是真实物理系统的映照,所以代数多项式的系数均为实数,其复数极点或复数零点必然成对出现互为共轭。系统的极点零点是真实物理系统结构参数的代表,也决定着系统响应的性能指标。

当 $s=0$ 时,可知

$$G(0) = \frac{b_0}{a_0} = k \cdot \frac{(-z_1)(-z_2)\cdots(-z_m)}{(-p_1)(-p_2)\cdots(-p_n)} \tag{2.47}$$

对一个系统 $G(s)$ 输入单位阶跃函数 $u(t)$,如果系统是稳定系统,那么利用拉普拉斯变换的终值定理(参见附录),可以求得系统响应 $y(t)$ 进入稳态阶段的值为

$$\lim_{t\to\infty} y(t) = y(\infty) = \lim_{s\to 0} sY(s) = \lim_{s\to 0} s \cdot G(s) \cdot \frac{1}{s} = G(0) \tag{2.48}$$

定义 $G(0) = (b_0/a_0)$ 为系统的放大系数或"增益"。

从式(2.46)可以看出,$G(s)$ 可以看作是多个因式组合而成。在分析设计控制系统时,也常常将一个复杂的传递函数看成是各个典型环节组合而成。常见的典型环节有 8 种,分别如下。

(1)比例环节 K;

(2)积分环节 $1/s$;

(3)微分环节 s;

(4)惯性环节 $1/(Ts+1)$;

(5)一阶微分环节 $Ts+1$;

(6)振荡环节 $1/(T^2 s^2 + 2\zeta Ts + 1)$;

(7)二阶微分环节 $T^2 s^2 + 2\zeta Ts + 1$;

(8)延时环节 $e^{-\tau s}$。

这里的符号 T, ζ, τ 等都是系统的常数定值参数。可以看出,各典型环节是根据 $G(s)$ 极

点零点的特征来定义的,而且各环节化约为常数项为 1 的表达。

若一个传递函数如下式:

$$G(s) = \frac{K \prod\limits_{i=1}^{b}(\tau_i s + 1) \prod\limits_{l=1}^{c}(\tau_l^2 s^2 + 2\zeta_l \tau_l s + 1)}{s^v \prod\limits_{j=1}^{d}(T_j s + 1) \prod\limits_{k=1}^{e}(T_k^2 s^2 + 2\zeta_k T_k s + 1)} \quad (2.49)$$

此 $G(s)$ 含有增益 K,b 个实数零点,c 对复数零点,v 个取值为零的极点,d 个实数极点,e 对复数极点;我们就可以说此系统是由比例环节,b 个一阶微分环节,c 个二阶微分环节,v 个纯积分环节,d 个一阶积分环节(惯性环节)以及 e 个二阶积分环节(振荡环节)组成。

若传递函数

$$G(s) = K s^a e^{-\tau s} \quad (2.50)$$

我们就说此系统由比例环节,a 个纯微分环节和一个延时环节组成。

注意这里划分典型环节,是想通过研究各部分的特性,导出整个系统的动态特性。在数学域所划分的典型环节,并不一定对应某个真实的物理元件。一个环节往往由几个元件之间的运动特性共同组成。同样一个元件,如果在不同的系统中,起的作用不同或输入输出的物理量不同,可能定义为不同的环节。

2.5 典型机电系统建模

1. 电气网络系统传递函数

电气网络中的等效电子回路都是由三类无源线性元器件组成:电阻、电容和电感。在零初始条件下,这些元器件的电压与电流,电压与电荷之间的关系如表 2.3 所示。

表 2.3 电气网络三要素关系式

电气元件	电压-电流	电流-电压	电压-电荷
电容	$v(t) = \frac{1}{C}\int_0^t i(t)dt$	$i(t) = C\frac{dv(t)}{dt}$	$v(t) = \frac{1}{C}q(t)$
电阻	$v(t) = Ri(t)$	$i(t) = \frac{1}{R}v(t)$	$v(t) = R\frac{dq(t)}{dt}$
电感	$v(t) = L\frac{di(t)}{dt}$	$i(t) = \frac{1}{L}\int_0^t v(t)dt$	$v(t) = L\frac{d^2q(t)}{dt^2}$

将这些电子元件组合成为电子回路,定义其输入与输出,就可以确定电子回路的微分方程和传递函数。在列写微分方程时我们主要是基于基尔霍夫的电流和电压定律:流入流出到电气网络单个节点的电流之和为零;闭合回路中的电势代数和等于沿回路各元件电压降之和。对写出的微分方程进行拉普拉斯变换即可求出传递函数。

【例 2.12】对如图 2.6 所示电子回路,假定初始条件为零,试建立电容电压 $V_c(s)$ 与电压源输入 $V(s)$ 之间的传递函数关系式。

【解答】在系统建模时首先要明确输入与输出量。在此电路中,有好几个变量都可以选作输出量,如电感电压、电容电压、电阻电压或电流。本题目已经明确电容电压是系统输出,

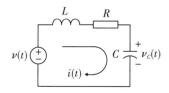

图 2.6　RLC 电回路

电压源为输入。

对回路中各元器件电压求和。初始状态为零,则此回路的积分微分方程为

$$L\frac{\mathrm{d}i(t)}{\mathrm{d}t} + Ri(t) + \frac{1}{C}\int_0^t i(\tau)\mathrm{d}\tau = v(t) \tag{2.51}$$

利用关系式 $i(t) = \mathrm{d}q(t)/\mathrm{d}t$ 将变量从电流变换成电荷量,则有

$$L\frac{\mathrm{d}^2 q(t)}{\mathrm{d}t^2} + R\frac{\mathrm{d}q(t)}{\mathrm{d}t} + \frac{1}{C}q(t) = v(t)$$

根据表 2.3 电容中的电压-电荷关系式 $q(t) = C \cdot v_C(t)$,代入上式,可得

$$LC\frac{\mathrm{d}^2 v_C(t)}{\mathrm{d}t^2} + RC\frac{\mathrm{d}v_C(t)}{\mathrm{d}t} + v_C(t) = v(t)$$

系统初始条件为零,对上式作拉普拉斯变换并整理各项,有

$$(LCs^2 + RCs + 1)V_C(s) = V(s)$$

由此可解出传递函数为

$$G(s) = \frac{V_C(s)}{V(s)} = \frac{1/LC}{s^2 + \frac{R}{L}s + \frac{1}{LC}} \tag{2.52}$$

传递函数方框图如图 2.7 所示。

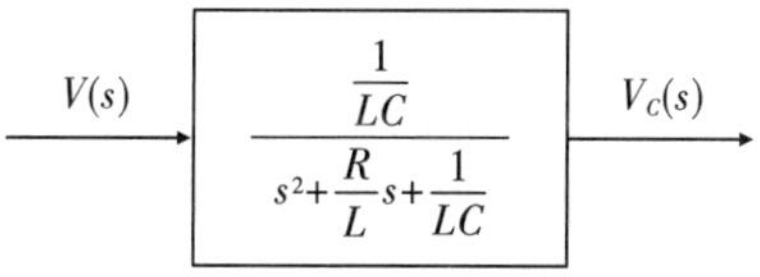

$$V(s) \longrightarrow \boxed{\dfrac{\frac{1}{LC}}{s^2 + \frac{R}{L}s + \frac{1}{LC}}} \longrightarrow V_c(s)$$

图 2.7　RLC 电路传递函数

【例 2.13】如图 2.8 为两级串联 RC 电路组成的滤波网络回路,列写输入电压 u_i 和输出电压 u_o 间的传递函数。

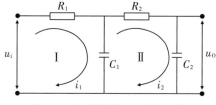

图 2.8　两级串联 RC 滤波网络

【解答】对回路 I,可列方程:

$$u_i = R_1 i_1 + \frac{1}{C_1}\int (i_1 - i_2)\mathrm{d}t$$

对回路 II,可列方程:

$$\frac{1}{C_1}\int (i_1 - i_2)\,\mathrm{d}t = R_2\,i_2 + \frac{1}{C_2}\int i_2\,\mathrm{d}t$$

$$u_0 = \frac{1}{C_2}\int i_2\,\mathrm{d}t \tag{2.53}$$

由上面的三个方程消去中间变量 i_1，i_2，可求得 u_i 和 u_o 关系的微分方程：

$$R_1 C_1 R_2 C_2 \frac{\mathrm{d}^2 u_o}{\mathrm{d}t^2} + (R_1 C_1 + R_2 C_2 + R_1 C_2)\frac{\mathrm{d}u_o}{\mathrm{d}t} + u_o = u_i \tag{2.54}$$

在初始条件为零的情况下，等式两边分别做拉普拉斯变换，可得

$$R_1 C_1 R_2 C_2 s^2 U_o(s) + (R_1 C_1 + R_2 C_2 + R_1 C_2)s U_o(s) + U_o(s) = U_i(s) \tag{2.55}$$

由此可解出传递函数为

$$G(s) = \frac{U_o(s)}{U_i(s)} = \frac{1}{R_1 C_1 R_2 C_2 s^2 + (R_1 C_1 + R_2 C_2 + R_1 C_2)s + 1} \tag{2.56}$$

传递函数方框图如图 2.9 所示。

注意，此例两个 RC 电路串联存在着负载效应。回路 Ⅱ 中的电流对回路 Ⅰ 有影响，即存在着内部信息的反馈作用，所以流经 C_1 的电流为 i_1 和 i_2 的代数和。不能简单地将第一级 RC 电路的输出作为第二级 RC 电路的输入。

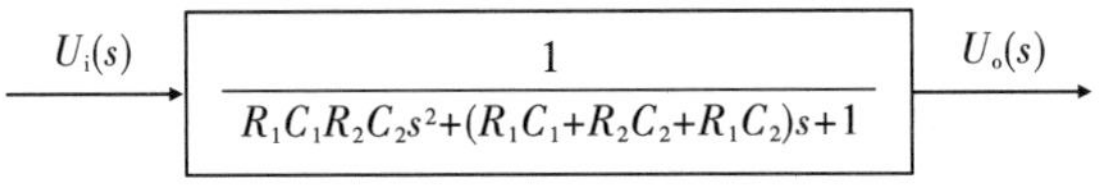

图 2.9　两级串联 RC 滤波网络传递函数

有关详细的电气网络回路数学建模问题可参考电工电子专业相关资料。

2. 直线运动机械系统

机械系统建模主要是研究物体在力的作用下的性能。机械系统各零部件的运动，有直线运动、转动或二者兼有之。做直线运动的零部件都可以等效为三个无源线性元件——质量、弹簧、粘性阻尼器，也称为机械三要素。其中质量和弹簧是储能元件；粘性阻尼器是耗能元件。这两个储能元件可以比作电子储能元件中的电感和电容；耗能元件就像电阻。这些机械要素中力-速度或力-位移之间的关系如表 2.4 所示。线性阻尼产生一个正比于运动速度的力，线性弹簧产生一个正比于位移的力。表中，K，f_v，M 分别称为弹性常数、粘性阻尼系数和质量。

表 2.4　直线运动机械三要素动力学关系

机械元件	力-速度	力-位移
弹簧 K 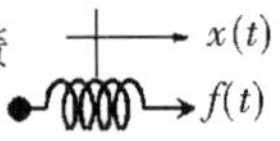 $x(t)$ $f(t)$	$f(t) = K\int_0^t v(t)\,\mathrm{d}t$	$f(t) = Kx(t)$
粘性阻尼 f_v 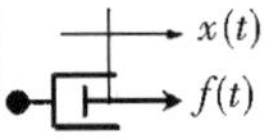 $x(t)$ $f(t)$	$f(t) = f_v v(t)$	$f(t) = f_v \dfrac{\mathrm{d}x(t)}{\mathrm{d}t}$
质量 M 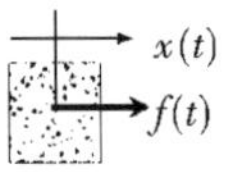 $x(t)$ $f(t)$	$f(t) = M\dfrac{\mathrm{d}v(t)}{\mathrm{d}t}$	$f(t) = M\dfrac{\mathrm{d}^2 x(t)}{\mathrm{d}t^2}$

由这些要素构成的机械平动系统,确定输入与输出量,列写微分方程,然后对微分方程进行拉普拉斯变换,即可求出系统的传递函数。

这里研究的机械系统都是刚体系统,一般列写微分方程是基于牛顿力学范畴的各种原理。如力合成的平行四边形法则、力的直线传递原理、达朗贝尔原理等。

达朗贝尔原理:系统中某一质点所受的惯性力等于作用于该点的所有外力的和。即:

$$\sum f_i(t) = m_i a_i(t) \tag{2.57}$$

或

$$-m_i \ddot{x}_i(t) + \sum f_i(t) = 0 \tag{2.58}$$

【例 2.14】对图 2.10(a)所示单自由度质量-弹簧-阻尼系统求取传递函数 $X(s)/F(s)$。

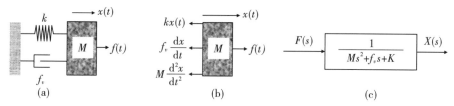

图 2.10 单自由度质量-弹簧-阻尼系统

【解答】如图 2.10(a)所示,输入为力 $f(t)$,输出为质量块位移 $x(t)$。图 2.10(b)为系统中质量块的受力图。假设质量块向右边运动为正方向,则只有外加力是向右的,弹簧,黏性阻尼器,由于加速度产生的力,都是向左边方向。根据达朗贝尔原理,有:

$$M\frac{d^2 x(t)}{d t^2} + f_v\frac{dx(t)}{dt} + Kx(t) = f(t) \tag{2.59}$$

假设系统初始状态为零,做拉普拉斯变换,有:

$$Ms^2 X(s) + f_v s X(s) + KX(s) = F(s)$$

即

$$(Ms^2 + f_v s + K)X(s) = F(s)$$

解出传递函数为

$$G(s) = \frac{X(s)}{F(s)} = \frac{1}{Ms^2 + f_v s + K} \tag{2.60}$$

如图 2.10(c)所示为系统传递函数的方框图。

【例 2.15】加速度计的传递函数。

如图 2.11 所示为简单的线位移加速度计的原理图,由敏感质量块 m、阻尼 f_v、弹簧 k、壳体以及基座组成。测量原理是用质量块 m 相对于壳体的位移,来表征壳体相对于基座

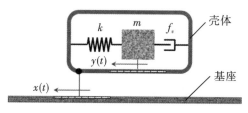

图 2.11 加速度计原理图

（固定参照物）的加速度。设壳体相对于基座的位移为 $x(t)$，并设壳体的加速度为输入信号 $\ddot{x}(t)$；设质量 m 相对于壳体的位移 $y(t)$ 为输出信号。$x(t)$、$y(t)$ 的正方向如图中所示。

【解答】因为 $y(t)$ 是相对于壳体度量的，所以质量 m 相对于基座的位移是 $[x(t)+y(t)]$，于是该系统的运动微分方程为

$$m[\ddot{y}(t)+\ddot{x}(t)]+f_v\,\dot{y}(t)+ky(t)=0 \tag{2.61}$$

因为壳体的加速度为输入信号，所以有：

$$m\ddot{y}(t)+f_v\,\dot{y}(t)+ky(t)=-m\ddot{x}(t)=-m\,x_i(t) \tag{2.62}$$

经拉普拉斯变换为

$$(m\,s^2+f_vs+k)Y(s)=-m\,X_i(s)$$

则系统的传递函数为

$$\frac{Y(s)}{X_i(s)}=\frac{-m}{m\,s^2+f_vs+k} \tag{2.63}$$

将系统传递函数变形整理：

$$\frac{Y(s)}{X_i(s)}=\frac{-m}{m\,s^2+f_vs+k}=\frac{-1}{s^2+\dfrac{f_v}{m}s+\dfrac{k}{m}}$$

分子分母同除以 $s^2+\dfrac{f_v}{m}s$，可得：

$$\frac{Y(s)}{X_i(s)}=\left(-\frac{1}{s^2+\dfrac{f_v}{m}s}\right)\bigg/\left(1+\frac{k}{m}\cdot\frac{1}{s^2+\dfrac{f_v}{m}s}\right)$$

若使 $\left|\dfrac{k}{m}\cdot\dfrac{1}{s^2+\dfrac{f_v}{m}s}\right|\gg1$，则有：

$$\frac{Y(s)}{X_i(s)}\approx\frac{-\dfrac{1}{s^2+\dfrac{f_v}{m}s}}{\dfrac{k}{m}\cdot\dfrac{1}{s^2+\dfrac{f_v}{m}s}}=-\frac{m}{k} \tag{2.64}$$

即

$$Y(s)=-\frac{m}{k}X_i(s)$$

经拉普拉斯逆变换可得时间域的物理量关系

$$y(t)=-\frac{m}{k}x_i(t) \tag{2.65}$$

即

$$x_i(t)=-\frac{k}{m}y(t) \tag{2.66}$$

所以，加速度计中质量块 m 的稳态输出信号（即位移 $y(t)$）正比于输入信号（即加速度信号 $x_i(t)=\ddot{x}(t)$）。因而可用 $y(t)$ 值来衡量 m 的加速度大小。

有些多自由度机械系统需要同时列出多个微分方程来描述系统运动状况。所需的运动方程数目，等于系统中线性无关的运动的个数，也就是运动自由度数目。"线性无关"是指系

统中某个点,在其他点保持静止时,它仍旧能够运动。实际上各个点的运动之间通常都有耦合作用,并非互不相关。在分析每个点的受力时,先假定其他点静止不动,求解所有的力施加于实体导致此点的运动形态。然后再令此点静止,令其他点依次运动,求解邻点运动产生的力对此点的作用。根据达朗贝尔原理,作用于每个点上的合力为零,即可同时写出一组运动方程。再对这些运动方程作拉普拉斯变换,提取我们所关注的输入与输出,建立传递函数。

【例 2.16】 如图 2.12 所示两自由度机械系统,求取传递函数 $X_2(s)/F(s)$。

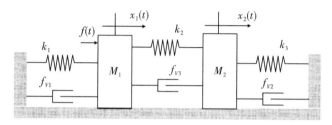

图 2.12 两自由度机械系统建模

【解答】 此系统有两个质量块可以在水平方向运动。当某个质量块保持静止的时候,另一个质量块仍然可以自由运动。所以这是一个两自由度机械系统,描述这个系统同时需要两个运动方程。这两个运动方程源于两个分立子系统中每个质量块的受力情况,可用力叠加法作图分析。例如,M_1 受力有(1)自身运动;(2)M_2 通过系统传递到 M_1 的运动。将这两个运动视为相互独立的运动。如果我们保持 M_2 静止,令 M_1 向右运动,则其受力情况如图 2.13(a)所示。如果保持 M_1 静止,令 M_2 向右运动,则其受力情况如图 2.13(b)所示。叠加法求取施加在 M_1 上的合力,如图 2.13(c)所示。

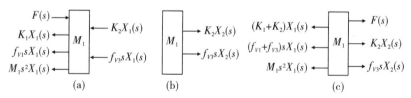

图 2.13 叠加法分析质量块 M_1 的受力图

对于 M_2 用同样的方法来处理:先保持 M_1 静止令 M_2 向右运动;再保持 M_2 静止令 M_1 向右运动;分别求出两种情况下 M_2 的受力情况,如图 2.14 所示。

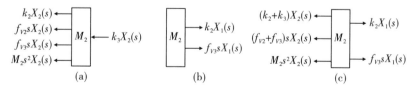

图 2.14 叠加法分析质量块 M_2 的受力图

根据图 2.13(c)和图 2.14(c)就可以写出运动方程的拉普拉斯变换为

$$[M_1 s^2 + (f_{V1} + f_{V3})s + (K_1 + K_2)]X_1(s) - (f_{V3}s + K_2)X_2(s) = F(s) \quad (2.67)$$

$$-(f_{V3}s + K_2)X_1(s) + [M_2 s^2 + (f_{V2} + f_{V3})s + (K_2 + K_3)]X_2(s) = 0 \quad (2.68)$$

由此,解出传递函数 $X_2(s)/F(s)$ 为

$$\frac{X_2(s)}{F(s)} = G(s) = \frac{f_{V3}s + K_2}{\Delta} \tag{2.69}$$

系统方框图如图 2.15 所示。

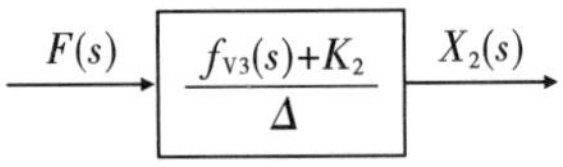

图 2.15 两自由度机械系统传递函数

此处 Δ 为行列式的计算值:

$$\Delta = \begin{vmatrix} M_1 s^2 + (f_{V1} + f_{V3})s + (K_1 + K_2) & -(f_{V3}s + K_2) \\ -(f_{V3}s + K_2) & M_2 s^2 + (f_{V2} + f_{V3})s + (K_2 + K_3) \end{vmatrix}$$
$$\tag{2.70}$$

3. 旋转机械系统传递函数

旋转机械系统的建模方法与平动机械系统几乎一样,只是用力矩代替力,角位移代替直线位移,旋转运动代替了直线运动而已。表 2.5 列出了各个旋转元件以及力矩与角速度,力矩与角位移之间的关系。注意某些符号都与平动机械相似,但它们代表的是旋转机械,例如与质量相关的术语被转动惯量代替。K,D 和 J 分别称为弹簧常数、粘性阻尼系数、惯性矩。在旋转机械系统中同样存在运动自由度的概念,描述系统运动所需的方程个数与旋转运动自由度的数目有关。

表 2.5 旋转运动机械三要素动力学关系

机械元件	转矩力-角速度	转矩力-角位移
扭簧 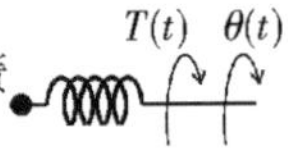 K $T(t)$ $\theta(t)$	$T(t) = K \int_0^t \omega(t)\,\mathrm{d}t$	$T(t) = K\theta(t)$
粘性阻尼 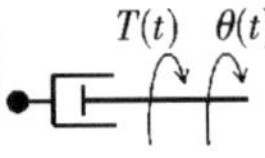 D $T(t)$ $\theta(t)$	$T(t) = D\omega(t)$	$T(t) = D \dfrac{\mathrm{d}\theta(t)}{\mathrm{d}t}$
转动惯量 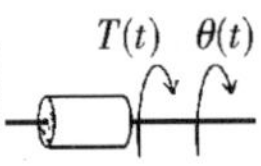 J $T(t)$ $\theta(t)$	$T(t) = J \dfrac{\mathrm{d}\omega(t)}{\mathrm{d}t}$	$T(t) = J \dfrac{\mathrm{d}^2\theta(t)}{\mathrm{d}t^2}$

列写旋转系统的运动方程也类似于平动系统,只是隔离体受力图中的力变成了力矩。首先保持其他点的运动为静止,旋转某个实体,画出使实体自身旋转的所有力矩;而后令这个实体静止,再选择临近的点重复这一作用画出力矩图;对所有的运动点依次完成这一作用。每个力矩图中的力矩求和,就构成了系统运动方程。

齿轮传动是常见的旋转机械运动系统。两个齿轮间的线性传动效应如图 2.16 所示。主动轮节圆半径 r_1,齿数 N_1,在力矩 $T_1(t)$ 的驱动下转动角度 $\theta_1(t)$。从动轮节圆半径 r_2,齿数 N_2,对应输出转动角度 $\theta_2(t)$,传送出力矩 $T_2(t)$。

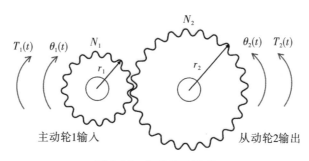

图 2.16　齿轮传动效应

根据齿轮啮合运动原理,主、从动齿轮沿着圆周走过的轨迹长度相等,即:

$$r_1\,\theta_1(t) = r_2\,\theta_2(t) \tag{2.71}$$

因为一对啮合齿轮的齿数比等于二者的节圆半径比,故有:

$$\frac{\theta_2}{\theta_1} = \frac{r_1}{r_2} = \frac{N_1}{N_2} \tag{2.72}$$

可知二者的角位移与齿数成反比。假定在齿轮传动过程中无功率损耗(忽略惯性和阻尼效应),既不吸收能量也不贮存能量,进入齿轮 1 的能量就等于输出到齿轮 2 的能量,则有

$$T_1\,\theta_1 = T_2\,\theta_2 \tag{2.73}$$

可得

$$\frac{T_2}{T_1} = \frac{\theta_1}{\theta_2} = \frac{N_2}{N_1} \tag{2.74}$$

我们来推导含有齿轮传动的旋转机械系统传递函数。如图 2.17(a)显示了输入力矩 T_1 通过齿轮传动驱动一个负载的情形。

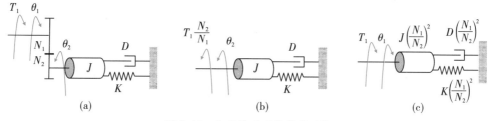

图 2.17　齿轮传动系统传递函数

力矩 T_1 通过乘以 N_2/N_1 传动加载于惯性体 J 上,如图 2.17(b)所示,写出运动方程为

$$(J\,s^2 + Ds + K)\,\theta_2(s) = T_1(s)\,\frac{N_2}{N_1} \tag{2.75}$$

根据式(2.74),将 θ_2 等效为 θ_1 的表达式,有

$$(J\,s^2 + Ds + K)\,\frac{N_1}{N_2}\,\theta_1(s) = T_1(s)\,\frac{N_2}{N_1} \tag{2.76}$$

整理化简为

$$\left[J\left(\frac{N_1}{N_2}\right)^2 s^2 + D\left(\frac{N_1}{N_2}\right)^2 s + K\left(\frac{N_1}{N_2}\right)^2 \right]\theta_1(s) = T_1(s) \tag{2.77}$$

此即带有齿轮传动的等效旋转运动系统表达式,如图 2.17(c)所示,比单一旋转运动系

统多了一个$(N_1/N_2)^2$项。以此类推,可以写出多级齿轮传动的等效传递函数。注意,此处推导的等效系统是假定齿轮传动没有任何能量损失。如果将齿轮本身看作是一个惯性体来研究,就不能用上述结论。

【例 2.17】如图 2.18(a)所示的系统,确定传递函数$\theta_2(s)/T_1(s)$(不计齿轮传动过程的能量损失)。

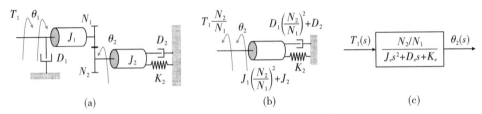

图 2.18 齿轮传动系统传递函数建模

【解答】此机械传动系统因为有两个惯性体,很容易想到需要同时建立两个独立的运动方程。但要注意,此处两个惯性体是由齿轮联结在一起,相互之间并非线性独立运动,因而系统只有一个运动自由度。如图 2.18(b)所示,先将输入轴上的转动惯量J_1和阻尼D_1等效到输出轴上,再写出等效系统运动方程为

$$(J_e s^2 + D_e s + K_e)\,\theta_2(s) = T_1(s)\,\frac{N_2}{N_1} \tag{2.78}$$

此处

$$J_e = J_1\left(\frac{N_2}{N_1}\right)^2 + J_2 ; D_e = D_1\left(\frac{N_2}{N_1}\right)^2 + D_2 ; K_e = K_2 \tag{2.79}$$

解出$\theta_2(s)/T_1(s)$,如图 2.18(c)所示的系统传递函数为

$$G(s) = \frac{\theta_2(s)}{T_1(s)} = \frac{N_2/N_1}{J_e s^2 + D_e s + K_e} \tag{2.80}$$

4. 液压传控系统传递函数

液压传动系统具有功率密度大(单位质量的输出功率大)、易于控制(可无极调速)、过载保护等优点,其广泛应用于工程机械、组合机床、空天飞行器控制等领域。近代控制理论应用于液压传动的研究比较早,在发展过程中逐渐形成了机电液一体化技术。

液压传动系统建模主要是基于流体的连续方程,能量守恒方程和动量方程这三个基本方程。液压系统的控制元件一般是各种液压阀和伺服变量泵等,执行元件有液压缸(直线运动)和液压马达(旋转运动)等。液压元件的流量q、压差Δp与液阻h的关系有些类似于电气网络中的电流,电压与电阻的关系。只是绝大多数液压元件中这三个参数的关系是非线性的。我们用一个例子来说明液压控制系统的传递函数建模方法。

【例 2.18】如图 2.19 所示为一个阀控液压缸系统,输入为阀芯位移,输出为液压缸带动的负载位移,求解系统的传递函数。

【解答】阀芯处于图 2.19 所示的空位时,液压缸内的活塞两端压力相等,活塞静止。当阀芯向右移动,阀的开口为x_1时,压力为P_s的流体进入活塞左侧的液压缸内;活塞右侧液压缸与回油管路接通,活塞右端与负载相连驱动负载做直线运动。假设流体不可压缩,这样在活塞上就产生了一个压力差,这个压力差与负载相关:

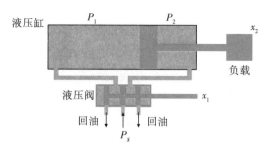

图 2.19 阀控液压缸直线运动原理

$$P_D = P_1 - P_2 \tag{2.81}$$

设 A 为活塞的有效作用面积,则压力差 P_D 在活塞上产生的力为

$$F = A P_D = A(P_1 - P_2) \tag{2.82}$$

根据阀的流量特性,进入活塞左边液压缸的液体流量 q 为

$$q = k_1 x_1 - k_2 P_D \tag{2.83}$$

这里 k_1, k_2 是阀的常数。设缸内活塞的位移为 x_2,则流量 q 应为

$$q = A \dot{x}_2 \tag{2.84}$$

根据以上四式,可得:

$$F = \frac{A}{k_2}(k_1 x_1 - A \dot{x}_2) \tag{2.85}$$

把系统中的负载等运动部件惯量设为 m,系统等效粘性阻尼系数为 f_V,则有:

$$F = m \ddot{x}_2 + f_V \dot{x}_2 \tag{2.86}$$

根据以上两式可得

$$m \ddot{x}_2 + f_V \dot{x}_2 = \frac{A}{k_2}(k_1 x_1 - A \dot{x}_2) \tag{2.87}$$

化简整理为

$$m \ddot{x}_2 + \left(f_V + \frac{A^2}{k_2}\right) \dot{x}_2 = \left(\frac{A k_1}{k_2}\right) x_1 \tag{2.88}$$

经拉普拉斯变换,可得系统的传递函数 $G(s) = X_2(s)/X_1(s)$ 为

$$G(s) = \frac{X_2(s)}{X_1(s)} = \frac{A k_1 / k_2}{m s^2 + (f_V + A^2 / k_2)s} \tag{2.89}$$

5. 机电耦合系统的传递函数

现有的机械装备都是包含有驱动电机和传感器等耦合了电和机械的系统。对机电耦合系统建模基于两个基本物理原理:从电力到机械运动的洛伦兹定律,从机械运动到电力的法拉第定律。在工程应用中,这两个定律都能够以近似线性化处理。

直流电机是将直流电能转换为回转机械能的装置,其基本原理就是通电导线在磁场中受力的作用,向缠绕在回转电枢上的线圈定子通直流电,电枢转子转动。图 2.20 是控制直流电机的原理图。通过改变电机上的电压值可以在较大范围内提供精确连续的速度控制。

设电枢电流恒定,则直流电机的基本工作原理基于扭矩方程:

$$T = k_t i \tag{2.90}$$

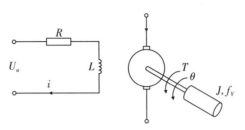

图 2.20　直流电机原理图

式中,T 为电机输出轴扭矩;i 是通过励磁绕组的电流;k_t 为扭矩常数。当输入电压加载到电枢转子时,回路方程为

$$u_a = Ri + L\frac{\mathrm{d}i}{\mathrm{d}t} \tag{2.91}$$

式中,u_a 是加载在励磁线圈的电压;L 和 R 是励磁电路的电感和电阻。

直流电机驱动机械负载运动,电机的负载主要是惯性矩和摩擦(粘性阻尼)。负载导致的扭矩变化为

$$T = J\ddot{\theta} + f_v\dot{\theta} \tag{2.92}$$

式中,θ 是电机轴的回转角位移;J 是电机的转动惯量;f_v 是粘性阻尼系数;T 是电机的负载。将式(2.90)代入式(2.92),并对各方程作拉普拉斯变换,有:

$$(Js^2 + f_v s)\theta(s) = k_t I(s) \tag{2.93}$$

$$U_a(s) = RI(s) + LsI(s) \tag{2.94}$$

可得到输出轴角位移与输入电压之间的传递函数为

$$G(s) = \frac{\theta(s)}{U_a(s)} = \frac{k_t}{s(Js + f_v)(Ls + R)} \tag{2.95}$$

2.6　系统方框图

1. 方框图

在前面引入系统传递函数的概念时,是将所研究的机电系统作为一个整体对象来建模。控制系统用输入、输出和一个方框来描述;方框中写入传递函数,指向方框的箭头表示输入信号,从方框出来的箭头表示输出信号。实际工程中的控制系统多为复杂系统,是多个模块(或称为子系统)互联而成。对每个模块都用输入、输出和一个方框来表示,多个模块互联可以合成为一个方框表示的大系统。反过来在设计控制系统时,也可以将一个复杂的大系统在 S 域分解为多个方框模块互联的形式。显然,方框图可以清晰地表达各模块的功能和系统中的信号流向。在经典控制理论中常用方框图(含传递函数)法进行系统的频域分析和设计。

当系统是多个模块相互联接时,需要引入求和点、引出点等一些新的图示符号来表示系统信号的流向和各模块之间的相互关系。线性时不变系统的方框图中的图示符号如图2.21所示。(a)图中的箭头表示信号流向,箭头上方标明了是输入信号或是输出信号;(b)图是单个系统或模块的方框图;(c)图是求和点符号。从求和点出来的信号 $C(s)$ 是三个输入信号

$R_1(s)$,$R_2(s)$和$R_3(s)$的代数和;输入箭头旁边的正负号表示进入的信号是相加或相减。
(d)图是引出点,表示信号$R(s)$在此点分为三个$R(s)$流向不同的模块。

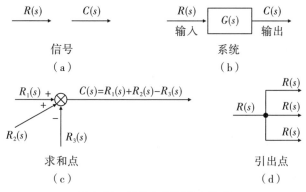

图 2.21　系统方框图基本构成

系统中各模块之间有三种基本的拓扑联接关系:串联、并联和反馈联接。

串联是指系统中各模块一个个依次连接,如图 2.22(a)所示。

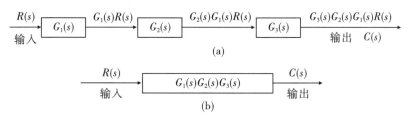

图 2.22　串联模块及其等效传递函数

图 2.22(a)图中每个模块的方框后面标注有输出信号值的表达;而前一模块的输出信号,就是后一模块的输入信号。图(b)是将这些模块合成为单一系统表达的等效方框图。

可知系统的总传递函数为

$$G_e(s) = \frac{C(s)}{R(s)} = G_1(s) \cdot G_2(s) \cdot G_3(s) \tag{2.96}$$

所以串联模块所构成系统的总传递函数等于各模块传递函数的乘积。注意在控制系统中这一计算式成立的前提条件是前后两个模块之间无负载效应。也就是说,不论是否接入后一模块,前一个模块的输出值都应该不变。电路模块串联在一起时往往有负载效应,如【例 2.13】两级串联 RC 电路就是如此。在分析设计控制系统时要注意这一点。

模块并联,是指各模块有共同的输入信号,系统总输出为各模块输出值的代数和。如图 2.23 所示并联模块及其等效传递函数。

图 2.23(a)是并联形式表达,图中每个模块的后面标明了模块的输出值。图 2.23(b)是将这些模块合成为单一系统表达的等效方框图,可知系统的总传递函数为

$$G_e(s) = \frac{C(s)}{R(s)} = G_1(s) \pm G_2(s) \pm G_3(s) \tag{2.97}$$

所以并联模块所构成系统的总传递函数等于各模块传递函数的代数和。

第三种模块联接方式是反馈联接。反馈这一概念构成了控制系统工程的研究基础,在

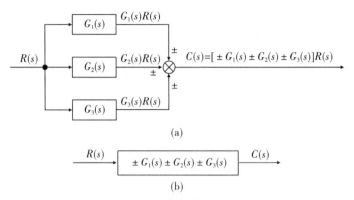

图 2.23 并联模块及其等效传递函数

绪论中已经给出了定义。如图 2.24 所示为反馈联接及其等效传递函数。

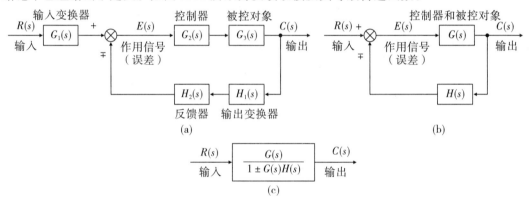

图 2.24 反馈联接及其等效传递函数

图 2.24(a)为带有反馈环节的闭环系统基本结构与形式,其中含有信号变换器等物理模块。图 2.24(b)为其数学上的简化表达形式,针对(b)图来推导等效传递函数。如图 2.24所示,整个系统的输入为 $R(s)$,输出为 $C(s)$。输出通过模块 $H(s)$ 转换为反馈信号 $C(s)H(s)$ 再返回到系统中作用。对于被控对象模块 $G(s)$ 而言,其输入信号其实是偏差信号 $E(s)$:

$$E(s) = R(s) \mp C(s)H(s) \tag{2.98}$$

反馈信号在求和点处为负称为负反馈,为正则称为正反馈。而 $C(s) = E(s)G(s)$,意即 $E(s) = C(s)/G(s)$,代入上式,解出得到闭环系统等效传递函数$G_e(s)$为

$$G_e(s) = \frac{C(s)}{R(s)} = \frac{G(s)}{1 \pm G(s)H(s)} \tag{2.99}$$

把 $G(s)H(s)$ 称为开环传递函数或回路增益;$H(s)$ 为反馈传递函数;从 $E(s)$ 经 $G(s)$ 到输出 $C(s)$ 这条信息通路称为前向通路,$G(s)$ 也称为前向传递函数。

串联、并联和反馈联接是多个子系统互联的三种基本联接方式,各模块以这三种方式联接起来构成了系统方框图。利用方框图就可以研究每个模块对系统整体性能的影响,也可以通过增减模块来实现控制目标。

方框图表征了控制系统的结构和动态性能。但需要强调的是,方框图(包括其中的传递

函数)本质上还是在数学域研究控制系统性能,各模块与实际物理结构并非一一对应。而且不同的物理系统,可以用一种方框图表示;反过来由于研究分析的目的不同,同一个物理系统,可以画出不同的方框图。

2. 方框图的合成与化简

将多个模块组成的复杂系统合成为一个传递函数,或者化简为标准方框图形式,不仅有利于分析系统整体性能,也有利于在系统设计时对比不同控制方案的优劣。在对系统方框图进行分析、运算、合成与化简的时候,有以下运算规则。

1)引出点(分支点)移动规则

引出点从某个函数方框之后移到该框之前,为了保持移动后信号不变,移动的分支应串入相同的函数,如图 2.25 所示。

图 2.25　分支点后移等效方框图

分支点从某个函数方框之前移到该框之后,为了保持移动后信号不变,移动的分支应串入相同的函数的倒数,如图 2.26 所示。

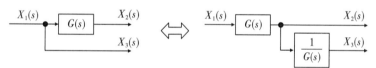

图 2.26　引出点(分支点)前移等效方框图

2)求和点移动规则

若求和点逆信号流向,从某函数方框后移到该方框前,为保持总输出信号不变,应在相应支路中串入相同传递函数的倒数,如图 2.27 所示。

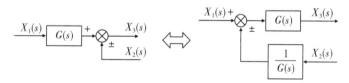

图 2.27　求和点前移等效方框图

若相加点顺信号流向,从某函数方框前移到该方框后,为保持总输出信号不变,则在相应支路中串入相同传递函数,如图 2.28 所示。

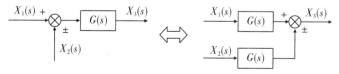

图 2.28　求和点后移等效方框图

3)引出点之间、求和点之间相互移动规则

相邻的引出点与引出点相互换位,相邻的求和点与求和点之间相互换位,均不改变系统原有的数学关系。但分支点与求和点之间,不能相互换位! 如图 2.29 所示。

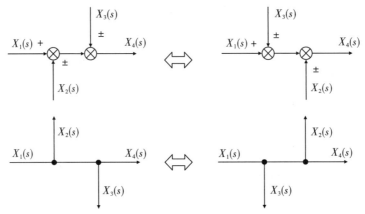

图 2.29 引出点与求和点换位等效方框图

方框图合成化简流程如下。

(1)把几个回路共用的线路及子系统分开,使每一个局部回路及主反馈都有自己专用线路和子系统。

(2)确定系统的输入输出量,把输入量到输出量的一条线路列为方框图中的前向通道。

(3)移动求和点和分支点,消除交错回路。

(4)先求出并联子系统和具有局部反馈环节的传递函数,然后求出整个系统的传递函数。

各种化简过程都要遵守两条基本原则:

(1)系统前向通道的传递函数保持不变。

(2)各反馈回路的传递函数保持不变。

【**例 2.20**】利用方框图合成化简法则,求解图 2.30 系统的传递函数。

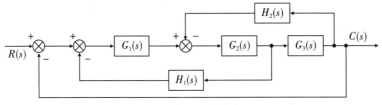

图 2.30 复杂系统方框图

【**解答**】按照方框图合成化简法则,系统传递函数的变换过程如图 2.31(a)~(d)所示。可知,系统的传递函数为

$$G(s) = \frac{C(s)}{R(s)} = \frac{G_1(s) G_2(s) G_3(s)}{1 + G_1(s) G_2(s) H_1(s) + G_2(s) G_3(s) H_2(s) + G_1(s) G_2(s) G_3(s)}$$

在建立复杂机电系统的控制模型时,可以利用方框图这种比较直观的方法。其流程为

(1)建立各子系统的运动微分方程,明确信号之间的因果关系,确定系统的输入与输出。

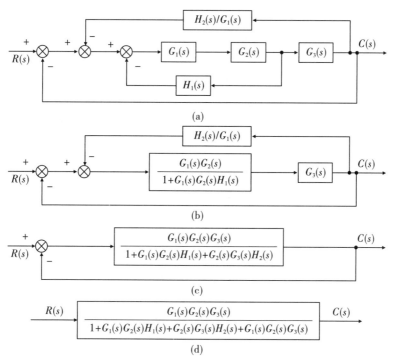

图 2.31 系统方框图合成化简过程

(2)对子系统的微分方程进行拉普拉斯变换,绘制各子系统方框图。

(3)按照信号在系统中的传递、变换过程,依次将各子系统的方框图连接起来,得到系统的方框图。

【例 2.21】如图 2.32(a)所示为车辆减振系统力学原理图。车厢质量为 m,与车轮之间相连的情形可用弹簧 k 和粘性阻尼 B 描述。在车辆行驶过程中的路面颠簸可得到缓冲。试推导此减振系统的传递函数。

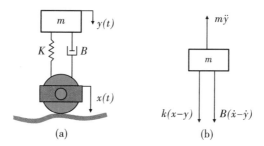

图 2.32 减振系统传递函数

【解题】系统的输入为轮轴位移 $x(t)$,系统的输出为车厢位移 $y(t)$;取车厢质量 m 为分离体进行受力分析,受力图如 2.32(b)所示。

设 $x(t) > y(t)$,在质点 m 处的力平衡方程(微分方程)为

$$m\ddot{y} = B(\dot{x} - \dot{y}) + k(x - y) \tag{2.100}$$

经拉普拉斯变换为

$$m s^2 Y(s) = (Bs + k)(X(s) - Y(s)) \tag{2.101}$$

根据上式各变量之间的关系就可以画出系统的方框图如图 2.33 所示。

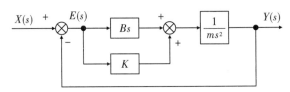

图 2.33 减振系统方框图

据此方框图,合并化简后系统传递函数为

$$\frac{Y(s)}{X(s)} = \frac{Bs + k}{m s^2 + Bs + K} \tag{2.102}$$

【例 2.22】如图 2.34 所示为车削过程力学原理示意图。车床在车削过程中,切削深度 u 不同,切削力 $f(t)$ 也不同;$f(t)$ 的存在引起刀架和工件的变形 $x(t)$;变形量 $x(t)$ 又反馈回来引起切削深度 u 的改变。工件、刀具到机床构成了一个闭环系统。试研究名义切削深度 u_i 与刀架变形 $x(t)$ 之间的关系。

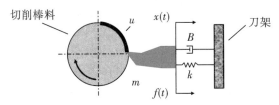

图 2.34 车削过程力学原理图

【解答】如图 2.34 所示,以名义切削深度 $u_i(t)$ 作为输入量,以刀架变形 $x(t)$ 作为输出量,则实际切削深度为

$$u(t) = u_i(t) - x(t) \tag{2.103}$$

经拉普拉斯变换为

$$U(s) = U_i(s) - X(s) \tag{2.104}$$

根据切削原理中切削力动力学方程,实际切除量 $u(t)$ 引起的切削力为

$$f(t) = k_c u(t) + B_c \frac{\mathrm{d}u(t)}{\mathrm{d}t} \tag{2.105}$$

式中,K_c 为切削过程系数,表示相应的切削力与切除量之比;B_c 为切削阻尼系数,表示相应的切削力与切除量变化率之比。经拉普拉斯变换,可得切深 $U(s)$ 与切削力 $F(s)$ 之间的切削传递函数为

$$G_c(s) = \frac{F(s)}{U(s)} = k_c(Ts + 1) \tag{2.106}$$

式中,$T = \dfrac{B_c}{k_c}$ 为时间常数。

刀架本身可以简化成为一个质量-弹簧-阻尼系统,以 $f(t)$ 为输入、$x(t)$ 为输出的子系统传递函数为

$$G_m(s) = \frac{X(s)}{F(s)} = \frac{1}{ms^2 + Bs + k} \tag{2.107}$$

综合以上各式,可以画出系统方框图如图 2.35 所示:

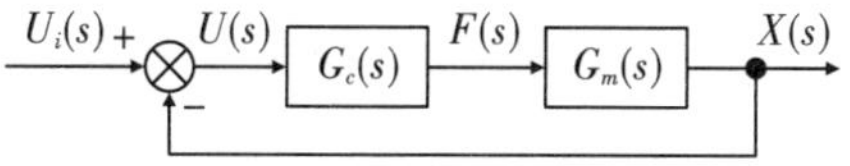

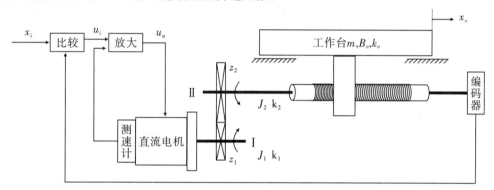

图 2.35 切削过程系统方框图

合成后系统的闭环传递函数为

$$G(s) = \frac{X(s)}{U_i(s)} = \frac{G_c(s) G_m(s)}{1 + G_c(s) G_m(s)} = \frac{K_c(Ts+1)}{ms^2 + (K_cT + B)s + (K_c + k)} \tag{2.108}$$

【例 2.23】数控机床和关节机器人中广泛采用直流伺服电机驱动系统。图 2.36 为半闭环数控进给系统简图。试推导进给系统传递函数。

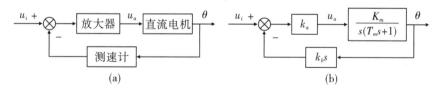

图 2.36 直流伺服电机驱动进给系统

【解答】图示系统由四个模块(子系统)组成,分别推导各模块的传递函数。

1)驱动模块

进给系统由直流电机驱动,包括放大器、测速计等。驱动模块各元器件构成如图 2.37
(a)所示。

图 2.37 驱动模块

直流电机的传递函数为

$$G_m(s) = \frac{\theta(s)}{U_a(s)} = \frac{k_t}{s(Js + f_V)(Ls + R)} = \frac{k_m}{s(T_fs+1)(T_ms+1)} \tag{2.109}$$

式中,$k_m = k/(R \cdot f_V)$ 为电机增益;$T_f = L/R$ 为磁场电路时间常数;$T_m = J/f_V$ 为电枢旋转时间常数。若不计磁场回路中的电感,则传递函数简化为

$$G_m(s) = \frac{\theta(s)}{U_a(s)} = \frac{k_t}{s(Js + f_V)(Ls + R)} = \frac{k_m}{s(T_ms+1)} \tag{2.110}$$

设图 2.37(a)中放大器的增益为 k_a,测速计常数为 k_b,则驱动模块的方框图如图 2.37

(b)所示。

2)机械传动模块

在图 2.36 中,机械传动模块是从电机轴到工作台这一部分,包括一对减速齿轮、一副滚珠丝杠螺母和工作台。动能传递过程为电机轴—齿轮组—丝杠螺母组—工作台。设电机转角 θ 为输入信号,工作台轴向位移 x_o 为输出信号。传动过程包括机械旋转运动到直线平动的变换。在推导传递函数时,可以按照前述【例 2.16】等方法,列写出各隔离体(点)的力学平衡方程,然后依次代入参数,合并导出一个等效系统的微分方程。这里介绍另外一种等效参数建模法来推导机械传动系统的传递函数。

设 Ⅰ 轴为电机轴,Ⅱ 轴为丝杠轴。J_1 和 J_2 分别为 Ⅰ,Ⅱ 轴的转动惯量;k_1 和 k_2 分别为 Ⅰ,Ⅱ 轴的扭转刚度系数;m 为工作台质量;B_o,k_o 分别为工作台直线运动阻尼系数和轴向刚度系数。

设机械传动模块等效到电机轴(Ⅰ 轴)的等效转动惯量、等效阻尼系数、等效扭转刚度系数分别为 J_e,B_e,K_e。

(1)等效转动惯量 J_e 的计算。根据能量守恒原理,系统中各转动件、平移件的运动总能量等于折算到某特定轴上的等效动能。本系统有两个转动件和一个平移件,总动能 E 为

$$E = \frac{1}{2} J_1 \dot{\theta}_1^2 + \frac{1}{2} J_2 \dot{\theta}_2^2 + \frac{1}{2} m \dot{x}_o^2 \tag{2.111}$$

总动能折算到轴 Ⅰ 上,应为

$$E = \frac{1}{2} J_e \dot{\theta}_1^2 \tag{2.112}$$

根据轴 Ⅰ 转角 θ_1、轴 Ⅱ 转角 θ_2 和工作台轴向位移 x_o 之间的传动关系 $\theta_1 z_1 = \theta_2 z_2$,$x_o = (\theta_2/2\pi) \cdot l$,此处 l 为丝杠导程;比较式(2.111)和式(2.112),可知等效转动惯量 J_e 为

$$J_e = J_1 + J_2 \left(\frac{\dot{\theta}_2}{\dot{\theta}_1} \right)^2 + m \left(\frac{\dot{x}_o}{\dot{\theta}_1} \right)^2 = J_1 + J_2 \left(\frac{z_1}{z_2} \right)^2 + \frac{m l^2}{4 \pi^2} \left(\frac{z_1}{z_2} \right)^2 \tag{2.113}$$

(2)等效阻尼系数 B_e 的计算。根据系统阻尼消耗能量相等的原理来计算等效阻尼系数。本系统只计工作台运动的阻尼,计算出损耗能量,并折算到 Ⅰ 轴上,为

$$E = \frac{1}{2} B_o \dot{x}_o^2 = \frac{1}{2} B_e \dot{\theta}_1^2 \tag{2.114}$$

解出等效回转阻尼系数为

$$B_e = B_o \left(\frac{\dot{x}_o}{\dot{\theta}_1} \right)^2 = B_o \frac{l^2}{4 \pi^2} \left(\frac{z_1}{z_2} \right)^2 \tag{2.115}$$

(3)等效刚度系数 K_e 的计算。根据系统弹性变形产生的势能相等原理来计算等效刚度系数。计算出工作台轴向弹性变形能,并等效为 Ⅰ 轴的扭转变形能,为

$$E = \frac{1}{2} k_o \cdot \Delta x_o^2 = \frac{1}{2} k_o' \cdot \Delta \dot{\theta}_1^2 \tag{2.116}$$

从而可得工作台刚度系数 k_o 折算为轴 Ⅰ 上的扭转刚度系数 k_o' 为

$$k_o' = \left(\frac{\Delta x_o}{\Delta \theta_1} \right)^2 \cdot k_o = \frac{l^2}{4 \pi^2} \left(\frac{z_1}{z_2} \right)^2 k_o \tag{2.117}$$

同理,将轴 Ⅱ 的扭转刚度系数 k_2 折算为轴 Ⅰ 上的扭转刚度系数 k_2' 为

$$k'_2 = \left(\frac{\Delta\theta_2}{\Delta\theta_1}\right)^2 \cdot k_2 = \left(\frac{z_1}{z_2}\right)^2 k_2 \tag{2.118}$$

轴Ⅰ、轴Ⅱ和工作台的刚度,相当于三个弹簧串联。将串联弹簧合成,就得到系统的等效刚度系数:

$$K_e = \frac{1}{\frac{1}{k_1} + \frac{1}{k'_2} + \frac{1}{k'_0}} = \frac{1}{\frac{1}{k_1} + \frac{1}{\left(\frac{z_1}{z_2}\right)^2 k_2} + \frac{1}{\frac{l^2}{4\pi^2}\left(\frac{z_1}{z_2}\right)^2 k_o}} \tag{2.119}$$

经过等效变换后,机械传动模块可以简化为图 2.38 所示的等效系统。

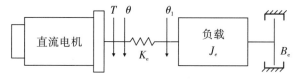

图 2.38 等效机械传动模块

这里电机驱动转矩为 T;输入转角为 θ;与负载相接后实际输出转角为 θ_1。写出机电耦合平衡方程为

$$T = K_e(\theta - \theta_1) \tag{2.120}$$

$$T = J_e\ddot{\theta}_1 + B_e\dot{\theta}_1 \tag{2.121}$$

即:

$$K_e(\theta - \theta_1) = J_e\ddot{\theta}_1 + B_e\dot{\theta}_1 \tag{2.122}$$

将 $\theta_1 z_1 = \theta_2 z_2$,$x_o = (\theta_2/2\pi) \cdot l$ 传动关系代入上式,并做拉普拉斯变换,可得:

$$(J_e s^2 + B_e s + K_e)\frac{z_2}{z_1}\frac{2\pi}{l}X_o(s) = K_e\theta(s) \tag{2.123}$$

则电机输入转角 $\theta(s)$ 到工作台位移 $X_o(s)$ 间的传递函数为

$$G_t(s) = \frac{X_o(s)}{\theta(s)} = \left(\frac{l}{2\pi}\right)\left(\frac{z_1}{z_2}\right)\frac{K_e}{J_e s^2 + B_e s + K_e} \tag{2.124}$$

3)检测模块

此进给系统的检测模块为编码器,测出的丝杠实际角位移量转换成脉冲数直接反馈到输入端,其传递函数为 $K_p = 1$。

4)计数/比较/转换模块

将指令脉冲和反馈脉冲进行比较,差值通过数模转换变为电压量 u_i。该模块为比例环节,传递函数为 K_C。

至此,根据信号在这四个模块之间传输的关系,就可以画出整个进给系统的方框图,如图 2.39 所示。

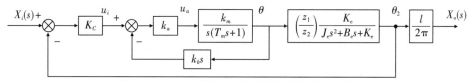

图 2.39 直流伺服电机驱动进给系统传递函数

　　此例在数学建模过程中,忽略了很多次要因素。例如电机轴的刚度,齿轮传动的摩擦阻尼等。相比于电机的传动特性,整个机械传动模块的刚度、阻尼和惯量对系统的定位精度,稳定性的影响很大。在建模过程中对影响因素的取舍简化,取决于控制系统的设计精度要求和制造运行成本的约束。

课后练习题

2.1　求下列函数的拉普拉斯变换,假设当 $t<0$ 时,$f(t)=0$。

(1) $f(t)=5(1-\cos 3t)$

(2) $f(t)=(1+t^2)\mathrm{e}^{-t}$

(3) $f(t)=\mathrm{e}^{-0.5t}\cos(10t)$

(4) $f(t)=\begin{cases}\sin t, & 0\leqslant t<\pi \\ 0, & 其他\end{cases}$

(5) $f(t)=\sin(5t+\pi/3)$

(6) $f(t)=\sin(2t)\sin(3t)$

(7) $f(t)=1+\dfrac{\sqrt{3}}{2}\mathrm{e}^{-0.5t}\sin\left(\dfrac{\sqrt{3}}{2}t-60°\right)$

2.2　求下列复数域函数的逆拉普拉斯变换:

(1) $F(s)=\dfrac{2}{s^2}$

(2) $F(s)=\dfrac{2}{s^3}$

(3) $F(s)=\dfrac{1}{s+2}$

(4) $F(s)=\dfrac{2}{s^2+4}$

(5) $F(s)=\dfrac{s+3}{(s+3)^2+4}$

(6) $F(s)=\dfrac{\mathrm{e}^{-s}}{s-1}$

(7) $F(s)=\dfrac{s}{s^2-2s+5}+\dfrac{s+1}{s^2+9}$

2.3　求解题 2.3 图所示的三种波形信号所表示的时间函数的拉普拉斯变换。

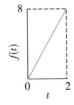 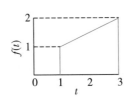 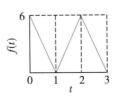

题 2.3 图　三种波形信号

2.4　用 MATLAB 软件计算以下时间函数的拉普拉斯变换。

(1) $f(t)=8t^2\cos(3t+45°)$

(2) $f(t)=3t\,\mathrm{e}^{-2t}\sin(4t+60°)$

2.5　用 MATLAB 软件计算以下复数域函数的逆拉普拉斯变换。

(1) $G(s)=\dfrac{(s^2+3s+10)(s+5)}{(s+3)(s+4)(s^2+2s+100)}$

(2) $G(s)=\dfrac{s^3+4s^2+2s+6}{(s+8)(s^2+8s+3)(s^2+5s+7)}$

2.6　用拉普拉斯变换法求解下列微分方程。

(1) $\ddot{x} + 2\dot{x} + 2x = 0, x(0) = 0, \dot{x}(0) = 1$

(2) $2\ddot{x} + 7\dot{x} + 3x = 0, x(0) = x_0, \dot{x}(0) = 0$

(3) $\ddot{x} + 2\dot{x} + 5x = 3, x(0) = 0, \dot{x}(0) = 0$

(4) $\ddot{x} + 2\zeta\omega_n\dot{x} + \omega_n^2 x = 0, x(0) = A, \dot{x}(0) = B$

2.7 某系统的微分方程如下,计算其传递函数 $Y(s)/X(s)$:

$$\dddot{y}(t) + 3\ddot{y}(t) + 5\dot{y} + y = \dddot{x} + 4\ddot{x} + 6\dot{x} + 8x$$

2.8 分析传递函数 $G(s)$ 由哪些基本环节组成。

$$G(s) = \frac{10(s+1)(s^2+2s+2)\,\mathrm{e}^{-2s}}{s^2(2s+1)(4s^2+12s+9)}$$

2.9 写出如下系统的时间域微分方程表达式,并假设 $r(t) = 3t^3$:

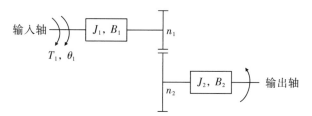

2.10 如下传递函数 $G(s)$,对其分子分母进行因式分解。

$$G(s) = \frac{10^4(s+5)(s+70)(s+72)}{s(s+45)(s+55)(s^2+7s+110)(s^2+6s+95)}$$

2.11 列出题 2.11 图所示齿轮传动系统的运动微分方程式,并求输入轴上的等效转动惯量 J 和等效阻尼系数 B。图中 T_1, θ_1 为输入转矩及转角,T_L 为输出转矩,z_1, z_2 分别为输入和输出轴上齿轮的齿数。

题 2.11 图 齿轮传动系统简图

2.12 建立题 2.12 图所示各种机械系统的传递函数。图中 $x_1(t)$ 为位移输入,$x_2(t)$ 为位移输出。

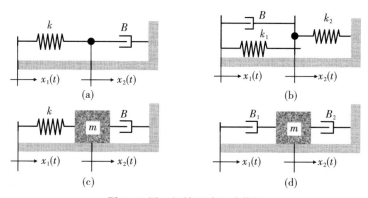

题 2.12 图 机械运动运动简图

2.13 求解题 2.13 图所示各电气网络输入量和输出量之间关系的微分方程式。图中 $u_i(t)$ 为输入电压，$u_o(t)$ 为输出电压。

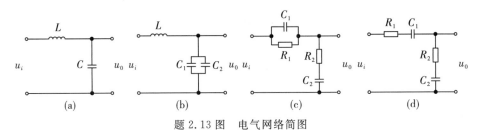

题 2.13 图　电气网络简图

2.14 如题 2.14 图所示的机械系统，当外力 $f(t)$ 作用于系统时，m_1 和 m_2 有不同的位移输出 $x_1(t)$ 和 $x_2(t)$。试求输入 $f(t)$ 与输出 $x_2(t)$ 的传递函数。

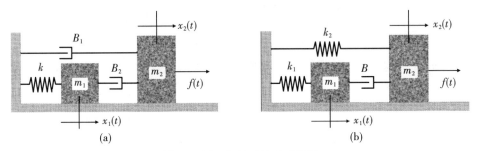

题 2.14 图　机械系统运动简图

2.15 运用方框图合并化简法则，求解题 2.15 图所示各系统的传递函数。

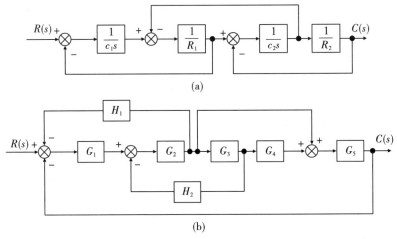

题 2.15 图　系统传递函数

时域分析

第 **3** 章

3.1 系统时间响应

1. 基本概念

建立了机械控制系统的数学模型后,就可以利用模型来分析研究系统的性能。给系统施加一个用时间函数描述的激励,则系统的输出量是随时间变化的函数关系,称为系统的时间响应。线性时不变系统可以用时间域的微分方程来描述,则系统的时间响应就是微分方程的解。以时间作为自变量描述物理过程的变化是最基本、最直观的表达形式。利用时间响应来分析设计控制系统的时域分析法,显然具有直观和准确的特点。

在经典控制理论中,判断一个系统的性能优劣主要考察三个指标:系统的稳定性、瞬态响应品质、稳态响应误差。在分析和设计控制系统时,可选用一些具有特殊形式的时域信号作为系统的激励,通过研究比较系统对这些信号的时间响应来评价系统的性能。分析研究控制系统常用的测试信号有阶跃信号、脉冲信号、斜坡信号、抛物线信号、正弦信号等时间域函数。这些信号的定义和拉普拉斯变换参见第 2 章有关内容。对系统输入这些测试信号,则描述系统动态性能的微分方程式为

$$a_n \frac{\mathrm{d}^{(n)} y(t)}{\mathrm{d} t^n} + a_{n-1} \frac{\mathrm{d}^{(n-1)} y(t)}{\mathrm{d} t^{n-1}} + \cdots + a_1 \frac{\mathrm{d} y(t)}{\mathrm{d} t} + a_0 y(t) = x(t) \tag{3.1}$$

式中,$x(t)$ 为输入的测试信号,$y(t)$ 为系统输出信号。解此微分方程可以得到 $y(t)$ 的表达式,即为系统的时间响应。

系统的时间响应函数按不同时段可分为瞬态响应阶段和稳态响应阶段。瞬态响应是在输入作用下系统输出从初始状态到稳定状态的响应过程。稳态响应是在输入作用下系统在时间趋于无穷大时的输出状态。注意这里讨论系统时间响应,均假设系统是稳定系统。有关系统稳定性的问题将在后续章节研究。

时间响应按性质分为自然响应和强迫响应两部分。由系统自身的结构参数决定的输出为自然响应,由外加输入信号导致的输出为强迫响应。

时间响应也有零输入响应和零状态响应之别。无激励输入时系统仅由初始状态引发的输出称为零输入响应;系统初始状态为零,由输入激励导致的输出称为零状态响应。

2. 系统对任意输入作用的时间响应

向系统输入一个单位脉冲激励 $x(t) = \delta(t)$,设系统响应函数为 $y(t)$。根据线性时不变

系统的传递函数的定义,可得:

$$G(s) = \frac{L[y(t)]}{L[x(t)]} = \frac{L[y(t)]}{L[\delta(t)]} = \frac{Y(s)}{1} = Y(s) \tag{3.2}$$

也就是说,若将传递函数表达式 $G(s)$ 也视为一种时域信号经拉普拉斯变换后的象函数,那么 $G(s)$ 就等于系统单位脉冲响应 $y(t)$ 的象函数 $Y(s)$。我们记:

$$L^{-1}[G(s)] = g(t) \tag{3.3}$$

$g(t)$ 即为系统对单位脉冲激励 $\delta(t)$ 的时间响应函数。$g(t)$ 又称为权函数。

若向系统输入一个任意的连续时间函数 $x(t)$,我们可以将 $x(t)$ 视为 n 个分段函数组合而成,每小段时间间隔 $\Delta\tau = (t/n)$。当 $n \to \infty$ 时,$\Delta\tau \to 0$;因而输入 $x(t)$ 可看作为 n 个近似脉冲信号 $x(\tau_k)\Delta\tau$,依次在 $0, \tau_1, \tau_2, \cdots, \tau_n$ 时刻作用于系统。

注意单位脉冲函数定义为积分面积等于 1 的函数,此处每小段近似脉冲信号的积分面积为 $x(\tau_k)\Delta\tau$。系统对单位脉冲激励 $\delta(t)$ 的时间响应为 $g(t)$,那么可写出系统对脉冲信号 $x(\tau_k)\Delta\tau$ 在 τ_k 时刻输入的时间响应为

$$x(\tau_k)\Delta\tau\Delta g(t - \tau_k) \tag{3.4}$$

依据线性系统的叠加原理,将系统在 $0 \to t$ 时段各个时刻的脉冲信号响应叠加,就得到了系统对任意函数 $x(t)$ 在 t 时刻的时间响应函数 $y(t)$

$$y(t) = \lim_{n \to \infty} \sum_{k=0}^{n} x(\tau_k)g(t - \tau_k)\Delta\tau = \int_0^t x(\tau)g(t - \tau)\mathrm{d}\tau \tag{3.5}$$

这是一个卷积分形式表达。所以,如果我们获知了系统的权函数 $g(t)$,就可以通过上面的卷积分计算,求得系统对任意输入信号 $x(t)$ 的时间响应函数 $y(t)$。从表达式来看,t 时刻系统的响应,是 t 时刻和 t 时刻之前的各输入 $x(\tau)$,乘以相应的权函数 $g(t-\tau)$ 所产生的输出累积效应。

对于真实物理系统,在 $t - \tau < 0$ 时,$g(t-\tau) = 0$,故可将上面卷积式的积分下限延拓为 $-\infty$,成为

$$y(t) = \int_{-\infty}^{t} x(\tau)g(t - \tau)\mathrm{d}\tau \tag{3.6}$$

系统的脉冲响应函数不仅是在时域中描述系统动态特性的重要数学工具,同时也提供了实验法建立系统数学模型的理论基础。工程中常采用锤击法模拟脉冲激励施加于机械系统,根据测得的系统响应曲线来建立系统的权函数(传递函数)以及识别特征参数等。

下面我们具体研究典型激励信号输入到一阶、二阶和高阶系统的时间响应。这些响应与系统的零极点分布有密切的关系。

3.2 时间响应与系统零极点

尽管可以通过在时域解微分方程,拉普拉斯逆变换等很多方法获得系统的时间响应函数,但这些方法都比较费时费力。利用系统传递函数的极点和零点以及他们之间的关系来分析系统,可以快捷方便地定性研究系统的时间响应情况。传递函数的极点和零点,也是分析和设计控制系统的基本概念。

根据第 2 章的分析,系统的传递函数 $G(s)$ 可写为

$$G(s) = \frac{K(s-z_1)(s-z_2)\cdots(s-z_m)}{(s-p_1)(s-p_2)\cdots(s-p_n)}$$

极点就是使系统传递函数 $G(s)$ 为无穷大的变量 s 的取值,即位于分母上的 $p_1,p_2,\cdots,$ p_n 这些点;零点就是使系统传递函数为零值的变量 s 的取值,即位于分子上的 $z_1,z_2,\cdots,z_m$ 这些点。除此之外,还要考虑那些分子分母上相同的因式。在对实际的物理系统建模过程中,有可能出现同一个因式表达在分子分母上同时呈现的情况;在数学计算时这些因式有可能被对消掉。注意这些因式中的根,也归类于系统的零点和极点。

【例 3.1】如图 3.1(a)所示,一阶系统的传递函数 $G(s)=(s+2)/(s+3)$,求此系统在单位阶跃输入时的时间响应函数。

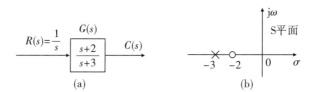

图 3.1 一阶系统传递函数零极点分布

【解答】显然 $G(s)$ 在 $s=-3$ 处有一个极点,在 $s=-2$ 处有一个零点。将这些点表示在复数域 s 平面上,如图 3.1(b)所示,用✕表示极点,○表示零点。单位阶跃信号在 S 域表达式为 $R(s)=1/s$,则输出函数为

$$C(s) = \frac{s+2}{s(s+3)} = \frac{A}{s} + \frac{B}{s+3} = \frac{2/3}{s} + \frac{1/3}{s+3} \tag{3.7}$$

此处 A,B 的值通过部分分式法确定:

$$A = \frac{s+2}{s+3}\bigg|_{s\to 0} = \frac{2}{3}, B = \frac{s+2}{s}\bigg|_{s\to -3} = \frac{1}{3}$$

对式(3.7)做拉普拉斯逆变换,得到

$$c(t) = \frac{2}{3} + \frac{1}{3}\,\mathrm{e}^{-3t}$$

如图 3.2 所示是整个系统时间响应函数推导过程,可以看出极点位置与响应函数的关系。

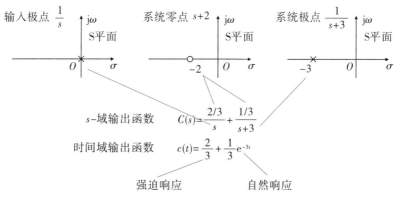

图 3.2 一阶系统时间响应函数推导过程示例

由此我们可以得到如下结论：

（1）S域上位于实轴上的极点产生一个形如 $e^{-\alpha t}$ 的指数响应，$-\alpha$ 是极点在实轴上的位置。极点位置在负实轴上越偏左，指数瞬态响应衰减到零的速度就越快。（此例中位于 -3 处的极点对应输出端的 e^{-3t}。）

（2）输入函数的极点的输出为强迫响应（位于原点的极点在输出端产生一个阶跃函数）。

（3）系统传递函数的极点输出为自然响应（位于 -3 处的极点在输出端产生 e^{-3t}）。

（4）零点和极点的取值也影响强迫响应和自然响应的幅值（参见式（3.7）中 A,B 值的计算过程）。

由此可知，根据系统中的极点和零点分布情况就可以判断系统时间响应函数的形式。如果系统具有位于实轴上的极点，就在输出信号中对应某个指数函数。系统传递函数的极点决定了系统输出的自然响应；输入函数的极点对应输出信号中的强迫响应。输入函数或传递函数的零点，对响应函数的各组成部分的幅值有作用。

根据系统极点和零点这些特性，我们就可以仅仅通过观察写出时间响应的形式。

【例 3.2】 如图 3.3 所示的系统，输入为单位阶跃信号，写出系统的时间响应形式 $c(t)$，并说明输出信号中的强迫响应和自然响应部分。

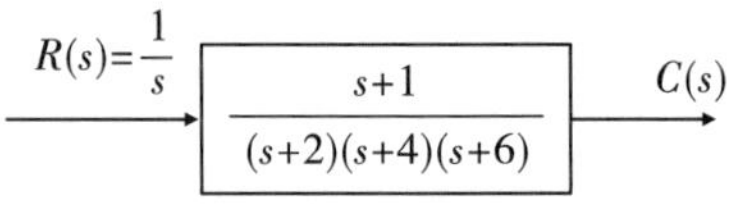

$$R(s)=\frac{1}{s} \rightarrow \boxed{\frac{s+1}{(s+2)(s+4)(s+6)}} \rightarrow C(s)$$

图 3.3 单位阶跃信号输入系统的时间响应

【解题】 对于系统的时间响应函数而言，系统传递函数中的每个极点产生自然响应的一部分。输入极点产生强迫响应。故有

$$C(s) = \frac{K_1}{s} + \frac{K_2}{s+2} + \frac{K_3}{s+4} + \frac{K_4}{s+6}$$

经拉普拉斯逆变换，可得：

$$c(t) = K_1 u(t) + K_2 e^{-2t} + K_3 e^{-4t} + K_4 e^{-6t} \tag{3.8}$$

式（3.8）中等式右边第一项阶跃函数信号是强迫响应，后三项是自然响应。

3.3 一阶系统的时间响应

1. 一阶系统的单位阶跃响应

无零点的一阶系统 $G(s)=a/(s+a)$，系统有一个极点 $s=-a$，如图 3.4 所示。

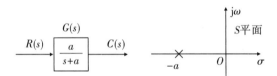

图 3.4 无零点的一阶系统传递函数及其极点示意图

系统输入单位阶跃函数 $R(s)=1/s$，则输出函数为

$$C(s) = R(s)G(s) = \frac{a}{s(s+a)}$$

逆拉普拉斯变换,得到单位阶跃时间响应为

$$c(t) = c_f(t) + c_n(t) = 1 - e^{-at} \qquad (3.9)$$

此处输入函数的极点在原点,产生一个强迫响应 $c_f(t) = 1$,系统极点在 $-a$ 产生一个自然响应 $c_n(t) = -e^{-at}$。$c(t)$ 曲线如图 3.5 所示。

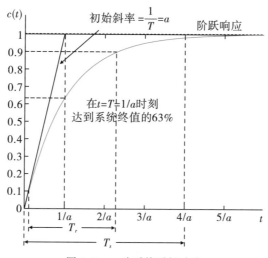

图 3.5 一阶系统时间响应

在 $c(t)$ 表达式(3.9)中,参数 a 的取值决定了一阶系统的瞬态响应特征。当 $t = 1/a$ 时,

$$e^{-at}\big|_{t=1/a} = e^{-1} = 0.37$$

$$c(t)\big|_{t=1/a} = 1 - e^{-1} = 0.63 \qquad (3.10)$$

对于一阶系统的单位阶跃输入,可以根据参数 a 定义三个瞬态响应性能指标。

(1)时间常数 T

如图 3.5 所示,当 $t = 1/a$ 时,e^{-at} 衰减到初始值的 37%,也就是阶跃响应曲线上升到其终值的 63% 所需时间。我们称 $T = 1/a$ 为一阶系统的时间常数。因为 $1/a$ 具有物理单位"秒"的意义,从而 a 就是物理单位"频率",所以也称参数 a 为"指数频率"。因为当 $t = 0$ 时刻,e^{-at} 的导数是 $-a$,故 a 为零时刻指数函数的初始变化斜率。所以 a 值与一阶系统对阶跃输入的响应速度有关。

时间常数也可以从极点坐标中求取,如图 3.4 所示。因为传递函数的极点在 $-a$,我们可以说极点位于时间常数的倒数位置;且极点距离虚轴越远,瞬态响应的速度越快。

(2)上升时间 T_r

系统响应的上升时间,定义为 $c(t)$ 曲线从终值的 0.1 到 0.9 的时间。上升时间可以通过求解式(3.9),求出 $c(t) = 0.1$ 和 $c(t) = 0.9$ 的二者时间之差。即:

$$T_r = \frac{2.31}{a} - \frac{0.11}{a} = \frac{2.2}{a} \qquad (3.11)$$

(3)过渡时间 T_s

$c(t)$ 曲线中的响应值与终值相比,误差稳定在 2% 以内的时间,定义为系统过渡时间。

有的教材定义为误差达到5%以内的时间。令式(3.9)中的$c(t)=0.98$,解出时间t,就可以得到过渡时间:

$$T_r = \frac{4}{a} \tag{3.12}$$

在工程实际中,有时很难通过物理关系解析式建模获得系统的传递函数。因为传递函数表征了系统输入与输出的关系,所以根据系统的阶跃响应就可以表征系统的动态特性,即使其内部结构未知。

对于一阶系统$G(s)=K/(s+a)$,其单位阶跃响应为

$$C(s) = \frac{K}{s(s+a)} = \frac{K/a}{s} - \frac{K/a}{s+a} \tag{3.13}$$

若能通过实验曲线辨识出K和a的值,也就得到了系统的传递函数。

【例3.3】假设通过实验获得了某系统的单位阶跃响应曲线如图3.6所示,写出系统的传递函数。

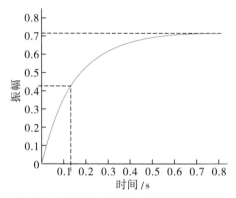

图3.6 从时间响应曲线中获得传递函数

【解题】观察响应曲线具有如无超调,初始斜率不为零等特征,确定为一阶系统。先从响应曲线中量测出时间常数,亦即曲线值达到终值63%的时间。因为响应曲线终值约为0.72,则$0.63×0.72≈0.45$,对应的时间常数T约为0.13 s。故$a=1/T=1/0.13≈7.7$。

从式(3.13)可知,响应曲线的稳态值(终值)对应的是强迫响应部分,所以有$K/a=0.72$,代入$a=7.7$,得到$K=5.54$。至此可以写出系统传递函数$G(s)=5.54/(s+7.7)$。

2. 一阶系统的单位脉冲响应

单位脉冲函数在S域表示为$R(s)=1$,则系统输出

$$C(s) = \frac{a}{s+a} \tag{3.14}$$

逆拉普拉斯变换,得到时间响应函数为

$$c(t) = a\,\mathrm{e}^{-at} \tag{3.15}$$

可以看出响应函数中只含有瞬态分量,稳态值为零。如图3.7所示为一阶系统脉冲响应时间函数曲线。

3. 一阶系统单位斜坡响应

单位斜坡输入$R(s)=1/s^2$,输出为

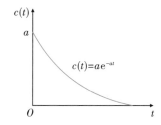

图 3.7 一阶系统单位脉冲时间响应

$$C(s) = \frac{1}{s^2} \cdot \frac{a}{s+a} = \frac{1}{s^2} - \frac{1}{a} \cdot \frac{1}{s} + \frac{1}{a} \cdot \frac{1}{s+a} \quad (3.16)$$

逆拉普拉斯变换,得到

$$c(t) = t - \frac{1}{a} + \frac{1}{a}\,\mathrm{e}^{-at} \quad (3.17)$$

时间响应曲线如图 3.8 所示。

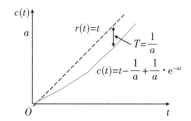

图 3.8 一阶系统的单位输入斜坡时间响应

从曲线可以看出,经过足够长的时间($t \geqslant 4T$),输出响应曲线形状近似于输入曲线;输出相对于输入要滞后时间 T;稳态误差等于时间常数 $T = 1/a$。

3.4 二阶系统的时间响应

1. 典型二阶系统的传递函数

二阶系统是用二阶微分方程描述的系统,是最为典型的机械系统。

如图 3.9 所示的弹簧-质量-阻尼系统即为典型的机械系统模型。其中弹簧的弹性系数为 k,粘性阻尼比为 f_v,质量块 m 在力 $f(t)$ 的作用下产生位移 $x(t)$。系统运动微分方程为

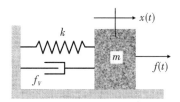

图 3.9 典型二阶机械系统

$$m\frac{\mathrm{d}^2 x(t)}{\mathrm{d}t^2} + f_v\frac{\mathrm{d}x(t)}{\mathrm{d}t} + kx(t) = f(t) \quad (3.18)$$

设系统初始条件为零,上式经 Lapalce 变换,系统传递函数为

$$G(s) = \frac{X(s)}{F(s)} = \frac{1}{ms^2 + f_V s + k} = \frac{1/m}{s^2 + \left(\frac{f_V}{m}\right)s + \left(\frac{k}{m}\right)} \tag{3.19}$$

可以看出,系统具有两个有限值极点,没有零点。分子上只是简单的比例项或是放大因子,其取值不影响输出函数曲线的形状。赋予 k, f_V 和 m 不同的数值,就能够获得二阶系统所有可能的输出响应曲线。

为了研究方便,我们定义二阶系统的两个参数。

$$令 \omega_n^2 = \frac{k}{m},则有 \omega_n = \sqrt{\frac{k}{m}} \tag{3.20}$$

$$令 2\zeta\omega_n = \frac{f_V}{m},则有 \zeta = \frac{f_V}{2\sqrt{mk}} \tag{3.21}$$

ω_n 称为二阶系统无阻尼自然频率,ζ 为二阶系统的阻尼比。ω_n 和 ζ 这两个参数是二阶系统中非常重要的参数,它们的取值决定了二阶系统瞬态响应的特性。

如此,二阶系统的传递函数可写为

$$G(s) = \frac{1/m}{s^2 + \left(\frac{f_V}{m}\right)s + \left(\frac{k}{m}\right)} = \frac{1}{k} \cdot \frac{\omega_n^2}{s^2 + 2\zeta\omega_n s + \omega_n^2} \tag{3.22}$$

这里 $1/k$ 为系统增益,而 $\omega_n^2/(s^2 + 2\zeta\omega_n s + \omega_n^2)$ 是典型二阶系统传递函数形式。我们后续就以典型二阶系统传递函数为对象,来研究系统的时间响应。

此处我们定义二阶系统的特征方程为

$$s^2 + 2\zeta\omega_n s + \omega_n^2 = 0 \tag{3.23}$$

解出系统特征根为

$$s_{1,2} = -\zeta\omega_n \pm \omega_n \sqrt{\zeta^2 - 1} \tag{3.24}$$

显然,随着系统的阻尼比 ζ 的取值不一样,系统特征根的取值也不同,系统的极点在复平面分布的位置也不同。可以分为如下四种情况。

(1) $\zeta = 0$,零阻尼(无阻尼),特征根为一对共轭虚根;

(2) $0 < \zeta < 1$,欠阻尼,特征根为一对共轭复根;

(3) $\zeta = 1$,临界阻尼,特征根为一对重实根;

(4) $\zeta > 1$,过阻尼,特征根为两个相异的实根。

系统的极点零点在复平面的分布情况决定了二阶系统的时间响应特性。

2. 二阶系统的单位阶跃响应

如图 3.10 所示,对典型二阶系统输入单位阶跃信号 $R(s) = 1/s$,系统响应为 $C(s) = R(s)G(s)$,而后用部分分式法分解多项分式,再用逆拉普拉斯变换即可求得时间响应。

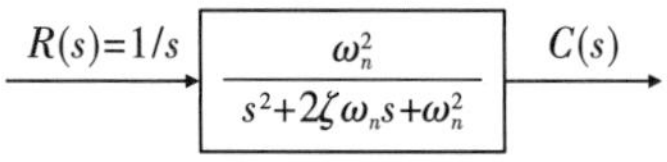

图 3.10 典型二阶系统传递函数

显然,阶跃响应曲线的形状,与系统特征方程的根在复平面的位置有关。下面我们分以

下四种情况研究单位阶跃输入的时间响应。

（1）零阻尼 $\zeta=0$。系统特征根为一对共轭虚根 $s_{1,2}=\pm j\omega_n$，如图 3.11(a) 所示。对单位阶跃信号 $R(s)=1/s$，系统响应为

$$C(s) = R(s)G(s) = \frac{1}{s} \cdot \frac{\omega_n^2}{s^2+\omega_n^2} \tag{3.25}$$

响应函数有一个位于原点处的源于单位阶跃输入的极点，两个源于系统的虚数极点。在原点的输入极点产生一个取值为常数的强迫响应，虚轴上的两个系统极点 $\pm j\omega_n$ 产生一个正弦函数形式的自然响应，正弦函数频率值等于虚数极点的坐标位置。经逆拉普拉斯变换后可得系统的时间响应函数为

$$c(t) = L^{-1}\left[\frac{1}{s} \cdot \frac{\omega_n^2}{s^2+\omega_n^2}\right] = 1 - \cos(\omega_n t) \quad (t \geqslant 0)$$

系统响应曲线是以无阻尼自然频率 ω_n 作等幅振荡，如图 3.11(b) 所示。

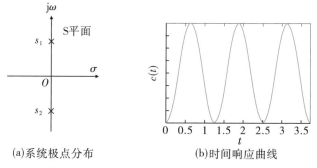

(a)系统极点分布   (b)时间响应曲线

图 3.11 零阻尼二阶系统单位阶跃时间响应

（2）欠阻尼，$0<\zeta<1$。系统特征根是一对共轭复根：

$$s_{1,2} = -\zeta\omega_n \pm \omega_n\sqrt{\zeta^2-1} = -\zeta\omega_n \pm j\omega_d \tag{3.26}$$

此处定义 $\omega_d=\omega_n\sqrt{1-\zeta^2}$ 为系统的阻尼自然频率。对单位阶跃信号 $R(s)=1/s$，系统响应为

$$C(s) = R(s)G(s) = \frac{1}{s} \cdot \frac{\omega_n^2}{(s+\zeta\omega_n-j\omega_d)(s+\zeta\omega_n+j\omega_d)} \tag{3.27}$$

输出函数有一个位于原点处的源于单位阶跃输入的极点，两个来自系统的复数极点。在原点的输入极点产生一个取值为常数的强迫响应，左半平面上两个系统极点 $-\zeta\omega_n \pm \omega_d$ 产生一个正弦振荡与指数函数相乘的自然响应。极点的实部对应正弦幅值的指数衰减频率，极点的虚部对应于正弦振荡的频率。

式(3.27)经逆拉普拉斯变换后可得系统的时间响应函数为

$$c(t) = 1 - \frac{e^{-\zeta\omega_n t}}{\sqrt{1-\zeta^2}}\sin(\omega_d t + \varphi) \quad (t \geqslant 0) \tag{3.28}$$

其中相位角 $\varphi=\arctan(\sqrt{1-\zeta^2}/\zeta)$。欠阻尼二阶系统特征根分布情况以及对单位阶跃输入信号的时间响应曲线如图 3.12 所示。

欠阻尼二阶系统单位阶跃时间响应具有如下几个特点：①输出无稳态误差。②含有衰减振荡项。振荡的幅值和衰减的快慢由 ζ 和 ω_n 决定。振荡幅值随 ζ 减小而增大，故也称 $\zeta\omega_n$

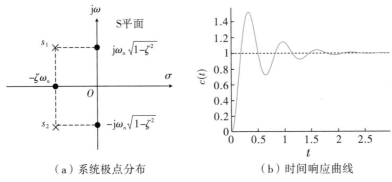

（a）系统极点分布　　　　（b）时间响应曲线

图 3.12　欠阻尼二阶系统单位阶跃时间响应

为衰减系数。ζ 越小，ω_d 越接近 ω_n，振幅衰减得越慢；ζ 越大，阻尼越大，ω_d 越减小，振幅衰减也越快。③振荡频率 ω_d，指数衰减频率和初始相位角 Φ 可由极点位置求得。

（3）临界阻尼 $\zeta=1$。系统特征根为两个相等的实根（重实根）$s_{1,2}=-\omega_n$；对单位阶跃信号 $R(s)=1/s$，系统响应为

$$C(s)=R(s)G(s)=\frac{1}{s}\cdot\frac{\omega_n^2}{(s+\omega_n)^2} \tag{3.29}$$

输出函数有一个位于原点处的源于单位阶跃输入的极点；两个源于系统的重实极点。原点处的输入极点产生一个取常数值的强迫响应，在实轴上的重极点产生一个自然响应。自然响应由两个分项组成，一项是指数函数，另一项是一个指数函数与时间的乘积。指数频率就等于实极点的位置。在时间域的响应为

$$c(t)=L^{-1}\left[\frac{1}{s}\cdot\frac{\omega_n^2}{(s+\omega_n)^2}\right]=1-e^{-\omega_n t}(1+\omega_n t) \quad (t\geqslant 0) \tag{3.30}$$

如图 3.13 所示为临界阻尼二阶系统的单位阶跃响应曲线。

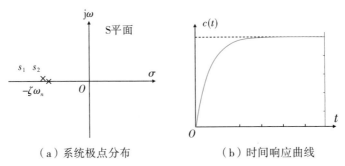

（a）系统极点分布　　　　（b）时间响应曲线

图 3.13　临界阻尼二阶系统单位阶跃时间响应

（4）过阻尼 $\zeta>1$。特征根为两个不相等的负实根 $s_{1,2}=-\zeta\omega_n\pm\omega_n\sqrt{\zeta^2-1}$；对单位阶跃信号 $R(s)=1/s$，系统响应为

$$C(s)=\frac{1}{s}\cdot\frac{\omega_n^2}{(s-s_1)(s-s_2)} \tag{3.31}$$

函数有一个源自于单位阶跃输入的极点，位于原点上；还有来自于系统的两个实极点。原点处的输入极点产生一个取值为常数的强迫响应；每个系统极点产生一个指数自然响应，指数频率等于极点位置。时间域的响应函数为

$$c(t) = 1 + \frac{\omega_n}{2\sqrt{\zeta^2-1}} \left(\frac{e^{s_1 t}}{s_1} - \frac{e^{s_2 t}}{s_2} \right) \quad (t \geqslant 0) \tag{3.32}$$

如图 3.14 所示为过阻尼二阶系统的单位阶跃响应曲线。

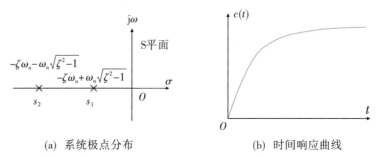

| (a) 系统极点分布 | (b) 时间响应曲线 |

图 3.14 过阻尼二阶系统单位阶跃时间响应

关于二阶系统的阶跃响应曲线特征总结如下：

(1)系统的阻尼比 ζ 决定了响应曲线的振荡特性。$\zeta = 0$，无阻尼，等幅振荡。$0 < \zeta < 1$，欠阻尼，衰减振荡。ζ 越小，振荡幅值越大，响应速度越快；$\zeta \geqslant 1$，临界阻尼和过阻尼，无振荡无超调，过渡过程漫长。

(2)系统阻尼比 ζ 一定时，无阻尼自然频率 ω_n 越大，瞬态响应分量衰减越迅速，系统能够很快达到稳定值，响应的快速性好。

(3)欠阻尼二阶系统，是大量物理对象共用的数学模型，有其独有的特性。工程中除了一些不允许产生振荡的应用场合（如指示和记录仪表系统等）以外，通常都设计成欠阻尼系统，且阻尼比选择在 $\zeta = 0.4 \sim 0.8$，以保证系统的快速性同时又不至于产生过大的振荡。对欠阻尼响应详细的研究，对分析和设计控制系统都很重要。

3. 二阶系统的单位脉冲响应

对二阶系统输入脉冲函数 $\delta(t)$，则 $R(s) = 1$，输出函数为

$$C(s) = R(s)G(s) = \frac{\omega_n^2}{s^2 + 2\zeta\omega_n s + \omega_n^2} \tag{3.33}$$

同样，根据 ζ 的不同取值，输出响应可分为四种情况如下（详细推导过程略）。

$$\zeta = 0，零阻尼，c(t) = \omega_n \sin(\omega_n t) \quad (t \geqslant 0) \tag{3.34}$$

$$0 < \zeta < 1，欠阻尼，c(t) = \frac{\omega_n e^{-\zeta\omega_n t}}{\sqrt{1-\zeta^2}} \sin(\omega_d t) \quad (t \geqslant 0) \tag{3.35}$$

$$\zeta = 1，临界阻尼，c(t) = \omega_n^2 t\, e^{-\omega_n t} \quad (t \geqslant 0) \tag{3.36}$$

$$\zeta > 1，过阻尼，c(t) = \frac{\omega_n}{2\sqrt{\zeta^2-1}} (e^{s_1 t} - e^{s_2 t}) \quad (t \geqslant 0) \tag{3.37}$$

其中，$s_1 = -(\zeta - \sqrt{\zeta^2-1})\omega_n \quad s_2 = -(\zeta + \sqrt{\zeta^2-1})\omega_n$。

4. 二阶系统参数 ω_n 和 ζ

在研究机械二阶系统建模时我们引入了两个参数 ω_n 和 ζ，重新改写了传递函数。这两个具有物理意义的参数可用于描述二阶系统的瞬态响应。

ω_n 的意义和作用比较明显，表征二阶系统无阻尼振荡时的频率。对一般形式的二阶系

统表达式

$$G(s) = \frac{b}{s^2 + as + b} \tag{3.38}$$

当 $a=0$ 时,系统为无阻尼系统,此时原系统表达式为

$$G(s) = \frac{b}{s^2 + b} \tag{3.39}$$

系统极点位于虚轴 $j\omega$ 上,对单位阶跃信号的时间响应表现为无阻尼正弦振荡曲线。我们定义正弦振荡频率为系统的无阻尼自然频率 ω_n。因为系统极点位于虚轴上的 $\pm j\sqrt{b}$ 处,所以有 $\omega_n = \sqrt{b}$,即 $b = \omega_n^2$。

我们来看阻尼比 ζ 的作用。对于 $a \neq 0$ 时的欠阻尼二阶系统,对单位阶跃信号的时间响应是阻尼衰减振荡曲线。此时系统具有一对复数极点。复数的实部 σ 等于 $-a/2$,即为振荡曲线幅值的指数衰减频率。复数的虚部表征了响应曲线的振荡频率(非无阻尼系统自然频率)。参数 ζ 的引入就是要量化这一衰减振荡曲线。如图 3.15 所示,实际上参数 ζ 是包络线的指数衰减频率与系统自然频率之比。

$$\zeta = \frac{\text{指数衰减频率}}{\text{无阻尼自然频率}} = \frac{1}{2\pi}\frac{\text{自然振荡周期}}{\text{指数时间常数}} = \frac{|\sigma|}{\omega_n} = \frac{a/2}{\omega_n} \tag{3.40}$$

从而有 $a = 2\zeta\omega_n$。

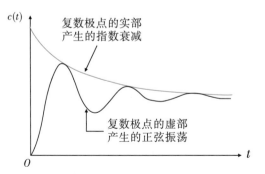

图 3.15 欠阻尼二阶系统时间响应

注意阻尼比 ζ 的定义消除了时间尺度因素,让不同时间尺度的系统具有了可比性。也就是说,若有一个系统的瞬态响应在 1 ms 历经了三个周期后达到稳定状态;另一个系统,在 1000 年内历经了三个周期后达到其稳定状态;那么这两个系统的阻尼性质应该是一样的。不管响应的时间尺度如何,这个比值是常数。

对于一般形式的二阶系统,只要根据系数 a,b 写出参数 ω_n 和 ζ,根据系统极点的位置就可以获知时间响应曲线。

3.5 二阶系统时间响应性能指标

1. 系统瞬态响应的性能指标

系统的时间响应从时段上可分为瞬态响应和稳态响应两部分。系统瞬态响应反映了系统本身的动态性能,表征系统的相对稳定性和响应品质(快速性和超调性等)。系统从瞬态

进入稳态后的稳态误差,反映了系统的准确性。

通常研究系统瞬态响应(也称过渡过程)的性能指标,是在如下两个预设前提条件下进行:

(1)指的是系统在单位阶跃信号作用下的瞬态响应。这是因为阶跃信号输入的工作状况较为恶劣,若系统在阶跃激励下运转良好,则对其他各种形式的输入就能满足使用要求。

(2)初始条件为零。即在单位阶跃输入作用前,系统处于静止状态,输出信号及其各阶导数均等于零。

如图 3.16 所示,我们来定义常用瞬态响应的性能指标如下。

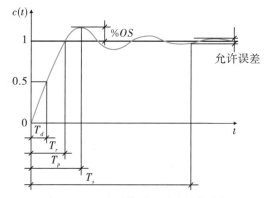

图 3.16　二阶系统瞬态响应性能指标

(1)延迟时间 T_d:单位阶跃响应第一次达到其稳态值的 50% 所需的时间。

(2)上升时间 T_r:对于欠阻尼系统,是单位阶跃响应第一次从 0 上升到稳态值的 100% 所需时间。对于过阻尼系统,是单位阶跃响应第一次从稳态值 10% 上升到 90% 所需时间。

(3)峰值时间 T_p:单位阶跃响应第一次超过稳态值达到峰值时所需时间。

(4)相对超调量 %OS:响应曲线在峰值时刻,响应值超出稳态值的量值,表征为稳态值的百分数。

$$\%OS = \frac{c(T_p) - c(\infty)}{c(\infty)} \times 100\% \tag{3.41}$$

(5)调整时间 T_s:单位阶跃响应与稳态值之差,进入允许的误差范围所需时间。允许误差 $\delta\%$ 一般取 5%、3% 或 2%。

%OS, T_s 表征了系统的相对稳定性;T_d, T_r, T_p 表征了系统的快速性。注意,此处定义的过渡时间和上升时间基本上与一阶系统的定义一致。所有的定义对高于二阶的系统都有效,尽管对于高阶系统而言,从解析表达上并非所有的参数都能计算出来。在理论上可以证明,高阶系统能够近似为二阶系统来处理。

上升时间 T_r,峰值时间 T_p,过渡时间 T_s 表征了瞬态响应的速度。这些信息可以帮助我们确定,这些响应速度和响应特性是否降低了系统性能品质。例如,计算机系统的运行速度取决于硬盘驱动头抵达稳定状态以及读取数据的时间,因此系统响应要快而稳;而乘坐汽车时,乘客的舒适度体现在汽车悬挂系统在受到冲击以后的振荡次数,振荡次数越少越好。

2. 欠阻尼二阶系统的瞬态响应性能指标

欠阻尼二阶系统是大量物理对象共用的数学模型,有其独有的特性;对欠阻尼系统时间响应的详细研究,对分析和设计控制系统都很重要。前面我们从ω_n和ζ的角度归纳总结了二阶传递函数的时间响应曲线,现在我们进一步研究欠阻尼二阶系统的瞬态响应性能指标表达式,定义更多的欠阻尼系统特性,并建立这些特性与系统极点位置的关系。

标准二阶系统传递函数表达式$G(s)=\omega_n^2/(s^2+2\zeta\omega_n s+\omega_n^2)$,输入阶跃信号$R(s)=1/s$,则输出信号为

$$C(s)=R(s)G(s)=\frac{1}{s}\cdot\frac{\omega_n^2}{s^2+2\zeta\omega_n s+\omega_n^2}=\frac{K_1}{s}+\frac{K_2 s+K_3}{s^2+2\zeta\omega_n s+\omega_n^2} \quad (3.42)$$

此处我们设定$\zeta<1$(欠阻尼形式)。通过部分分式扩展,采用待定系数法确定K_1,K_2和K_3的值,可得:

$$C(s)=\frac{1}{s}-\frac{(s+\zeta\omega_n)+\dfrac{\zeta}{\sqrt{1-\zeta^2}}\omega_n\sqrt{1-\zeta^2}}{(s+\zeta\omega_n)^2+\omega_n^2(1-\zeta^2)} \quad (3.43)$$

根据第2章的表2.2和表2.3,对式(3.43)做逆拉普拉斯变换计算,得到时间域的响应函数为

$$c(t)=1-e^{-\zeta\omega_n t}\left(\cos\omega_n\sqrt{1-\zeta^2}t+\frac{\zeta}{\sqrt{1-\zeta^2}}\sin\omega_n\sqrt{1-\zeta^2}t\right)$$

$$=1-\frac{1}{\sqrt{1-\zeta^2}}e^{-\zeta\omega_n t}\sin(\omega_n\sqrt{1-\zeta^2}t+\Phi) \quad (3.44)$$

此处$\Phi=\arctan(\sqrt{1-\zeta^2}/\zeta)$。定义$\omega_d=\omega_n\sqrt{1-\zeta^2}$为阻尼自然频率。

不同ζ值的响应曲线如图3.17所示,注意此处时间轴(横坐标)设置为$\omega_n t$。可以看出ζ值越小,响应曲线中的振荡成分越多。至于横坐标采用自然频率作为时间轴的尺度因子,或是直接采用时间分度,并不影响曲线的形状。

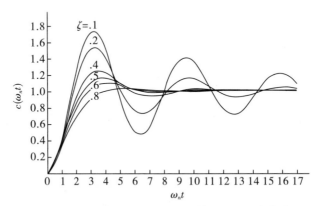

图3.17 欠阻尼二阶系统不同ζ值的时间响应曲线

欠阻尼二阶系统瞬态响应各项性能指标(见图3.16)公式推导如下。

(1)上升时间T_r。当$t=T_r$时,$c(T_r)=1$,即

$$c(t)=1-\frac{e^{-\zeta\omega_n t}}{\sqrt{1-\zeta^2}}\sin(\omega_d t+\Phi)=1 \quad (3.45)$$

因$e^{-\zeta\omega_n t}\neq 0$,故只有$\sin(\omega_d t+\Phi)=0$;可知$\omega_d t+\Phi=n\pi$。上升时间$T_r$的定义为第一次达到稳态值的时间,可得:

$$T_r = (\pi - \Phi)/\omega_d \tag{3.46}$$

此处 $\Phi = \arctan(\sqrt{1-\zeta^2}/\zeta)$

（2）峰值时间 T_p。对时间响应曲线 $c(t)$ 求导，找出导函数在 $t=0$ 之后第一处零值点的时间即是 T_p。这一求解过程可通过 s 域的微分运算公式很方便地求解。设初始条件为零，则有：

$$L[\dot{c}(t)] = sC(s) = \frac{\omega_n^2}{s^2 + 2\zeta\omega_n s + \omega_n^2} = \frac{\omega_n^2}{(s+\zeta\omega_n)^2 + \omega_n^2(1-\zeta^2)} = \frac{\frac{\omega_n}{\sqrt{1-\zeta^2}} \cdot \omega_d}{(s+\zeta\omega_n)^2 + \omega_d^2} \tag{3.47}$$

查表作逆拉普拉斯变换，可得：

$$\dot{c}(t) = \frac{\omega_n}{\sqrt{1-\zeta^2}} e^{-\zeta\omega_n t} \sin(\omega_d t) \tag{3.48}$$

令 $\dot{c}(t)=0$，可得 $\omega_d t = n\pi$，即

$$t = \frac{n\pi}{\omega_d} \tag{3.49}$$

时间响应曲线上第一个峰值点的时间（$n=1$）即为峰值时间：

$$T_p = \frac{\pi}{\omega_d} = \frac{\pi}{\omega_n\sqrt{1-\zeta^2}} \tag{3.50}$$

（3）相对超调量 $\%OS$。根据相对超调量定义式：

$$\%OS = \frac{c(T_p) - c(\infty)}{c(\infty)} \times 100\% \tag{3.51}$$

代入 $T_p = \pi/\omega_d$，单位阶跃响应的 $c(\infty)=1$，可得：

$$\%OS = \exp\left(\frac{-\zeta\pi}{\sqrt{1-\zeta^2}}\right) \times 100\% \tag{3.52}$$

可以看出 $\%OS$ 只是系统阻尼比 ζ 的函数，如图 3.18 所示。

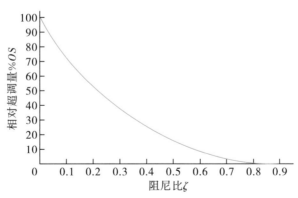

图 3.18　阻尼比与超调量的关系

已知 ζ 可求出 $\%OS$，反之若通过实验获得系统的 $\%OS$，也能求出系统的 ζ 值：

$$\zeta = \frac{-\ln(\%OS/100)}{\sqrt{\pi^2 + \ln^2(\%OS/100)}} \tag{3.53}$$

（4）调整时间 T_s。也称为过渡时间，是响应正弦曲线幅值衰减到 $\delta\%$ 的时间，即

$$\frac{1}{\sqrt{1-\zeta^2}}\,\mathrm{e}^{-\zeta\omega_n t} = \frac{\delta}{100} \tag{3.54}$$

因为我们在计算调整时间时,假定正弦函数一直取值为1,所以上式测算的时间是比较保守的数值。从上式中解出 t,可得

$$T_s = \frac{\ln 100 - \ln \delta - \ln \sqrt{1-\zeta^2}}{\zeta\omega_n} \approx \frac{\ln 100 - \ln \delta}{\zeta\omega_n} \tag{3.55}$$

当 $\delta=5$ 时,$T_s \approx 3/(\zeta\omega_n)$;当 $\delta=3$ 或 2 时,$T_s \approx 4/(\zeta\omega_n)$。

根据式(3.55)可以看出:

①若保持 ζ 不变而 ω_n 增大,则超调量 $\%OS$ 不变,T_r,T_p,T_s 都缩短了。也就是说增大 ω_n,有利于提高系统的快速性(灵敏性)。

②若保持 ω_n 不变而使 ζ 降低,则超调量 $\%OS$ 变大,调整时间 T_s 变长,T_r,T_p 缩短;若保持 ω_n 不变而使 ζ 增大,则超调量 $\%OS$ 变小,调整时间 T_s 缩短,T_r,T_p 变长。也就是说,ζ 过大系统不灵敏,太小相对稳定性会变差,所以要恰当选择 ζ 的值。一般情况下在设计控制系统时取 $\zeta=0.4\sim0.8$。

③当 $\zeta=0.7$ 时,$\%OS$,T_s 都比较小,在工程上称为最佳阻尼比。

④在分析和设计二阶系统时,应综合考虑系统的相对稳定性和响应快速性。通常先根据系统要求的超调量确定 ζ,然后再调整 ω_n 使其满足系统快速性的要求。

【例3.4】系统传递函数 $G(s)$ 的表达式如下,试求解系统的 T_p,T_s 和 $\%OS$。

$$G(s) = \frac{100}{s^2 + 15s + 100}$$

【解答】从传递函数可知,系统的 $\omega_n=10$,$\zeta=0.75$,代入式(3.50),式(3.53),式(3.55)解出 $T_p=0.475s$,$\%OS=2.838$,$T_s=0.533s$。

3. 系统极点位置与瞬态响应性能指标关系

我们已经学习了峰值时间、相对超调量,过渡时间与系统自然频率和阻尼比的关系。现在我们来看一下系统极点位置与这些量值之间的关系,极点的位置分布决定了这些特性。

典型二阶欠阻尼系统的传递函数为

$$G(s) = \frac{\omega_n^2}{s^2 + 2\zeta\omega_n s + \omega_n^2}(0 < \zeta < 1) \tag{3.56}$$

特征方程 $s^2 + 2\zeta\omega_n s + \omega_n^2 = 0$,系统极点(特征根)是一对共轭复根:

$$s_{1,2} = -\zeta\omega_n \pm \mathrm{j}\omega_n\sqrt{1-\zeta^2} = -\zeta\omega_n \pm \mathrm{j}\omega_d \tag{3.57}$$

极点在 S 平面的位置如图 3.19 所示,横坐标是复数实部,纵坐标是复数虚部。

如图 3.19 所示,根据毕达哥拉斯定理,从原点到极点的射线距离就是自然频率 ω_n 的值,而夹角余弦值 $\cos\theta=\zeta$。可以利用极点位置表征计算系统系统响应的峰值时间和过渡时间。即:

$$T_p = \frac{\pi}{\omega_n\sqrt{1-\zeta^2}} = \frac{\pi}{\omega_d} \tag{3.58}$$

$$T_s = \frac{4}{\zeta\omega_n} = \frac{4}{\sigma_d} \tag{3.59}$$

此处 ω_d 就是极点值的虚部,为系统阻尼振荡频率,σ_d 是极点值的实部,为指数阻尼频率。

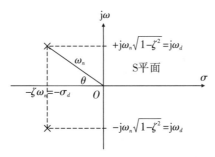

图 3.19 二阶欠阻尼系统极点位置

式(3.58)表明,T_p反比于极点的虚部值。从图 3.19 上看,S 平面的水平线表示某个等值虚数值,也就是不同系统的等值的峰值时间线。式(3.59)表明过渡时间反比于极点的实部值。S 平面的竖直线表示某个定值实数值,也就是等值过渡时间线。因为 $\zeta = \cos\theta$,图中射线即为定值 ζ 线。因为相对超调是 ζ 的函数,所以射线也就是超调量%OS 的定值线。这些概念描绘在图 3.20 中,图中标识了 T_p,T_s 以及 %OS 在 S 平面中的定值线。

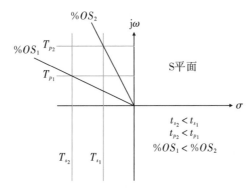

图 3.20 峰值时间,过渡时间和相对超调量的定值线

图 3.20 中各等值线的意义可参看图 3.21 来理解。图 3.21(a)是极点在竖直方向移动(实部保持不变)的时候,系统阶跃响应的变化情况。当极点在竖直方向移动时,频率变化;但因为极点的实部保持不变,所以包络线也保持不变。因为所有的曲线都框在同一个指数衰减曲线内,过渡时间事实上对所有的波线都是相同的。请注意当超调量增加的时候,上升时间降低了。

极点在水平方向左右移动的情况如图 3.21(b)所示,此时保持极点虚部为定值。极点

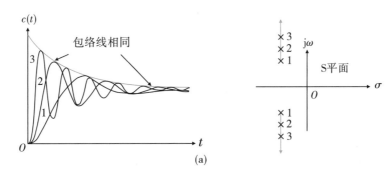

(a)

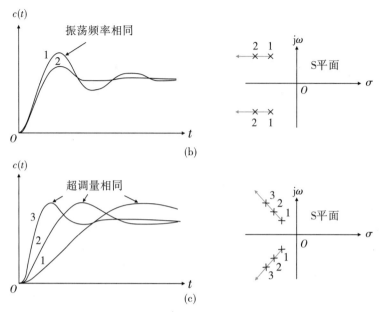

图 3.21　极点位置与响应曲线关系

向左移,响应曲线衰减得更快,但振荡频率都一样。请注意峰值时间对于所有的振荡曲线都一样,因为他们的虚部是相等的。

如果极点沿着某条给定射线移动,则响应曲线的变化如图 3.21(c)所示。此时相对超调量保持不变。注意这时响应曲线都很相似,除了响应速度不一样。极点离原点越远,响应越快。

【例 3.5】欠阻尼系统的极点位置如图 3.22 所示,求 T_r,T_p,$\%OS$,T_s 的值。

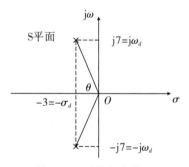

图 3.22　系统极点位置

【解答】从图中可知,系统阻尼比 $\zeta = \cos\theta = \cos[\arctan(7/3)] = 0.394$

自然频率 $\omega_n = \sqrt{7^2 + 3^2} = 7.616$ rad/s

峰值时间 $T_p = \pi/\omega_d = \pi/7 = 0.449$ s

相对超调量 $\%OS = \exp[(-\zeta\pi)/\sqrt{1-\zeta^2}] \times 100\% = 26\%$

过渡时间近似值 $T_s \approx 4/(\zeta\omega_n) = 4/\sigma_d = 4/3 = 1.333$ s

【例 3.6】二阶旋转机械系统如图 3.23 所示,已知系统刚度系数 $k = 4$ N·m/rad。确定转动惯量 J 和粘性阻尼系数 D,使系统在输入阶跃力矩 $T(t)$ 时,具有 20% 的超调量和 2 s

的过渡时间。

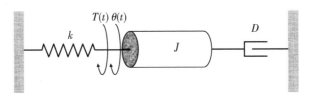

图 3.23　二阶旋转机械系统

【解答】写出系统传递函数：

$$G(s) = \frac{1/J}{s^2 + \dfrac{D}{J}s + \dfrac{K}{J}}$$

可知 $\omega_n = \sqrt{K/J}$，且有 $2\zeta\omega_n = D/J$。根据题目所设系统性能指标要求，系统具有 20% 的超调量。根据式(3.52)，可计算出 $\zeta = 0.456$；要求过渡时间 $T_s = 2$ s，根据计算公式有 $T_s \approx 4/(\zeta\omega_n) = 2$ s，即 $\zeta\omega_n = 2$，因而有：

$$2\zeta\omega_n = 4 = D/J \tag{3.60}$$

$$\zeta = 0.456 = 4/(2\,\omega_n) = 2\,\sqrt{J/K} \tag{3.61}$$

已知系统刚度系数 $k = 4$ N·m/rad，代入式(3.61)和式(3.60)，得

$$J = 0.21 \text{ kg·m}^2; D = 0.84 \text{ N·m·s/rad}$$

3.6　高阶系统时间响应

前面我们分析的控制系统时间响应性能指标，特别是相对超调量、过渡时间、峰值时间等计算公式，都是针对具有两个复数极点、无零点的二阶系统而言。对于超过两个极点或具有零点的系统，就不能直接代入这些公式了。然而，在一定的条件下，这些非二阶系统完全可以当作具有两个主导极点的二阶系统来近似处理。如果我们能证明这种近似的合理性，那么前述的相对超调量，过渡时间，峰值时间等公式就可以用于这些高阶系统，根据主导极点位置来计算。

1. 增加一个极点的系统时间响应

考虑一个三极点系统，具有一对复数极点 $s_{1,2} = -\zeta\omega_n \pm j\omega_n\sqrt{1-\zeta^2}$ 和一个实数极点 $S_3 = -\alpha_r$。对传递函数进行部分分式分解，得到 S 域的输出信号为

$$C(s) = \frac{A}{s} + \frac{B(s+\zeta\omega_n) + C\omega_d}{(s+\zeta\omega_n)^2 + \omega_d^2} + \frac{D}{s+\alpha_r} \tag{3.62}$$

变换到时间域的表达式为

$$c(t) = Au(t) + e^{-\zeta\omega_n t}(B\cos\omega_d t + C\sin\omega_d t) + D\,e^{-\alpha_r t} \tag{3.63}$$

根据 α_r 在复平面的分布位置，分三种不同的情况，如图 3.24(a)所示，对应的响应曲线构成如图 3.24(b)所示。第一种情况是 α_r 取值接近 $\zeta\omega_n$；第二种情况是 α_r 取值远远大于 $\zeta\omega_n$ 的取值；第三种情况是 $\alpha_r = \infty$。

在第一种情况下，α_r 取值接近 $\zeta\omega_n$，这时实极点的瞬态响应 $e^{-\alpha_r t}$ 不会在原本二阶系统的

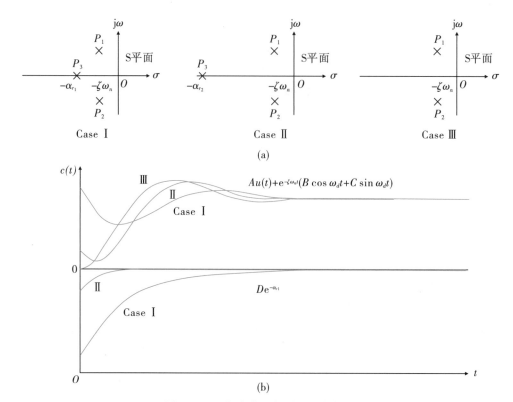

图 3.24　三极点位置与时间响应曲线

峰值时间或过渡时间内衰减到一个无意义的小量。这种情况下时间响应中的指数衰减部分就不能忽略，系统也不能简单地视为二阶系统。第二种情况是 $\alpha_r \gg \zeta\omega_n$，这时指数响应 $e^{-\alpha_r t}$ 的衰减速度大大快于二阶欠阻尼系统阶跃响应。如果时间响应中的指数函数部分，在曲线出现第一次超调的时候就衰减到一个无意义的小量，那么诸如相对超调量，过渡时间，峰值时间这些参数就会依据二阶欠阻尼系统的阶跃响应来生成。这样，总的系统响应就会近似为一个纯二阶系统，这就变成了第三种情况。

那么第三个极点到底要距离主导极点多远，才可以忽略其产生的效应？答案当然是依据系统要达到的控制精度。在工程实际中，一般认为实极点距离主导极点左边 5 倍远时，系统就可以近似视为二阶系统来处理。

我们也可以对第三个极点导致的时间响应幅值做一分析。三极点系统的阶跃响应为

$$C(s) = \frac{bc}{s(s^2 + as + b)(s + c)} = = \frac{A}{s} + \frac{Bs + C}{s^2 + as + b} + \frac{D}{s + c} \tag{3.64}$$

此处我们设非主导极点位于实轴上的 $-c$ 处，且系统的稳态响应近似为单位值。可以写出分子上的每一项的值：

$$A = 1; B = \frac{ca - c^2}{c^2 + b - ca}; C = \frac{ca^2 - c^2 a - ba}{c^2 + b - ca}; D = \frac{-b}{c^2 + b - ca} \tag{3.65}$$

当非主导极点 $c \to \infty$，则有

$$A = 1; B = -1; C = -a; D \to 0 \tag{3.66}$$

在非主导极点趋于无穷大时，D 趋于零，意即非主导极点余项及其响应趋于零。

在进行实际工程系统的参数设计时,都要进行计算机仿真以最终确定可接受的参数。在初步设计阶段,可依据"5 倍经验法则"将三阶系统作为二阶系统近似处理,随后再通过仿真优化计算完成设计。

【例 3.7】试比较如下三个系统的阶跃输入时间响应。

$(1)\ T_1(s) = \dfrac{20}{s^2+4s+20}$;　　　$(2)\ T_2(s) = \dfrac{20}{(s+10)(s^2+4s+20)}$;

$(3)\ T_3(s) = \dfrac{20}{(s+3)(s^2+4s+20)}$

【解答】输入信号 $1/s$ 乘以传递函数,部分分式分解展开,作逆拉普拉斯变换,可得:

$$c_1(t) = 1 - 1.12\,e^{-2t}\cos(4t - 26.57^\circ)$$
$$c_2(t) = 1 - 0.25\,e^{-10t} - 1.25\,e^{-2t}\cos(4t - 53.13^\circ)$$
$$c_3(t) = 1 - 1.18\,e^{-3t} + 0.81\,e^{-2t}\cos(4t + 77.47^\circ)$$

三条响应曲线经标准化处理后如图 3.25 所示。注意 $c_2(t)$ 的第三个极点在 -10 处,距离主导极点较远,响应曲线也最接近纯二阶系统响应 $c_1(t)$;$c_3(t)$ 的第三个极点在 -3 处,靠近主导极点,响应曲线与 $c_1(t)$ 相差较大。

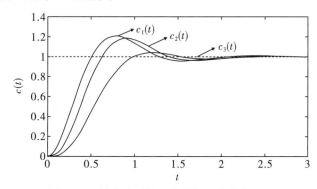

图 3.25　单位阶跃输入的时间响应曲线对比

2. 带有零点的系统时间响应

系统传递函数的零点只是影响时间响应曲线中各组成部分的增益,并不影响响应曲线呈现出的指数衰减,阻尼振荡等特性。例如,对于一个具有极点($-1\pm j2.8$)的二阶系统,我们依次在 -2,-5,和 -10 处添加零点。其标准化后的响应曲线如图 3.26 所示。可以看

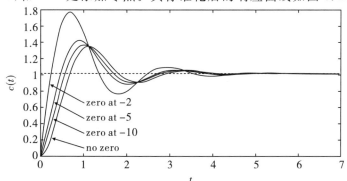

图 3.26　带有零点的二阶系统时间响应

出,零点越靠近主导极点,对瞬态响应的影响越大。随着零点远离主导极点,响应曲线越来越近似为二阶系统。

这个分析结果也可以通过部分分式分解推导出来。设带有零点的二阶系统传递函数为

$$T(s) = \frac{s+a}{(s+b)(s+c)} = \frac{(-b+a)/(-b+c)}{s+b} + \frac{(-c+a)/(-c+b)}{s+c} \qquad (3.67)$$

如果零点远离极点,那么 a 就大于 b、c 值,则有

$$T(s) \approx a\left[\frac{1/(-b+c)}{s+b} + \frac{1/(-c+b)}{s+c}\right] = \frac{a}{(s+b)(s+c)} \qquad (3.68)$$

可以看出,零点就像是一个简单的增益因子,并不改变响应曲线各组成相关组成部分中的幅值。

从另外一个角度来看零点的效应更容易理解。令 $C(s)$ 为系统 $T(s)$ 的响应,$T(s)$ 的分子为单位值。如果我们增加一个零点到传递函数,形成 $(s+a)T(s)$,则系统阶跃响应的拉普拉斯变换为

$$(s+a)C(s) = sC(s) + aC(s) \qquad (3.69)$$

这样,具有零点的系统响应由两部分组成:一个是原系统时间响应的微分,另一个是原系统时间响应的比例缩放。如果 a 值非常大,则时间响应的拉普拉斯变换近似为 $aC(s)$,为原响应的缩放版。如果 a 值不是非常大,那么总响应就要叠加一个原响应的导函数部分。随着 a 值变小,导函数部分所占的比重会越来越大,作用也逐渐加强。对阶跃响应而言,导函数在响应的初始阶段为正。这样,当 a 取值较小时,我们会得到更大的超调量,因为在第一次超调时,会叠加有导函数的值。这个结论也可以通过实例图 3.26 得到印证。

如果 a 取负值,也就是零点在右半平面,就会发生有趣的现象。式 $(s+a)C(s) = sC(s)+aC(s)$ 中的导函数项,一般情况下在初始响应阶段都是正的,但这时它与比例缩放项系数的符号相反。这种情况下如果导函数项 $sC(s)$ 的绝对值大于比例项 $aC(s)$ 的绝对值,则响应曲线的开始段,会跟随导函数项,与比例项的方向相反。如图 3.27 所示,虽然随着时间推移,其输出响应曲线最终是正值,但起始阶段是负值。如果系统呈现出这种现象,就称为非最小相位系统。如果摩托车或者飞机是一个非最小相位系统,则启动时若方向盘左打,轮子会先向右转。有关最小相位系统的具体定义和特点参见本教材 8.6 节相关内容。

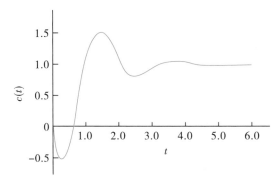

图 3.27　非最小相位系统时间响应

3. 零极点抵消的系统时间响应

假定有一个带零点的三极点系统传递函数为

$$T(s) = \frac{K[(s+z)]}{[(s+p_3)](s^2+as+b)} \tag{3.70}$$

如果极点$(s+p_3)$与零点$(s+z)$可以相互抵消,就成为一个二阶系统的传递函数了。若系统零点$-z$与极点$-p_3$的数值非常接近,那么 $T(s)$ 展开为部分分式,其指数衰减部分也远远小于二阶系统的振荡幅值。参见如下两例的分析。

【例 3.8】分析传递函数为$T_1(s)$系统的单位阶跃响应:

$$T_1(s) = \frac{26.25(s+4)}{(s+3.5)(s^2+11s+30)} \tag{3.71}$$

【解答】系统输出函数为

$$C_1(s) = \frac{26.25(s+4)}{s(s+3.5)(s^2+11s+30)} \tag{3.72}$$

部分分式分解为

$$C_1(s) = \frac{1}{s} - \frac{1}{s+3.5} - \frac{3.5}{s+5} + \frac{3.5}{s+6} \tag{3.73}$$

可以看出,$C_1(s)$中最接近零点-4的极点是-3.5,但其分式的增益等于1,相比于其他分项的增益不能忽略不计。这样,系统就不能近似为二阶系统来处理。

【例 3.9】分析传递函数为$T_2(s)$系统的单位阶跃响应:

$$T_1(s) = \frac{26.25(s+4)}{(s+4.01)(s^2+11s+30)} \tag{3.74}$$

【解答】系统输出函数为

$$C_2(s) = \frac{26.25(s+4)}{s(s+4.01)(s^2+11s+30)} \tag{3.75}$$

部分分式分解为

$$C_2(s) = \frac{0.87}{s} - \frac{0.033}{s+4.01} - \frac{5.3}{s+5} + \frac{4.4}{s+6} \tag{3.76}$$

系统在4.01处的极点接近零点-4,其系数等于0.033,相比于其他分项系数小了两个数量级,可以忽略不计。所以$C_2(s)$可近似为二阶系统的时间响应:

$$C_2(s) \approx \frac{0.87}{s} - \frac{5.3}{s+5} + \frac{4.4}{s+6} \tag{3.77}$$

4. 反馈控制系统时间响应

在第 2 章中我们介绍了系统方框图化简原理,用以将复杂的系统等效成为单一传递函数表达的系统。这样,系统的相对超调量、过渡时间、峰值时间、上升时间等就可以从等效传递函数中求得。如图 3.28 所示的单位反馈二阶控制系统,可以视为一个天线枢轴定位控制系统,前向传递函数 $K/[s(s+a)]$ 代表了放大器、电机、负载和齿轮等结构,系统接入反馈信号构成闭环控制系统。

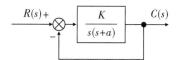

图 3.28　单位反馈二阶控制系统

利用反馈联接的合成方法求得这个系统的闭环传递函数为

$$T(s) = \frac{K}{s^2 + as + K} \qquad (3.78)$$

此处 K 对应放大器增益,即输出电压与输入电压的比率。随着 K 值变化,系统极点的变化历经二阶系统的三种形态:过阻尼、临界阻尼和欠阻尼。

当 $0 < K < a^2/4$,系统极点是实数,位于复平面的实轴上:

$$s_{1,2} = -\frac{a}{2} \pm \frac{\sqrt{a^2 - 4K}}{2} \qquad (3.79)$$

系统为过阻尼形态。

随着 K 值增大,极点沿着实轴移动,在 $K = a^2/4$ 时,两个极点重合,系统为临界阻尼。

当增益 $K > a^2/4$,系统是欠阻尼形态,是一对复极点,在复平面的位置为

$$s_{1,2} = -\frac{a}{2} \pm \mathrm{j} \frac{\sqrt{4K - a^2}}{2} \qquad (3.80)$$

随着 K 的增大,系统极点的实部保持不变,虚部逐渐增大。所以,系统时间响应的峰值时间缩短,相对超调量增大,过渡时间保持不变。

【例 3.10】求取如图 3.29 所示系统在阶跃输入时的瞬态响应各项性能指标。

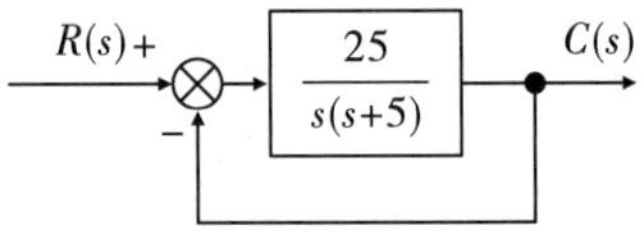

$$R(s) + \longrightarrow \otimes \xrightarrow{-} \boxed{\frac{25}{s(s+5)}} \longrightarrow C(s)$$

图 3.29 单位反馈二阶闭环控制系统

【解答】写出系统闭环传递函数为

$$T(s) = \frac{25}{s^2 + 5s + 25} \qquad (3.81)$$

可知 $\omega_n = \sqrt{25} = 5$;$2\zeta\omega_n = 5$;求出 $\zeta = 0.5$。代入公式,可得:

$$T_p = \frac{\pi}{\omega_n \sqrt{1 - \zeta^2}} = 0.726\mathrm{s}$$

$$\%OS = \exp\left(\frac{-\zeta\pi}{\sqrt{1 - \zeta^2}}\right) \times 100\% = 16.3\%$$

$$T_s \approx \frac{4}{\zeta\omega_n} = 1.6\mathrm{s}$$

【例 3.11】如图 3.30 所示为单位反馈闭环系统方框图。设计增益值 K 以满足系统瞬态响应要求。要求系统的超调量 $\%OS$ 为 10%。

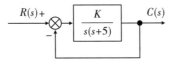

图 3.30 单位反馈二阶闭环系统

【解答】写出系统闭环传递函数

$$T(s) = \frac{K}{s^2 + 5s + K} \tag{3.82}$$

可知 $2\zeta\omega_n = 5$，且 $\omega_n = \sqrt{K}$，则 $\zeta = 5/(2\sqrt{K})$；系统要求 10% 的超调量，即

$$\%OS = \exp\left(\frac{-\zeta\pi}{\sqrt{1-\zeta^2}}\right) = 10\%$$

反解出 $\zeta = 0.591$，代入即可求出系统增益值为 $K = 17.9$。

课后练习题

3.1 已知系统的脉冲响应函数如下，试求系统的传递函数

(1) $g(t) = 2(1 - e^{-\frac{1}{2}t})$　(2) $g(t) = 20 e^{-2t} \sin t$　(3) $g(t) = 2 e^{-5t} + 5 e^{-2t}$

3.2 已知系统的单位阶跃响应函数如下，试确定系统的传递函数

(1) $c(t) = 4(1 - e^{-0.5t})$　　　　　(2) $c(t) = 3[1 - 1.25 e^{-1.2t} \sin(1.6t + 53°)]$

3.3 已知系统的传递函数为

$$\frac{C(s)}{R(s)} = \frac{T_a s + 1}{(T_1 s + 1)(T_2 s + 1)}$$

(1) 试求 $T_1 = 8, T_2 = 2, T_a = 4$ 时的系统单位阶跃响应。

(2) 定性分析参数 T_1, T_2, T_a 对系统阶跃响应时间的影响。

3.4 计算以下各系统的输出响应 $c(t)$，并指出系统的时间常数、上升时间和调整时间。

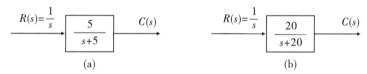

题 3.4 图

3.5 已知两个一阶系统的传递函数分别为 $G_1(s) = \dfrac{2}{2s+1}$ 和 $G_2(s) = \dfrac{3}{3s+1}$，当输入分别为

$R(s) = \dfrac{2}{s}$ 和 $R(s) = \dfrac{3}{s}$ 时，试求 $t = 0$ 时，响应曲线的上升斜率。哪一个系统的响应灵敏性好？

3.6 单位反馈系统的前向传递函数如下，求取系统的单位阶跃响应。

$$G(s) = \frac{4}{s(s+5)}$$

3.7 已知单位反馈系统的前向传递函数为 $K/s(Ts+1)$，且其单位阶跃响应为

$$c(t) = 1 - \frac{4}{3} e^{-2t} + \frac{1}{3} e^{-8t} \quad (t \geqslant 0)$$

(1) 确定 K、T 的值。

(2) 求系统的单位脉冲响应。

3.8 系统的非零初始条件下的单位阶跃响应为 $c(t) = 1 - e^{-t} + e^{-2t}$ 且传递函数分子为常数，求系统的传递函数 $C(s)/R(s)$。

3.9 系统的单位阶跃响应为 $c(t) = 1 + 0.2 e^{-60t} - 1.2 e^{-10t}$，求系统的传递函数 $C(s)/R(s)$。

3.10 已知系统闭环传递函数为

$$\frac{G(s)}{R(s)} = \frac{\omega_n^2}{s^2 + 2\zeta\omega_n s + \omega_n^2}$$

试求：

(1)$\zeta=0.1,\omega_n=1$ 和 $\zeta=0.1,\omega_n=5$ 时系统的超调量、上升时间和调整时间。

(2)$\zeta=0.5,\omega_n=5$ 时系统的超调量、上升时间和调整时间。

(3)讨论参数 ζ,ω_n 对系统性能的影响。

3.11 设有一闭环系统的传递函数为

$$\frac{C(s)}{R(s)} = \frac{\omega_n^2}{s^2 + 2\zeta\omega_n s + \omega_n^2}$$

为了使系统对阶跃输入的响应，有约 5% 的超调量和 $2\ \mathrm{s}$ 的调整时间，试求 ζ 和 ω_n 的值应等于多大。

3.12 如题 3.12 图所示为穿孔纸带输入的数控机床的位置控制系统方块图。试求系统的无阻尼自然频率 ω_n 和阻尼比 ζ；单位阶跃输入下的超调量 $\%OS$ 和上升时间 t_r。

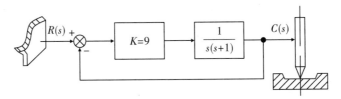

题 3.12 图 穿孔纸带输入的数控机床的位置控制系统方块图

3.13 找出以下各传递函数的零点和极点位置，并在 S 平面画出来，写出各传递函数在阶跃输入下的一般响应函数表达式，并指出系统的阻尼状态。

(1)$T(s)=\dfrac{2}{(s+2)^2}$ (2)$T(s)=\dfrac{5}{(s+3)(s+6)}$ (3)$T(s)=\dfrac{10(s+7)}{(s+10)(s+20)}$

(4)$T(s)=\dfrac{20}{s^2+6s+144}$ (5)$T(s)=\dfrac{s+2}{s^2+9}$ (6)$T(s)=\dfrac{(s+5)}{(s+10)^2}$

3.14 以下哪个高阶系统可以近似为低阶系统？

(1)$\dfrac{s+2}{(s^2+2s+2)(s+7)}$ (2)$\dfrac{s^2+2s+2.81}{(s^2+2s+2)(s^2+6s+4)}$

(3)$\dfrac{s+7}{(s^2+2s+2)(s+3)}$ (4)$\dfrac{s+7}{(s^2+2s+2)(s^2+6s+4)}$

系统的稳定性

第 4 章

稳定性是机械控制系统最重要的性能指标。只有稳定可靠的系统才能为工程实际所用。只有在系统稳定的前提下,才能分析设计其瞬态特性和稳态误差等性能指标。也就是说,在设计一个控制系统时,首先要保证其稳定性;在分析一个控制系统时,也首先要判定其是否稳定。关于系统的稳定性有很多定义,依据系统种类或研究角度而异。判定控制系统的稳定性方法也有很多,这里我们限定于讨论线性时不变系统的稳定性。

4.1 系统稳定性概念

定义:系统受到外界干扰作用时,其被控制量$y_c(t)$将偏离平衡位置。当这个干扰作用去除后,若系统在足够长的时间内能够恢复到其原来平衡位置或者趋于一个给定的新的平衡状态,则系统是稳定的。反之,若系统对干扰的瞬态响应随时间的推移而不断扩大或产生持续振荡,则系统是不稳定的。

如图 4.1(a)所示是稳定系统的时间响应示例,如图 4.1(b)所示,系统对干扰的时间响应随时间推移不断扩大,如图 4.1(c)所示时间响应呈现持续振荡(也就是所谓的"自激振荡"),这两种系统都是不稳定系统。

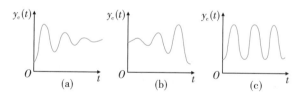

图 4.1　稳定系统与不稳定系统的时间响应对比

此定义是从系统的表观现象来描述系统稳定性的概念。在经典控制理论中,线性系统是否稳定是系统本身的一个特性,与输入量或干扰无关。不能把因为某种特殊的输入信号导致系统失控,归因于系统不稳定。因此要从系统响应的角度来分析系统稳定性问题。

控制系统的时间响应由两部分组成,是自然响应和强迫响应的和。自然响应是由系统自身的结构参数决定的输出,强迫响应是由外加输入所决定的输出。所以系统稳定与否,是看自然响应的情况。由此讨论系统的稳定性概念如下:

(1)当时间趋近于无穷大时,若自然响应趋近于零,则系统是稳定的;

(2)当时间趋近于无穷大时,若自然响应趋近于无穷大,则系统是不稳定的;

（3）如果自然响应既不衰减也不增长但保持常数或振荡，则系统是边界稳定的。

很多时候控制系统的自然响应与强迫响应无法明确分开，这时可从总的时间响应的角度来理解系统稳定与否：如果有界输入导致系统有界输出，则系统稳定；如果有界输入导致系统无界输出，则系统不稳定。

物理学上，一个不稳定的系统其自然响应的无界增长，会破坏系统结构，殃及环境安全，甚至危及操作人员的人身安全。从时间响应曲线上看，不稳定呈现出瞬态响应无边界，结果就是总响应不能接近一个稳态值或是其他强迫响应。但要注意区分无界增长的自然响应与强迫响应，像斜坡函数或指数函数，其增长也是无界的。只要系统的自然响应趋近于零，即使强迫响应趋于无穷值，系统也是稳定的。

还要注意，系统对于某些有界输入是稳定的，但对于另外一些有界输入却又是不稳定的。例如欠阻尼二阶系统工作在自然频率附近时，有可能引起共振。意即一个同频率的有界正弦输入，会导致一个振荡增长的自然响应。

从系统时间响应中的自然响应着手，如何判断一个系统是否稳定？我们在第 3 章研究过，当系统极点位于左半平面时，输出信号中的自然响应为指数衰减函数或是阻尼正弦振荡函数。随着时间趋于无穷大，这些自然响应衰减为零。所以，若闭环系统极点位于左半平面，也就是具有负的实部，系统就是稳定的。意即稳定系统所具有的闭环传递函数，其极点只能在左半平面。

极点在右半平面的输出是纯指数增长或呈指数增长的正弦函数，如此自然响应会趋于无穷。所以若极点位于右半平面，也就是具有正的实部，系统不稳定。极点位于虚轴上，输出形如 $t^n \sin(\omega t + \varphi)$ 组合的时间响应，系统将产生持续振荡，系统也不稳定。注意坐标原点虽然也在虚轴上，但若极点位于原点处，相当于 $s_i = 0$，系统仍属稳定。

在设计控制系统时经常需要对被控对象连接一个反馈回路以提高输出信号品质。这时就需要判断所设计的系统是否稳定。

【例 4.1】 如图 4.2(a)所示，系统前向传递函数为 $G(s) = 3/[s(s+1)(s+2)]$。引入单位反馈后，闭环极点分布如图 4.2(b)，极点位于 S 平面的左半平面。系统的时间响应如图 4.2

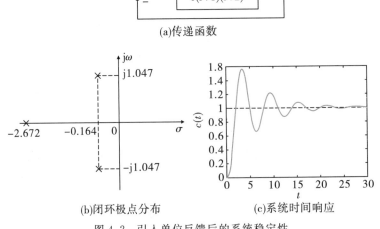

图 4.2　引入单位反馈后的系统稳定性

(c)所示。此例是原先稳定的系统,加入负反馈控制以后还是稳定系统。

【例 4.2】如图 4.3(a)所示,系统前向传递函数为 $G(s)=7/[s(s+1)(s+2)]$。引入单位反馈连接后,闭环极点分布如图 4.3(b)所示,有一对复数极点位于 S 平面的右半平面。系统的时间响应仿真曲线如图 4.3(c)所示。此例是原先稳定的系统,加入负反馈控制以后变成了不稳定的系统。

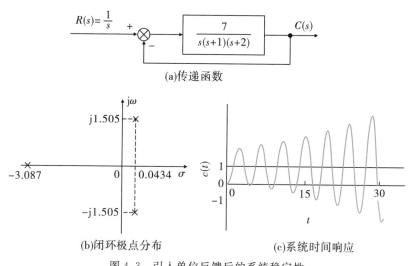

(a)传递函数

(b)闭环极点分布　　　(c)系统时间响应

图 4.3　引入单位反馈后的系统稳定性

判定一个反馈控制系统是否稳定有时也不容易。图 4.4 所示是在设计控制系统时经常遇到的问题。图 4.4(a)中前向通道传递函数是由形如 $(s+a_i)$ 的乘积组成,a_i 为正实数或是具有正实部的复数,很容易得到被控系统的极点位置。但加入单位反馈回路后,系统的等效传递函数如图 4.4(b)所示,写成了多项式降幂的形式。这时如果不做因式分解等代数学运算,我们就不知道闭环系统的极点位置。

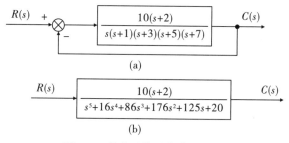

(a)

(b)

图 4.4　单位反馈系统传递函数

用计算机软件来求解闭环传递函数的极点位置是常见的解决方案。在代数学上还有一些方法,不需要解出方程的根就可以判断系统的稳定性。

4.2　Routh 稳定性判据

本节介绍的 Routh 稳定性判别方法属于一种代数判定方法,能够指明系统极点处于左半平面、右半平面、虚轴上的个数,不用求出闭环系统极点数值就能判别系统稳定性。需要说明的是,现代计算机的计算能力非常强大,完全可以计算出极点的精确位置。但代数判定法的优势是系统设计而不是系统分析。在设计阶段,系统特征方程中的参数需要确定数值。若试凑这些参数的取值范围以保证系统稳定,计算量很大。但通过 Routh 表就可以很方便地给出这些参数的取值范围。

1. Routh 稳定性判别法

利用 Routh 法判定系统稳定性的步骤如下。

(1)写出系统的特征方程式:

$$a_n s^n + a_{n-1} s^{n-1} + a_{n-2} s^{n-2} + \cdots + a_1 s + a_0 = 0 \tag{4.1}$$

由代数方程式性质可知,根全部为负的必要条件是其系数 $a_n, a_{n-1}, a_{n-2}, \cdots, a_1, a_0$ 的符号全部相同。(证明略,但注意这只是必要条件。)

(2)列写如下形式的 Routh 表前两行:

$$
\begin{array}{c|cccc}
s^n & a_n & a_{n-2} & a_{n-4} & \cdots \\
s^{n-1} & a_{n-1} & a_{n-3} & a_{n-5} & \cdots
\end{array}
$$

其中,第一行为 s^n、s^{n-2}、s^{n-4}、$\cdots$ 的各项系数依次排成;第二行为 s^{n-1}、s^{n-3}、s^{n-5}、$\cdots$ 的各项系数依次排成。

(3)计算 Routh 表的其余各行。Routh 表第三行起计算规则:前两行元素交叉相乘相减,再除以前一行首元素,一直进行到计算出的值全部为零为止。

如第三行:

$$c_1 = \frac{a_{n-1}\, a_{n-2} - a_n\, a_{n-3}}{a_{n-1}}$$

$$c_2 = \frac{a_{n-1}\, a_{n-4} - a_n\, a_{n-5}}{a_{n-1}}$$

$$c_3 = \frac{a_{n-1}\, a_{n-6} - a_n\, a_{n-7}}{a_{n-1}}$$

第四行:$d_1 = (c_1 a_{n-3} - c_2 a_{n-1})/c_1$;$d_2 = (c_1 a_{n-5} - c_3 a_{n-1})/c_1$;$\cdots$

第五行:$e_1 = (d_1 c_2 - d_2 c_1)/d_1$;$\cdots$

依次类推,直到第 $n+1$ 行为止。完整的 Routh 表呈倒三角型。

$$
\begin{array}{c|ccccc}
s^n & a_n & a_{n-2} & a_{n-4} & a_{n-6} & \cdots \\
s^{n-1} & a_{n-1} & a_{n-3} & a_{n-5} & \cdots & \cdots \\
s^{n-2} & c_1 & c_2 & c_3 & \cdots & \\
s^{n-3} & d_1 & d_2 & d_3 & \cdots & \\
\vdots & \vdots & & & & \\
s^1 & g_1 & & & & \\
s^0 & h_1 & & & &
\end{array}
\tag{4.2}
$$

为了简化计算,可以用一个整数除或乘某一整行,并不改变系统稳定性的结论。

(4)系统稳定性判据。系统特征方程的所有系数符号相同,且 Routh 表第一列各项(a_n,

$a_{n-1}, c_1, d_1, \cdots$)取值没有正负符号变化,则系统稳定。如果 Routh 表第一列中发生了符号变化,则其符号变化的次数就是其位于右半平面根的个数。

例如,若 Routh 表第一列符号分别为

＋　＋　＋　＋　＋,没有不稳定根,则系统稳定;

＋　＋　＋　－　－,有一个不稳定根,系统不稳定;

＋　＋　－　＋　＋,有两个不稳定根,系统不稳定。

【例 4.3】控制系统特征多项式为 $s^5 + 2s^4 + 14s^3 + 88s^2 + 200s + 800$,式中各项系数均为正,试用 Routh 法判断系统的稳定性。

【解答】排出 Routh 表如表 4.1 所示。

表 4.1　Routh 表

s^5	1	14	200
s^4	2	88	800
s^3	-30	-200	0
s^2	74.7	800	0
s^1	121	0	0
s^0	800	0	0

Routh 表第一列符号为＋　＋　－　＋　＋。符号变化了两次,因此系统有两个极点位于复平面的右半平面,系统不稳定。若对系统特征方程求解,可知其根为 $s_1 = -4$, $s_{2,3} = 2 \pm j4$, $s_{4,5} = -1 \pm j3$,与 Routh 判据的结论一致。

2. Routh 稳定性判据特殊情况处理

Routh 表中会出现两种特殊的情况导致计算无法进行。

(1)某行的第一项为零,导致无法计算下一行;(2)表中整行都为零。

若某行第一项为零,在计算下一行时就会发生零做除数的现象。这时可以引入一个微小量 ε 代替零值,再令 $\varepsilon \to 0$,就能观察 Routh 表中第一列各项的符号变化情况了。

【例 4.4】确定如下闭环传递函数的稳定性:

$$T(s) = \frac{10}{s^5 + 2s^4 + 3s^3 + 6s^2 + 5s + 3} \tag{4.3}$$

【解答】列出 Routh 表 4.2,在计算时第三行第一项为零,用微小量 ε 代替零值。

表 4.2　Routh 表除数为零的处理方法

s^5	1	3	5
s^4	2	6	3
s^3	$0 \to \varepsilon$	$7/2$	0
s^2	$\dfrac{6\varepsilon - 7}{\varepsilon}$	3	0
s^1	$\dfrac{42\varepsilon - 49 - 6\varepsilon^2}{12\varepsilon - 14}$	0	0
s^0	3	0	0

如表 4.3 所示,令 $\varepsilon \to 0$ 就完成了 Routh 表。根据表中第一列各项的符号变化情况可以判断系统稳定性。注意:不论选用 $\varepsilon \to 0+$ 还是选用 $\varepsilon \to 0-$ 计算,结论都是第一列符号变化了两次,系统在右半平面有两个根,系统不稳定。

表 4.3 微小量 ε 代替零值的 Routh 表

	第一列	$\varepsilon = +$	$\varepsilon = -$
s^5	1	+	+
s^4	2	+	+
s^3	$0 \to \varepsilon$	+	−
s^2	$\dfrac{6\varepsilon - 7}{\varepsilon}$	−	+
s^1	$\dfrac{42\varepsilon - 49 - 6\varepsilon^2}{12\varepsilon - 14}$	+	+
s^0	3	+	+

对某行第一项出现零值的情况,另外一种处理方法是对特征多项式的变量取倒数,求倒数根。倒数根并不改变原来根在复平面的分布状况,同样可以判断系统的稳定性。这种方法有时比用 ε 代替零值的方法计算上要简单一些。

对于系统特征方程:

$$s^n + a_{n-1}s^{n-1} + a_{n-2}s^{n-2} + \cdots + a_1 s + a_0 = 0 \qquad (4.4)$$

令 $s = 1/d$,代入式(4.4),得

$$\left(\frac{1}{d}\right)^n + a_{n-1}\left(\frac{1}{d}\right)^{n-1} + a_{n-2}\left(\frac{1}{d}\right)^{n-2} + \cdots + a_1\left(\frac{1}{d}\right) + a_0 = 0 \qquad (4.5)$$

即:

$$\left(\frac{1}{d}\right)^n \left[1 + a_{n-1}\left(\frac{1}{d}\right)^{-1} + a_{n-2}\left(\frac{1}{d}\right)^{-2} + \cdots + a_1\left(\frac{1}{d}\right)^{1-n} + a_0\left(\frac{1}{d}\right)^{-n}\right] = 0$$

可得:

$$1 + a_{n-1}d + a_{n-2}d^2 + \cdots + a_1 d^{n-1} + a_0 d^n = 0 \qquad (4.6)$$

这样,求倒数根的多项式系数,是原方程系数的逆序排列。

【例 4.5】用倒数根法重新计算【例 4.4】。

【解答】根据式(4.4),写出闭环系统的特征方程为

$$s^5 + 2s^4 + 3s^3 + 6s^2 + 5s + 3 = 0 \qquad (4.7)$$

令 $s = 1/d$,代入式(4.7),写出关于 d 的方程:

$$D(d) = 3d^5 + 5d^4 + 6d^3 + 3d^2 + 2d + 1 = 0 \qquad (4.8)$$

则关于 $D(d)$ 的 Routh 表 4.4 如下。

表 4.4 倒数根法 Routh 表

d^5	3	6	2
d^4	5	3	1
d^3	4.2	1.4	0
d^2	1.33	1	0
d^1	−1.75	0	0
d^0	1	0	0

同样,表中第一列有两次符号变化,结论一致。用这种方法 Routh 表第一列没有出现零值。

计算 Routh 表过程中第二种特殊情况是整行出现了零值,导致计算无法完成。出现这种情况说明在复平面上存在"对偶根":或是一对大小相等符号相反的实根;或是呈对称分布的两对复根;或是一对共轭纯虚根。如图 4.5 所示。

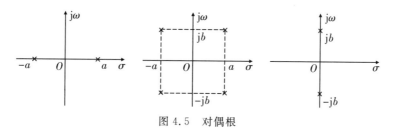

图 4.5 对偶根

解决的方案是返回到全零行的上一行,用这一行的元素构成一个"辅助多项式函数",式中 s 均为偶次幂。对此多项式求导,用导函数各项系数代替全为零的各项,就可以继续计算 Routh 表了。系统的特征多项式存在纯虚根,说明系统处于临界稳定状态。根据系统稳定性的定义,临界稳定属于不稳定。因此 Routh 表中出现整行元素为零的现象,系统不稳定。

【例 4.6】系统特征方程 $s^5 + 7s^4 + 6s^3 + 42s^2 + 8s + 56 = 0$,判断系统的稳定性。

【解答】在计算特征方程的 Routh 表时,第三行出现整行为零现象。此时构造辅助多项式函数为

$$P(s) = 7s^4 + 42s^2 + 56 \tag{4.9}$$

求导可得:

$$dP(s)/ds = 28s^3 + 84s \tag{4.10}$$

用式(4.10)中的系数代替原 Routh 表中全为零的行中各项即可。完整的计算过程如表 4.5 所示。

表 4.5 整行为零的处理后的 Routh 表

s^5	1	6	8	
s^4	7	42	56	$P(s) = 7s^4 + 42s^2 + 56$
s^3	0→28→1	0→84→3	0	$dP(s)/dS = 28s^3 + 84s$
s^2	3	8	0	
s^1	1/3	0	0	
s^0	8	0	0	

Routh 表第一列全为正,说明系统没有右半平面的根。但根据辅助多项式

$$P(s) = 7s^4 + 42s^2 + 56 = 0 \tag{4.11}$$

可求出 $s_{1,2} = \pm j2$;$s_{3,4} = \pm j\sqrt{2}$。系统有对偶根位于虚轴上,系统属于临界稳定(辅助多项式的根,就是原多项式的根)。

其实利用 Routh 表中出现整行为零的信息,还可以进一步得到闭环极点位于复平面的左半平面、右半平面和虚轴上的个数。可参考相关文献,此处不再赘述。

3. 利用 Routh 表确定系统增益

在设计闭环系统时，可以利用 Routh 表来确定系统增益的取值范围，使所设计的控制系统是稳定系统。

【**例 4.7**】如图 4.6 所示的单位反馈系统，确定使系统稳定的增益 K 的值。

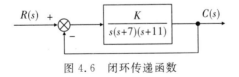

图 4.6　闭环传递函数

【**解答**】系统前向传递函数为

$$G(s) = \frac{K}{s(s+7)(s+11)} \tag{4.12}$$

可写出系统闭环传递函数为

$$T(s) = \frac{G(s)}{1+G(s)} = \frac{K}{s^3 + 18s^2 + 77s + K} \tag{4.13}$$

列出系统特征方程的 Routh 表见表 4.6。

表 4.6　例 4.6 系统的 Routh 表

s^3	1	77
s^2	18	K
s^1	$(1386-K)/18$	0
s^0	K	0

根据 Routh 判据可知，当 $0 < K < 1386$ 时，可保证 Routh 表第一列的数值全为正号，系统稳定。

【**例 4.8**】如图 4.7 所示系统，确定使系统稳定的增益 K 的值。

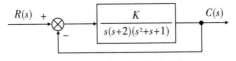

图 4.7　单位反馈控制系统

【**解答**】系统前向传递函数为

$$G(s) = \frac{K}{s(s+2)(s^2+s+1)} \tag{4.14}$$

可写出系统闭环传递函数为

$$T(s) = \frac{G(s)}{1+G(s)} = \frac{K}{s^4 + 3s^3 + 3s^2 + 2s + K} \tag{4.15}$$

列出系统特征方程的 Routh 表，见表 4.7。

表 4.7　系统特征方程 Routh 表

s^4	1	3	K
s^3	3	2	0
s^2	7/3	K	0
s^1	$2-\dfrac{9}{7}K$	0	0
s^0	K	0	0

根据 Routh 判据可知,要使得系统稳定,必须令

$$K>0, \qquad 2-\frac{9}{7}K>0 \tag{4.16}$$

计算不等式,可得 $0<K<14/9$。

4.3　Hurwitz 稳定性判据

Hurwitz 法与 Routh 法都属于代数判据,只是在处理技巧上有所不同而已,它是把特征方程的系数用相应的行列式表示。根据 Hurwitz 稳定性判据,系统稳定的充要条件为

(1)闭环系统特征方程的所有系数 a_n, a_{n-1}, $\cdots$, a_0 均为正;

(2)由特征方程系数组成的各阶 Hurwitz 行列式均为正,即:

$$D_1=a_{n-1}>0, D_2=\begin{vmatrix} a_{n-1} & a_{n-3} \\ a_n & a_{n-2} \end{vmatrix}>0, D_3=\begin{vmatrix} a_{n-1} & a_{n-3} & a_{n-5} \\ a_n & a_{n-2} & a_{n-4} \\ 0 & a_{n-1} & a_{n-3} \end{vmatrix}>0, \cdots \tag{4.17}$$

Hurwitz 行列式按照下面方法生成:在主对角线上写出特征方程式的第二项的系数 a_{n-1},直到最后一项的系数 a_0,在主对角线以下的各行中,按列填充下标号码逐次增加的各系数;而在对角线以上各行中,按列填充下标号码逐次减小的各系数。如果在某位置上按次序应填入的系数下标大于 n 或小于 0,则在该位置补 0。

$$D_n=\begin{vmatrix} a_{n-1} & a_{n-3} & a_{n-5} & a_{n-7} & \cdots & 0 & 0 & 0 \\ a_n & a_{n-2} & a_{n-4} & a_{n-6} & \cdots & 0 & 0 & 0 \\ 0 & a_{n-1} & a_{n-3} & a_{n-5} & \cdots & \vdots & \vdots & \vdots \\ \vdots & \vdots & \vdots & \vdots & \cdots & \vdots & \vdots & \vdots \\ \vdots & \vdots & \vdots & \vdots & \cdots & a_2 & a_0 & 0 \\ \vdots & \vdots & \vdots & \vdots & \cdots & a_3 & a_1 & 0 \\ 0 & 0 & 0 & 0 & \cdots & a_4 & a_2 & 0 \end{vmatrix} \tag{4.18}$$

当主行列式及其主对角线上各子行列式均大于零时,系统的特征方程就没有根在 S 平面的右半平面,即系统稳定。

【例 4.9】闭环控制系统特征方程为

$$s^4+8s^3+18s^2+16s+5=0 \tag{4.19}$$

试用 Hurwitz 法判定系统稳定性。

【解答】写出 Hurwitz 主行列式以及各子行列式：

$$D_4 = \begin{vmatrix} 8 & 16 & 0 & 0 \\ 1 & 18 & 5 & 0 \\ 0 & 8 & 16 & 0 \\ 0 & 1 & 18 & 5 \end{vmatrix} = 8640 > 0 \quad D_3 = \begin{vmatrix} 8 & 16 & 0 \\ 1 & 18 & 5 \\ 0 & 8 & 16 \end{vmatrix} = 1728 > 0 \tag{4.20}$$

$$D_2 = \begin{vmatrix} 8 & 16 \\ 1 & 18 \end{vmatrix} = 128 > 0 \quad D_1 = 8 > 0$$

这些子式的取值均大于零,故题目所设定的闭环控制系统稳定。

因为 Routh 判据和 Hurwitz 判据基于同一数学原理,通常合称为 Routh-Hurwitz 控制系统稳定性判据。

判断闭环控制系统的稳定性还有一种 Nyquist 图解法,该方法属于频域判定方法。将在后续章节介绍。

课后练习题

4.1　指出多项式 $P(s) = s^5 + 3s^4 + 5s^3 + 4s^2 + s + 3$ 有多少根在左平面、右平面,及虚轴上。

4.2　判别题 4.2 图(a),(b)所示系统的稳定性。

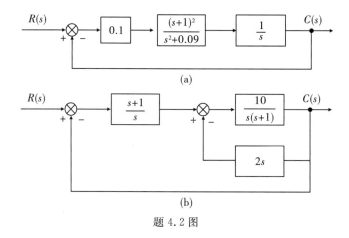

(a)

(b)

题 4.2 图

4.3　控制系统传递函数如题 4.3 图所示,判断该系统的稳定性和极点位置。

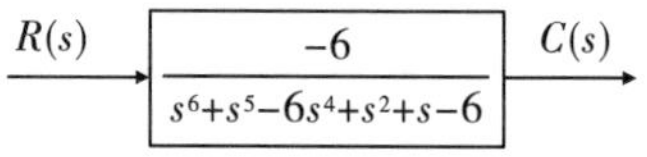

$$\frac{R(s) \quad \boxed{\dfrac{-6}{s^6 + s^5 - 6s^4 + s^2 + s - 6}} \quad C(s)}$$

题 4.3 图

4.4　系统框图如题 4.4 图(a)所示,计算 K 的值,使系统的极点位置如题 4.4 图(b)所示。

4.5　闭环传递函数 $T(s)$ 表达式如下：

$$T(s) = \frac{s^3 + 2s^2 + 7s + 21}{s^5 - 2s^4 + 3s^3 - 6s^2 + 2s - 4}$$

计算有多少闭环极点在左平面、右平面,及虚轴上。

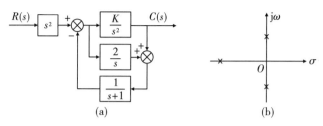

题 4.4 图

4.6 单位反馈系统的前向传递函数 $G(s)$ 如下所示,求使闭环系统稳定的 K 值范围。

$$(1)G(s)=\frac{K(s+2)}{s(s-1)(s+3)} \qquad (2)G(s)=\frac{K(s+3)(s+5)}{(s-2)(s-4)}$$

4.7 单位反馈系统的前向传递函数 $G(s)$ 如下所示,判断闭环系统是否稳定:

$$G(s)=\frac{240}{(s+1)(s+2)(s+3)(s+4)}$$

4.8 如下所示 Routh 表格,假设 s^5 这一行初始值全为 0,指出原多项式有多少根在左平面、右平面及虚轴上。

s^7	1	2	-1	-2
s^6	1	2	-1	-2
s^5	3	4	-1	0
s^4	1	-1	-3	0
s^3	7	8	0	0
s^2	-15	-21	0	0
s^1	-9	0	0	0
s^0	-21	0	0	0

4.9 运用 Routh 稳定判据,判断传递函数为 $T(s)$ 的控制系统的稳定性。

$$T(s)=\frac{s+8}{s^4+2\,s^3+s^2+2s+1}$$

4.10 运用 Routh 稳定判据,判断题 4.10 图所示闭环系统的稳定性。

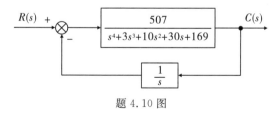

题 4.10 图

4.11 设控制系统的特征方程为 $s^3+7\,s^2+14s+8=0$,试应用 Hurwitz 稳定性判据判断系统的稳定性。

第5章 稳态误差

一个稳定的系统在输入信号作用下,时间响应分为瞬态响应和稳态响应两个阶段。起始阶段的瞬态响应用以表征系统的动态性能。随着 $t \to \infty$,时间响应会趋于一个稳态值,进入稳态响应阶段。如果这个稳态值与输入信号相比有偏离,就说明控制系统有误差存在。

分析和设计一个控制系统主要关心三个方面的问题:瞬态响应、稳定性、稳态误差。稳态误差表征了系统的精确度和抗干扰能力,是控制系统分析设计中非常重要的性能指标。需要说明的是,讨论系统的稳态误差必须在系统稳定的前提下进行。系统不稳定意味着在瞬态响应时段之后系统会失控,根本无法工作。在设计控制系统时,在应用稳态误差分析之前,一定要先分析系统的稳定性。本章是在假定系统稳定的前提下来研究系统的稳态误差。

1. 系统稳态误差的定义

关于系统的稳态误差有几种不同定义,在细节上略有差异。

定义 1　当 $t \to \infty$ 时,控制系统的输入信号与输出信号之间的差值。如图 5.1 所示,在 S 域表达为 $E(s) = R(s) - C(s)$。

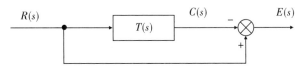

图 5.1　控制系统稳态误差定义 1

定义 2　对于反馈控制系统,在 $t \to \infty$ 时输入信号 $R(s)$ 与反馈信号 $B(s)$ 之间的差值。如图 5.2 所示,在 S 域表达为 $E_a(s) = R(s) - B(s) = R(s) - H(s)C(s)$。

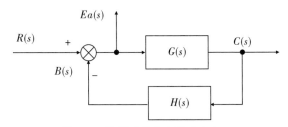

图 5.2　控制系统稳态误差定义 2

定义 3　对单位反馈控制系统,输入信号与 $R(s)$ 与反馈信号 $B(s)$ 之间的差值。如图 5.2 中令 $H(s) = 1$ 即可。在 S 域表达为 $E_a(s) = R(s) - H(s)C(s) = R(s) - C(s)$。

定义 1 是普适性的控制系统误差定义,不管系统是开环控制系统还是闭环控制系统都适用。定义 2 在工程上更为实用,因为很多实际的控制系统都设有反馈回路,是闭环控制系统。而且一般系统其输入信号与输出信号二者的物理量纲不同,将输出信号经 $H(s)$ 变换处理后再与输入信号比对,易于搭建测量系统。也就是说,控制系统的真实误差 $E(s) = R(s) - C(s)$,在反馈控制系统中,通常是通过系统作用信号 $E_a(s) = R(s) - B(s)$ 来表征的。所以反馈信号 $B(s) = H(s)C(s)$ 有时也称为系统的量测输出信号 $C'(s)$。若反馈控制系统的 $H(s) = 1$ 则两个定义就一致了,这就是第 3 种定义。

工程上一般都采用定义 3,即采用单位反馈系统的 $E_a(s)$ 来表征研究反馈控制系统的稳态误差。一方面,定义 3 虽然研究的是系统的作用信号 $E_a(s)$,但在此完全等同于定义 1 中的 $E(s)$。另一方面,单位反馈系统不仅在工程中常见,而且单位反馈形式的物理模型在数学分析上也简单直观,易于在不同系统之间做性能对比分析。非单位反馈系统可以转换为单位反馈系统来处理,但在具体处理上要注意细节上的不同之处,参见后续章节的介绍。

2. 稳态误差测试信号

工程上通常选用三种测试信号输入到系统中来评测系统的稳态误差:阶跃信号、斜坡信号、抛物线信号。这些测试信号的时间域函数和经拉普拉斯变换后的 S 域函数表达式如表 5.1 所示。其时间域函数曲线如图 5.3 所示。

表 5.1 控制系统稳态误差测试信号

测试信号名称	时间域函数表达	S 域函数表达
阶跃函数	$u(t)$	$\dfrac{1}{s}$
斜坡函数	t	$\dfrac{1}{s^2}$
抛物线函数	$\dfrac{1}{2}t^2$	$\dfrac{1}{s^3}$

| (a) 阶跃函数 | (b) 斜坡函数 | (c) 抛物线函数 |

图 5.3 系统测试信号时间域函数曲线

阶跃信号适用于测试位置跟踪控制系统性能,系统输出的位置要跟随输入指令的位置。阶跃输入信号代表一个给定位置,适用于评测控制系统定位跟踪一个静态目标的能力。如卫星对地同步轨道定位系统,天线定位控制系统等,都是用阶跃信号测试定位精度的典型例子。斜坡输入表示对一个位置控制系统输入一个匀速信号,信号幅值呈线性增长。斜坡信号适用于测试控制系统跟随线性增长信号的能力,也就是跟随一个匀速信号的能力。例如,一个位置控制系统,要跟踪一个匀速穿越天空的卫星,就可以用斜坡信号来测试计算卫星角度位置与控制系统的角位置之间偏差。抛物线信号,其二阶导数是常数,表示对一个位置控制系统输入一个匀加速目标信号,用以测试其稳态误差性能。如控制系统要追踪导弹飞行就是一种匀加速运动。

如图 5.4 展示了对阶跃信号输入的两种系统时间响应输出。输出信号 1 具零稳态误差;输出信号 2 具有一个有限值的稳态误差 $e_2(\infty)$。

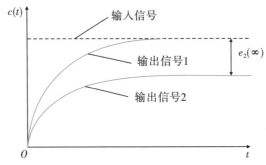

图 5.4　系统对阶跃信号输入响应的稳态误差

图 5.5 为斜坡信号输入的三种输出。输出 1 具零稳态误差,输出 2 具有一个有限值的稳态误差 $e_2(\infty)$,这个误差是在竖直方向上测量稳态输出信号与输入信号之间的差值;输出 3 随着 $t \rightarrow \infty$,在竖直方向上与输入信号的差异趋向 ∞。

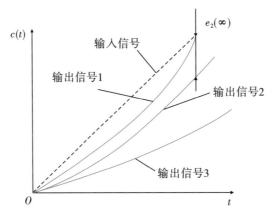

图 5.5　系统对斜坡输入信号响应的稳态误差

3. 稳态误差的来源

许多控制系统中的稳态偏差都源于系统中的非线性因素。例如,齿轮或电机中存有侧隙,只有输入电压超过某一阈值,机构才会发生运动。有关非线性导致的系统误差可参考相关专业文献。我们此处所研究的稳态误差,指的是由系统本身结构和施加激励信号类型所导致的误差,如下例所示。

【例 5.1】如图 5.6 所示单位反馈系统,前向通路传递函数为纯增益环节 K,分析系统输

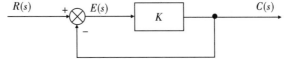

图 5.6　比例增益模块的单位反馈系统

入阶跃信号时的稳态输出。

【解答】系统输入阶跃信号,稳态时系统输出为 $C(s)=KE(s)$,即

$$E(s) = \frac{1}{K}C(s) \tag{5.1}$$

在时间域的稳态误差为

$$e_s(t) = \frac{1}{K}c_s(t) \tag{5.2}$$

显然,只要系统的稳态输出值 $c_s(t)$ 是非零有限值,则稳态误差 $e_s(t)$ 就不可能为零。这是由于系统的前向通路是纯增益结构造成的。所以若前向通路中仅有纯增益 K,那么系统的阶跃响应总有误差存在,不会消减到零。误差的数值随着 K 值的增大而减小。

【例 5.2】如图 5.7 所示的单位反馈系统,前向通路为积分环节,分析系统输入阶跃信号时的稳态输出。

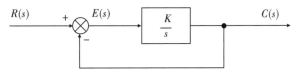

图 5.7　积分模块的单位反馈系统

【解答】系统输入阶跃信号,响应过程的误差表达式为

$$E(s) = R(s) - C(s) \tag{5.3}$$

在时间域的误差函数为

$$e(t) = r(t) - c(t) \tag{5.4}$$

因为前向传递函数是一个积分器,输出 $C(s)=(K/s)E(s)$,即

$$c(t) = K\int e(t)\mathrm{d}t \tag{5.5}$$

从式(5.4)和式(5.5)可以看出,随着 $c(t)$ 值的增长,$e(t)$ 在减小,直至 $e(t)$ 减小到零。由于积分器的作用,此时 $c(t)$ 值在没有任何输入信号的时候仍然会保持原有输出信号不变。同样是阶跃信号输入,积分环节单位反馈系统时间响应的稳态误差就可以为零。例如电机就可以当作一个简单的积分器来建模。在电机上施加一个电压,电机旋转。当电压移除以后,电机将停止并保持其当前的输出位置。因为它不会主动返回其初始位置,在没有后续信号输入情况下仍然保有一个角位移输出。

例 5.1 和例 5.2 定性地说明了系统稳态误差取决于系统自身的结构。下面我们来推导控制系统的稳态误差与系统结构之间的关系。

4. 单位反馈系统的稳态误差

根据控制系统的误差定义 1,用方框图表示闭环控制系统的误差,如图 5.8 所示。注意系统的稳态误差是针对整个闭环系统来定义的。

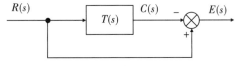

图 5.8　系统稳态误差

根据定义，$E(s)=R(s)-C(s)$；而 $C(s)=R(s)T(s)$，可得

$$E(s) = R(s)[1 - T(s)] \tag{5.6}$$

设 $L^{-1}[E(s)]=e(t)$，利用拉普拉斯变换的终值定理可得：

$$e(\infty) = \lim_{t \to \infty} e(t) = \lim_{s \to 0} sE(s) = \lim_{s \to 0} sR(s)[1 - T(s)] \tag{5.7}$$

很多时候我们所研究的系统是前向传递函数 $G(s)$ 的单位反馈控制系统。尽管我们可以针对整个闭环传递函数 $T(s)$ 采用式(5.7)来计算系统稳态误差，但利用 $G(s)$ 来分析和设计系统的稳态误差却更为简洁明了。如图 5.9 所示是稳态误差在单位反馈系统中的描述。

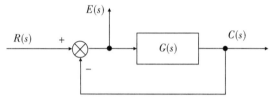

图 5.9 单位反馈系统的稳态误差

同样，$E(s)=R(s)-C(s)$；而 $C(s)=E(s)G(s)$，可得

$$E(s) = \frac{R(s)}{1 + G(s)} \tag{5.8}$$

在闭环系统稳定的前提下应用拉普拉斯变换的终值定理，可得：

$$e(\infty) = \lim_{t \to \infty} e(t) = \lim_{s \to 0} sE(s) = \lim_{s \to 0} \frac{sR(s)}{1 + G(s)} \tag{5.9}$$

由此式即可计算控制系统对各种不同输入信号的时间响应的稳态误差。

对于阶跃信号输入 $R(s)=1/s$，

$$e(\infty) = \lim_{s \to 0} \frac{s(1/s)}{1 + G(s)} = \frac{1}{1 + \lim_{s \to 0} G(s)} \tag{5.10}$$

此处当频率变量 s 趋近于零时的 $\lim\limits_{s \to 0} G(s)$ 为前向传递函数的直流增益。显然，为使系统获得一个零稳态误差，须有 $\lim\limits_{s \to 0} G(s)=\infty$；而满足这一条件的 $G(s)$ 必然具有如下形式：

$$G(s) = \frac{K(s + z_1)(s + z_2)\cdots}{s^n(s + p_1)(s + p_2)\cdots} \tag{5.11}$$

在 s 趋近于零时要使式(5.11)取无穷大值，分母当取零值，所以必有 $n \geqslant 1$。也就是说系统至少有一个极点在坐标原点处，意即在前向通路传递函数中至少要有一个积分环节。

如果 $G(s)$ 没有积分环节，即 $n=0$，则

$$\lim_{s \to 0} G(s) \equiv \frac{K z_1 z_2 \cdots}{p_1 p_2 \cdots} \tag{5.12}$$

这是一个有限定值，说明 $e(\infty)$ 为一个有限定值的稳态误差。这个结论可以参见图 5.4 以及例 5.1 和例 5.2 的分析计算。对于阶跃函数输入，纯增益环节导致一个定值稳态误差，但若有积分器则会生成一个零稳态误差。

对于斜坡信号输入 $R(s)=1/s^2$，系统稳态误差为

$$e(\infty) = \lim_{s \to 0} \frac{s(1/s^2)}{1 + G(s)} = \lim_{s \to 0} \frac{1}{s + sG(s)} = \frac{1}{\lim\limits_{s \to 0} sG(s)} \tag{5.13}$$

对斜坡输入要得到零稳态误差,则必须有$\lim_{s\to 0}sG(s)=\infty$。与阶跃输入推导过程同理,满足这一条件的$G(s)$必然具有如下形式:

$$G(s)=\frac{K(s+z_1)(s+z_2)\cdots}{s^n(s+p_1)(s+p_2)\cdots} \tag{5.14}$$

且必须$n\geqslant 2$。亦即前向通路$G(s)$中至少要有两个积分环节。

如果$G(s)$只有一个积分环节,即$n=1$,则

$$\lim_{s\to 0}sG(s)\equiv\frac{K\,z_1\,z_2\cdots}{p_1\,p_2\cdots} \tag{5.15}$$

这也是一个有限定值,这种情况下$e(\infty)$呈现为一个定值稳态误差。

如果在前向通路中没有积分环节,那么

$$\lim_{s\to 0}sG(s)=0 \tag{5.16}$$

则稳态误差将会是无穷大,输出是一条逐渐偏离的斜坡线。斜坡输入系统的时间响应,这三种情况可参见图5.5的响应曲线。

对于抛物线输入$R(s)=1/s^3$,单位反馈系统的稳态误差为

$$e(\infty)=\lim_{s\to 0}\frac{s(1/s^3)}{1+G(s)}=\lim_{s\to 0}\frac{1}{s^2+s^2G(s)}=\frac{1}{\lim\limits_{s\to 0}s^2G(s)} \tag{5.17}$$

对抛物线输入要得到零稳态误差,则必须有$\lim_{s\to 0}s^2G(s)=\infty$。与前面推导过程同理,满足这一条件的$G(s)$,其分母中必须要有$s^n$项:

$$G(s)=\frac{K(s+z_1)(s+z_2)\cdots}{s^n(s+p_1)(s+p_2)\cdots} \tag{5.18}$$

且必须$n\geqslant 3$,即前向通路传递函数中至少要有三个积分环节。如果$G(s)$只有两个积分环节,即$n=2$,则

$$\lim_{s\to 0}s^2G(s)\equiv\frac{K\,z_1\,z_2\cdots}{p_1\,p_2\cdots} \tag{5.19}$$

这是一个有限定值,这种情况下$e(\infty)$为一个常值稳态误差。如果在前向通路中只有一个或没有积分环节,那么

$$\lim_{s\to 0}sG(s)=0 \tag{5.20}$$

则稳态误差将会是无穷大。

【例5.3】对图5.10所示的单位反馈控制系统,当输入信号分别为$5u(t)$,$5tu(t)$,$5t^2u(t)$时的系统稳态误差。$u(t)$为单位阶跃函数。

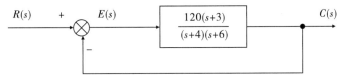

图 5.10　单位反馈系统传递函数

【解答】系统前向传递函数为

$$G(s)=\frac{120(s+3)}{(s+4)(s+6)} \tag{5.21}$$

$G(s)$中不含积分环节。对于阶跃输入信号$5u(t)$,拉普拉斯变换为$5/s$,则系统稳态误差为

$$e(\infty) = \frac{5}{1 + \lim\limits_{s \to 0} G(s)} = \frac{5}{1 + 15} = 0.312 \tag{5.22}$$

对于斜坡输入信号 $5tu(t)$，拉普拉斯变换为 $5/s^2$，则系统稳态误差为

$$e(\infty) = \frac{5}{\lim\limits_{s \to 0} sG(s)} = \frac{5}{0} = \infty \tag{5.23}$$

对于抛物线输入信号 $5t^2u(t)$，拉普拉斯变换为 $10/s^3$，则系统稳态误差为

$$e(\infty) = \frac{10}{\lim\limits_{s \to 0} s^2G(s)} = \frac{10}{0} = \infty \tag{5.24}$$

【例 5.4】对图 5.11 所示的单位反馈控制系统，当输入信号分别为 $5u(t)$，$5tu(t)$，$5t^2u(t)$ 时的系统稳态误差。$u(t)$ 为单位阶跃函数。

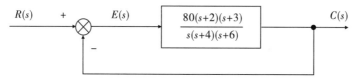

图 5.11　单位反馈系统传递函数

【解答】系统前向传递函数为

$$G(s) = \frac{80(s+2)(s+3)}{s(s+4)(s+6)} \tag{5.25}$$

$G(s)$ 中含有一个积分环节。对阶跃输入信号 $5u(t)$，拉普拉斯变换为 $5/s$，系统稳态误差为

$$e(\infty) = \frac{5}{1 + \lim\limits_{s \to 0} G(s)} = \frac{5}{\infty} = 0 \tag{5.26}$$

对于斜坡输入信号 $5tu(t)$，拉普拉斯变换为 $5/s^2$，则系统稳态误差为

$$e(\infty) = \frac{5}{\lim\limits_{s \to 0} sG(s)} = \frac{5}{20} = 0.25 \tag{5.27}$$

对于抛物线输入信号 $5t^2u(t)$，拉普拉斯变换为 $10/s^3$，则系统稳态误差为

$$e(\infty) = \frac{10}{\lim\limits_{s \to 0} s^2G(s)} = \frac{10}{0} = \infty \tag{5.28}$$

5. 静态误差常数与系统类型

根据系统对三种不同输入信号的稳态误差公式，可以定义三个指标：系统的位置常数、速度常数和加速度常数。这些常数称为静态误差常数。正如在研究系统瞬态响应的品质时我们定义了阻尼比、自然频率、过渡时间、相对超调量等指标；静态误差常数是表征稳态时的系统误差性能指标。

对阶跃信号 $u(t)$，$e(\infty) = \dfrac{1}{1 + \lim\limits_{s \to 0} G(s)}$，定义 $K_p = \lim\limits_{s \to 0} G(s)$ 为系统位置常数；

对斜坡信号 $tu(t)$，$e(\infty) = \dfrac{1}{\lim\limits_{s \to 0} sG(s)}$，定义 $K_v = \lim\limits_{s \to 0} sG(s)$ 为系统速度常数；

对抛物线信号 $\dfrac{1}{2}t^2u(t)$，$e(\infty) = \dfrac{1}{\lim\limits_{s \to 0} s^2G(s)}$，定义 $K_a = \lim\limits_{s \to 0} s^2G(s)$ 为系统加速常数。

这些指标参数都是基于 $G(s)$ 进行运算，取值或是 0 值，或是有限定值，或是无穷大值。

因为静态误差常数出现在稳态误差表达式的分母上,所以随着静态误差常数的增大,系统的稳态误差在减小。

单位反馈系统中静态误差常数的数值,与系统前向传函 $G(s)$ 中含有积分环节($1/s$)的个数密切相关,我们可以据此对系统进行命名和分类。

给定系统输入如图 5.12 所示,系统传递函数的分母上 s 的幂次为 n,也就是前向传递函数中纯积分环节的个数为 n。则有定义:

$n=0$,零型系统;

$n=1$,Ⅰ型系统;

$n=2$,Ⅱ型系统。

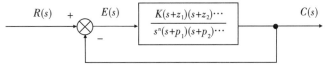

图 5.12　单位反馈闭环系统

表 5.2 列出了三种类型的单位反馈系统,分别对应三种测试信号的稳态误差。系统的静态误差常数(稳态误差)是由输入信号和系统类型共同决定的。

表 5.2　输入信号、系统类型与稳态误差的关系

系统类型	输入信号		
	$R(t)=u(t)$	$R(t)=tu(t)$	$R(t)=\dfrac{1}{2}t^2u(t)$
Type 0	$\dfrac{1}{1+K_p}$	$\infty(K_v=0)$	$\infty(K_a=0)$
Type Ⅰ	$0\quad(K_p=\infty)$	$\dfrac{1}{K_v}$	$\infty(K_a=0)$
Type Ⅱ	$0\quad(K_p=\infty)$	$0(K_v=\infty)$	$\dfrac{1}{K_a}$

系统静态误差常数 K_p,K_v,K_a 描述了系统降低稳态误差的能力,因此也是系统稳态特性的一个性能指标。从系统的静态误差常数 K_p,K_v,K_a 中,我们可以获知很多信息。例如,如果某个控制系统具有 $K_v=1000$,我们就可以确定:

(1)系统是稳定的。

(2)系统类型为Ⅰ型,因为只有Ⅰ型系统的 K_v 才具有定值常数,在零型系统中 $K_v=0$,在Ⅱ型系统中 $K_v=\infty$。

(3)输入的测试信号是斜坡信号。因为 K_v 已经明确为一个有限定值,且对于一个斜坡输入的系统稳态误差反比于 K_v,故可知输入为斜坡信号。

(4)对于单位斜坡输入而言,输入斜坡信号与输出斜坡信号之间的稳态误差是 $1/K_v$。

【例 5.5】控制系统传递函数如图 5.13 所示,确定增益 K 的取值使系统的稳态误差为 10%。

【解答】系统前向传递函数为

$$G(s)=\frac{K(s+3)}{s(s+4)(s+5)(s+6)} \tag{5.29}$$

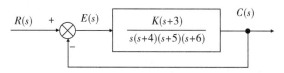

图 5.13　单位反馈控制系统传递函数

$G(s)$ 含有一个积分环节,所以是 I 型系统。因此对斜坡信号输入才有定值稳态误差。根据题目要求,有

$$e(\infty) = \frac{1}{K_v} = 0.1 \tag{5.30}$$

根据系统静态误差常数的计算公式,有

$$K_v = 10 = \lim_{s \to 0} sG(s) = \frac{K \times 3}{4 \times 5 \times 6} \tag{5.31}$$

解算出

$$K = 400 \tag{5.32}$$

$K=400$ 虽然满足题目要求的系统稳态误差要求,但在设计系统时还要验证这一取值是否满足系统稳定性的要求。如果系统不稳定,那么就要对系统进行补偿校正,使其同时达到系统的稳定性、稳态误差和瞬态响应品质的性能指标。

6. 系统扰动的稳态误差

在控制系统中加入反馈模块常用以补偿修正外界的扰动或者是意外输入。在前面引入闭环系统概念时我们介绍过,系统引入反馈环节的优势之一就在于其具有抗干扰能力,系统的输出能以零误差或小误差跟随输入信号。如图 5.14 所示单位反馈系统,外界扰动信号介入到系统的控制器和被控对象之间。我们现在来推导有干扰信号介入的系统响应稳态误差。

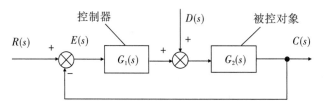

图 5.14　干扰信号介入的系统

如图 5.14 所示,输出信号的拉普拉斯变换为

$$C(s) = E(s) G_1(s) G_2(s) + D(s) G_2(s) \tag{5.33}$$

而 $C(s)=R(s)-E(s)$,代入可得:

$$E(s) = \frac{1}{1 + G_1(s) G_2(s)} R(s) - \frac{G_2(s)}{1 + G_1(s) G_2(s)} D(s) \tag{5.34}$$

应用拉普拉斯变换的终值定理,可得:

$$e(\infty) = \lim_{t \to \infty} e(t) = \lim_{s \to 0} sE(s) = \lim_{s \to 0} \frac{s}{1 + G_1(s) G_2(s)} R(s) - \lim_{s \to 0} \frac{s G_2(s)}{1 + G_1(s) G_2(s)} D(s)$$

$$= e_r(\infty) + e_d(\infty) \tag{5.35}$$

此处 $e_r(\infty) = \lim\limits_{s \to 0} \dfrac{s}{1+G_1(s)G_2(s)} R(s)$；$e_d(\infty) = -\lim\limits_{s \to 0} \dfrac{sG_2(s)}{1+G_1(s)G_2(s)} D(s)$。第一项 $e_r(\infty)$ 已知，第二项 $e_d(\infty)$ 是干扰引起的稳态误差。

我们来研究降低干扰所导致误差的条件。设干扰信号是阶跃信号 $D(s)=1/s$，则有

$$e_d(\infty) = -\frac{1}{\lim\limits_{s \to 0} \dfrac{1}{G_2(s)} + \lim\limits_{s \to 0} G_1(s)} \tag{5.36}$$

显然，增加 $G_1(s)$ 直流增益或减少 $G_2(s)$ 的直流增益，都会降低 $e_d(\infty)$。参见图 5.15 所示的干扰信号输入系统方框图（令图 5.14 中的输入信号为零即可）。可以看到，如果我们想要减小误差 $E(s)$ 的值，一方面可以增大 $G_1(s)$ 的直流增益，使得原先较小的 $E(s)$ 的值反馈回系统时与 $D(s)$ 相当；一方面可以减小 $G_2(s)$ 的直流增益，使其输出的 $e_d(\infty)$ 尽量较小。

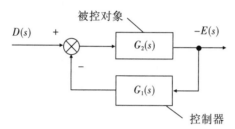

图 5.15 干扰信号作用下的系统

【例 5.6】如图 5.16 所示单位反馈控制系统，分析阶跃信号干扰在系统稳态误差中的影响。

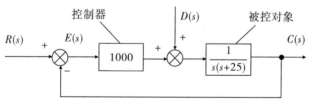

图 5.16 单位反馈控制系统

【解答】首先判定该系统是稳定系统（判定过程略）。因为外加干扰是阶跃信号，代入式（5.36），有

$$e_d(\infty) = -\frac{1}{\lim\limits_{s \to 0} \dfrac{1}{G_2(s)} + \lim\limits_{s \to 0} G_1(s)} = -\frac{1}{0+1000} = 0.001 \tag{5.37}$$

说明干扰引起的系统输出误差，反比于控制器 $G_1(s)$ 的增益。

7. 非单位反馈系统的稳态误差

控制系统并非总是单位反馈联接的形式。反馈回路可以是一个纯比例增益环节，也可以是一个动态调节器。工程中常见的反馈控制系统如图 5.17(a) 所示，回路中含有输入信号变换器 $G_1(s)$，被控对象 $G_2(s)$，反馈环节 $H_1(s)$。我们把 $G_1(s)$ 整合到求和点右边，就变成了反馈控制系统的通用形式，如图 5.17(b) 所示。此处我们定义求和点处的输出信号为作用信号 $E_a(s)$。

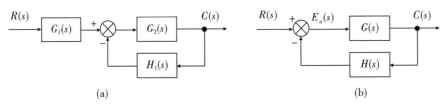

(a)   (b)

图 5.17 非单位反馈控制系统

图 5.17(b)还不是一个单位反馈系统,但我们可以将其变换为单位反馈系统。如图 5.18(a)~5.18(d)所示,通过在系统方框图中添加和减去一个单位反馈环节,就可以实现从非单位反馈传递函数到单位反馈传递函数的变换。注意:图 5.18(b)中的输入信号与输出信号的物理量纲要相同。最后得到一个等效的单位反馈系统传递函数,如图 5.18(d)所示。此时系统的误差就可以用 $E(s)=R(s)-C(s)$ 来表征。

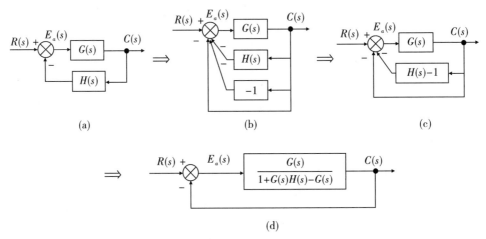

(a)   (b)   (c)

(d)

图 5.18 非单位反馈系统的等效传递函数转换过程

【例 5.7】如图 5.19 所示非单位反馈控制系统。设系统的输入信号和输出信号具有同样的物理量纲,试写出系统稳态误差计算式。

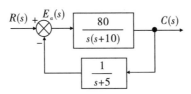

图 5.19 非单位反馈控制系统

【解答】题目给出的系统前向传递函数分母中有 s 的一次幂分项,但注意不能武断地认定系统为Ⅰ型系统。因为系统的反馈环节并非是单位反馈模块,输入被控对象的作动信号并非是输入信号与输出信号之间的差值。所以首先要把系统转换为等效的单位反馈系统,然后才能代入公式计算。从系统方框图中可知:

$$G(s) = \frac{80}{s(s+10)}, \qquad H(s) = \frac{1}{s+5}$$

根据图 5.18(d)中的转换公式,可得等效的单位反馈系统前向传递函数为

$$G_e(s) = \frac{G(s)}{1 + G(s)H(s) - G(s)} = \frac{80(s+5)}{s^3 + 15s^2 - 30s - 320} \tag{5.38}$$

可知系统等效转换为单位反馈系统后,前向传递函数变成了零型系统(不是Ⅰ型系统!)。系统的静态误差常数为 K_p:

$$K_p = \lim_{s \to 0} G_e(s) = \frac{80 \times 5}{-320} = -\frac{5}{4} \tag{5.39}$$

若向系统输入一个阶跃信号,则系统则稳态误差为

$$e(\infty) = \frac{1}{1 + K_p} = \frac{1}{1 - (5/4)} = -4 \tag{5.40}$$

稳态误差为负值,表明系统输出响应的稳态值要大于激励信号(阶跃函数)的数值。(实际上,此例系统的稳态误差与原前向传递函数的增益 K 的取值无关,只与反馈环节中的极点位置 a 有关,即 $K_p = a/(1-a)$。)

从例 5.7 可以看出,非单位反馈系统的稳态误差,不能只看原有前向传递函数中的积分环节个数(系统类型),应当研究其等效的单位反馈系统中的前向传递函数。

需要说明的是,在定义系统稳态误差时,定义 2 是直接采用非单位反馈控制系统的作用信号 E_a 来表征系统的稳态误差,如图 5.20 所示。基于这种定义下的系统稳态误差,也有静态误差常数 K_p'、K_v'、K_a' 等性能指标。这些指标的推导过程与单位反馈系统的 K_p、K_v、K_a 推导过程一样,只是将公式中的前向传递函数 $G(s)$ 置换成 $G(s)H(s)$ 即可。注意:此时系统类型的划分是按照 $G(s)H(s)$ 中含有积分环节的个数而定。需要强调的是,对同一个控制系统,若采用不同的稳态误差定义来计算,结果可能大不相同。如例 5.7,若直接采用原系统的作用信号 E_a 来表征系统的稳态误差,那么系统就被认为是Ⅰ型系统。这样的话,系统对阶跃信号的稳态输出误差就计算为 0。这显然是不合理的。

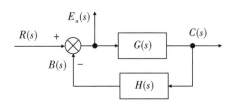

图 5.20　非单位反馈控制系统的作用信号 $E_a(s)$

在研究非单位反馈控制系统的稳态误差时,一定要注意区分作用信号 $E_a(s) = R(s) - H(s)C(s)$ 与整个系统的误差信号 $E(s) = R(s) - C(s)$ 二者的不同之处。例如,在图 5.20 所示的反馈系统中,假设 $H(s) = s$;那么系统的输出 $C(s)$ 只要是个常数值,系统的反馈信号 $B(s)$(也就是系统的量测输出 $C'(s)$)均为 0。这种情况下系统的作用信号 $E_a(s) = R(s)$,输出信号不论其常数值多大多小,对系统的作用信号都没有任何影响。这种情况下,就不适合用 $E_a(s)$ 来表征系统的稳态误差。

【例 5.8】对图 5.21 所示的反馈控制系统,设系统的输入信号和输出信号具有同样的物理量纲,分析系统的稳态误差。

【解答】从系统方框图中可知:

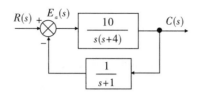

图 5.21 非单位反馈控制系统

$$G(s) = \frac{10}{s(s+4)}, \qquad H(s) = \frac{1}{s+1}$$

根据图 5.18(d)中的转换公式,可得等效的单位反馈系统前向传递函数为

$$G_e(s) = \frac{G(s)}{1+G(s)H(s)-G(s)} = \frac{10(s+1)}{s(s^2+5s-6)} \qquad (5.41)$$

可知系统等效转换为单位反馈系统后,前向传递函数仍然是 I 型系统。系统的静态误差常数为速度常数 K_v:

$$K_v = \lim_{s \to 0} s G_e(s) = \frac{10 \times 1}{-6} = -\frac{10}{6} \qquad (5.42)$$

若向系统输入一个单位斜坡信号 $r(t) = tu(t)$,则系统则稳态误差为

$$e(\infty) = \frac{1}{K_v} = -\frac{6}{10} \qquad (5.43)$$

比较例 5.7 与例 5.8 这两个非单位反馈系统的传递函数,可以看出二者的结构相似。它们的前向传递函数的极点性质一样,反馈函数也都是具有负实根的一阶积分模块。但变换为等效的单位反馈系统后,就可以看出他们不是同一个类型,稳态误差也就完全不同。所以不能只看原传递函数的 $E_a(s)$ 信号来表征系统的稳态误差。

8. 系统参数敏感度

在设计一个控制系统时,需要考虑系统参数在一定范围内变动时对系统性能会有什么影响。一般情况下,由于正常温度变化等原因引起的参数变化,不应造成系统性能明显的改变。系统参数变化对系统传递函数的影响,进而对系统性能的影响,其影响程度称为敏感度。一个具有零敏感度(也就是说参数变化不会导致系统性能变化)的系统当然是非常理想的。系统的敏感度越高,参数变化导致的系统性能改变就越大。

定义:对于函数 $F = F(P)$,函数值的相对变化与参数值的相对变化,二者之比,在参数值变化趋于零时的值,称为敏感度,即:

$$S_{F,P} = \lim_{\Delta P \to 0} \frac{\Delta F/F}{\Delta P/P} = \lim_{\Delta P \to 0} \frac{P \Delta F}{F \Delta P} \qquad (5.44)$$

可以简写成

$$S_{F,P} = \frac{P}{F} \cdot \frac{\delta F}{\delta P} \qquad (5.45)$$

【例 5.9】如图 5.22 所示闭环传递函数,求解传递函数对参数 a 变化的敏感度。

解:系统闭环传递函数为

$$T(s) = \frac{K}{s^2 + as + K} \qquad (5.46)$$

传递函数对参数 a 变化的敏感度为

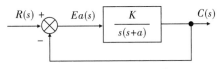

图 5.22　闭环传递函数

$$S_{F \cdot P} = \frac{a}{T} \frac{\delta T}{\delta a} = \frac{a}{\dfrac{K}{s^2 + as + K}} \cdot \frac{-Ks}{(s^2 + as + K)^2} = \frac{-as}{s^2 + as + K} \tag{5.47}$$

上式在某种程度上是关于 s 的函数。但对任何 s 值而言,增大 K 值都可以降低传递函数对参数 a 的敏感度。

【例 5.10】针对上例中的闭环控制系统,在斜坡信号输入时,求解系统稳态误差对参数 K 和参数 a 变化的敏感度。

解:系统稳态误差为

$$e(\infty) = \frac{1}{K_v} = \frac{a}{K} \tag{5.48}$$

则 $e(\infty)$ 对参数 a 的敏感度为

$$S_{e \cdot a} = \frac{a}{e} \frac{\delta e}{\delta a} = \frac{a}{a/K} \cdot \frac{1}{K} = 1 \tag{5.49}$$

$e(\infty)$ 对参数 K 的敏感度为

$$S_{e \cdot K} = \frac{K}{e} \frac{\delta e}{\delta K} = \frac{K}{a/K} \cdot \frac{-a}{K^2} = -1 \tag{5.50}$$

所以,参数 a 和参数 K 的变化,都会 $1:1$ 反映到 $e(\infty)$ 上。式(5.50)中负号表明当 K 值增大时 $e(\infty)$ 减小。这两个结论从 $e(\infty) = a/K$ 也可以直接看出来,a 正比于 $e(\infty)$,K 反比于 $e(\infty)$。

【例 5.11】如图 5.23 所示的控制系统,输入阶跃函数,求系统稳态误差对参数 a 和 K 的敏感度。

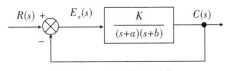

图 5.23　闭环传递函数

【解答】单位反馈控制系统,其前向传递函数为零型系统,稳态误差为

$$e(\infty) = \frac{1}{1 + K_p} = \frac{1}{1 + \dfrac{K}{ab}} = \frac{ab}{ab + K} \tag{5.51}$$

则 $e(\infty)$ 对参数 a 的敏感度为

$$S_{e \cdot a} = \frac{a}{e} \frac{\delta e}{\delta a} = \frac{a}{\dfrac{ab}{ab + K}} \cdot \frac{(ab + K)b - ab^2}{(ab + K)^2} = \frac{K}{ab + K} \tag{5.52}$$

$e(\infty)$ 对参数 K 的敏感度为

$$S_{e \cdot K} = \frac{K}{e} \frac{\delta e}{\delta K} = \frac{K}{\dfrac{ab}{ab+K}} \cdot \frac{-ab}{(ab+K)^2} = -\frac{K}{ab+K} \qquad (5.53)$$

后两式表明,稳态误差对参数 K 和 a 变化的敏感度(绝对值)都小于 1。显然反馈环节降低了系统对两个参数变化的敏感度。

课后练习题

5.1 单位反馈系统方框图如题 5.1 图所示,试求当输入信号分别为 $25u(t),37tu(t),47t^2u(t)$ 时,系统的稳态误差。

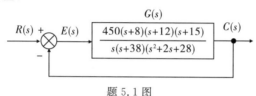

题 5.1 图

5.2 题 5.2 图为穿孔纸带输入的数控机床的位置控制系统传递函数示意图。

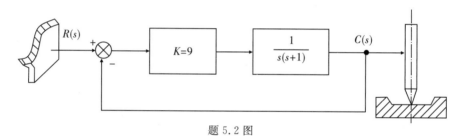

题 5.2 图

试求:(1)单位阶跃输入下的稳态误差。(2)单位斜坡输入下的稳态误差。

5.3 单位反馈系统方框图如题 5.3 图所示,系统的输入为 $27tu(t)$,求 K 的值使系统的稳态误差为 0.4。

5.4 如题 5.4 图所示系统,当输入 $r(t)=10t$ 和 $r(t)=4+6t+t^2$ 时,求系统的稳态误差。

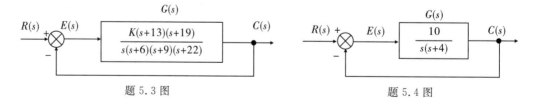

题 5.3 图　　　　　　　　　　　题 5.4 图

5.5 设题 5.4 中的前向传递函数 $G(s)$ 变为

$$G(s) = \frac{10}{s(s+1)(10s+1)}$$

输入分别为当输入 $r(t)=10t, r(t)=4+6t+3t^2$ 和 $r(t)=4+6t+3t^2+1.8t^3$ 时,求系统的稳态误差。

5.6 题 5.6 图所示系统的静态误差系数为 K_p, K_v, K_a,当输入 $r(t)=40t$ 时,求稳态误差等于多少?

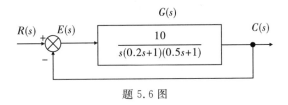

题 5.6 图

5.7 控制系统如题 5.7 图所示。

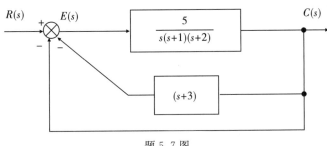

题 5.7 图

(1)计算系统误差常数K_p,K_v,K_a;(2)当输入分别为 $50u(t)$,$50tu(t)$,$50\,t^2u(t)$)时,计算系统的稳态误差;(3)说明系统的型次。

5.8 已知系统方框图如题 5.8 图所示。

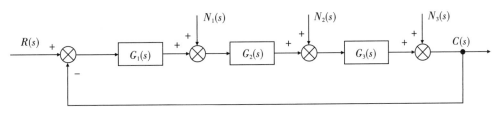

题 5.8 图

其中$G_1(s)=\dfrac{5}{T_1s+1}$,$G_2(s)=\dfrac{10(\tau s+1)}{T_2s+1}$,$G_3(s)=\dfrac{100}{s(T_3s+1)}$

求当系统干扰$n_1(t)$,$n_2(t)$,$n_3(t)$及输入 $r(t)$均为单位阶跃信号时,输入和干扰分别引起的稳态误差。

5.9 某系统如题 5.9 图所示,当系统输入和扰动均为单位阶跃函数时,计算系统的稳态误差。

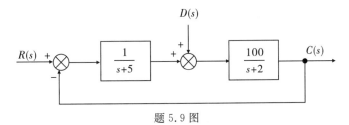

题 5.9 图

5.10 某系统如题 5.10 图所示,当输入 $r(t)=t$ 时,稳态误差等于多少?

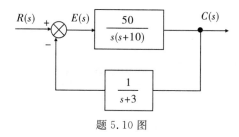

题 5.10 图

5.11 求解如题 5.11 图所示闭环传递函数对参数 K 和 X 变化的灵敏度。

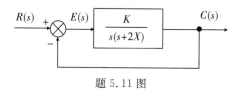

题 5.11 图

根轨迹曲线

第6章

6.1 根轨迹法基本原理

在分析和设计控制系统时,系统极点(特征方程的根)在 S 平面的分布决定了系统的瞬态和稳态响应特性。当系统特征方程的次数不高于 2 时,简单地用代数法就可以解出;但当特征方程的次数高于 2 时,求根过程将变得相当复杂。根轨迹法就是把闭环极点随系统某个参数变化的情况绘制成图,利用根轨迹曲线来设计控制系统参数(以下若不加特别说明,均以系统增益 K 作为系统未定参数来研究)。

根轨迹法是一种控制系统图形设计法。在系统各参数变化时,通过根轨迹曲线可以观察到系统性能的改变情况。例如改变系统增益值,随之而来的相对超调量,过渡时间,峰值时间的变化,都可以在根轨迹曲线中直接观察到。除了瞬态响应指标,从曲线中还可以确定系统稳定、不稳定的参数范围以及系统陷入振荡的条件。

典型的闭环反馈控制系统如图 6.1(a)所示。此处我们把前向传递函数中增益提出来,写成 $KG(s)$ 的形式,并定义系统开环传递函数为 $KG(s)H(s)$。图 6.1(b)所示是化简合成后的系统闭环传递函数形式。

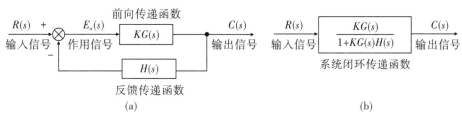

图 6.1 闭环反馈控制系统

通常确定开环传递函数 $KG(s)H(s)$ 的极点比较容易,这些极点在建模时可以从串联的一阶或二阶子系统中直接获得。而且改变增益 K 的数值不会给极点位置带来任何变化。但确定闭环传递函数 $T(s)=KG(s)/[1+KG(s)H(s)]$ 的极点就比较困难了,需要对分母作因式分解等代数运算。而且如果 K 值发生变化,闭环极点的位置也会随之改变。根轨迹曲线可以给出 $T(s)$ 的根随 K 值变化的直观图形表达,不必求解复杂的代数方程。

我们先复习下复数的向量表达方法。任一复数 $s=\sigma+j\omega$ 可以表达为笛卡尔坐标系中的一个向量;也可以在极坐标中用幅值 M 和相角 Φ 表达为 $M\angle\Phi$。如图 6.2 所示。

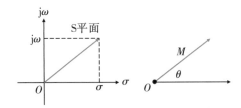

图 6.2 复数的向量表达

将复数 $s=\sigma+j\omega$ 代入一个复变函数 $F(s)$ 就得到另一个复数。

【例 6.1】复变函数 $F(s)=s+a=(\sigma+a)+j\omega$。如图 6.3(a)所示,函数(向量)$F(s)=s+a$ 用源于坐标原点,终于 $(\sigma+a,j\omega)$ 点的向量来表达。

函数 $F(s)$ 有一个零点在 $-a$ 处。若将向量向左平移 a 个单位,就得到了另一种复数向量表达,如图 6.3(b)所示,源于 $F(s)$ 的零点,终于点 $s=\sigma+j\omega$ 处。

例如对复数 $(s+2)|_{s\to3+j2.5}$,其向量可以表达为源于零点 $(-2,0)$,终于点 s,如图 6.3(c)所示。

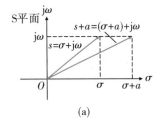 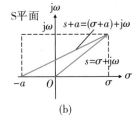 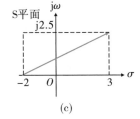

图 6.3 复数的向量表达

我们将上述结论推广到较为复杂的函数。设函数

$$F(s) = \frac{\prod_{i=1}^{m}(s+z_i)}{\prod_{j=1}^{n}(s+p_j)} \tag{6.1}$$

位于分子分母上的每个因式都是一个复数,对应一个向量;而函数 $F(s)$ 定义了一个复数的代数运算,决定了对任意点 s 的 $F(s)$ 的取值。

每个复数因式可以表示为一个向量,则对 $\boldsymbol{F}(s)$ 这个向量而言,其幅值 M 为

$$M = \frac{\prod_{i=1}^{m}|s+z_i|}{\prod_{j=1}^{n}|s+p_j|} \tag{6.2}$$

分子上的零点向量幅值 $|s+z_i|$ 是函数 $F(s)$ 的零点 $-z_i$ 到 s 点的向量幅值;分母上的极点向量幅值 $|s+p_j|$ 是函数 $F(s)$ 的极点 $-p_j$ 到 s 点的向量幅值。

$F(s)$ 在任意 s 点的相位角 θ 为

$$\theta = \sum_{i=1}^{m}\angle(s+z_i) - \sum_{j=1}^{n}\angle(s+p_j) \tag{6.3}$$

所有向量的相位角,都是按照实轴正方向量测所得,逆时针为正,顺时针为负。

【例 6.2】$F(s)=\dfrac{s+1}{s(s+2)}$,求 $F(s)$ 在点 $s=-3+j4$ 的值。

【解答】将问题图形化表达如图 6.4 所示,构成函数 $F(s)$ 的每个因式向量 $s+a$,其终端都位于点 $s=-3+j4$ 处。源于函数 $F(s)$ 的零点 -1 的向量为 $\sqrt{20}\angle116.6°$,源于函数 $F(s)$

的极点 0 的向量为 $5\angle 126.9°$,源于极点 -2 的向量为 $\sqrt{17}\angle 104.0°$。代入公式,有

$$M\angle\Phi = \frac{\sqrt{20}}{5\sqrt{17}}\angle(116.6° - 126.9° - 104.0°) = 0.217\angle -114.3° \tag{6.4}$$

此即 $F(s)$ 在点 $s = -3 + j4$ 的值。

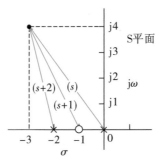

图 6.4　复数向量的合成

现在我们来研究根轨迹曲线。如图 6.1(b)所示,闭环系统传递函数的极点应满足:

$$1 + KG(s)H(s) = 0 \tag{6.5}$$

在复平面上所有满足式(6.5)的点 s 组成的曲线即构成系统的根轨迹曲线。

下面我们通过一个例子来看根轨迹曲线的基本原理。

【**例 6.3**】如图 6.5(a)为一个单位反馈控制系统,开环传递函数中的增益 K 未定。图 6.5(b)为其闭环传递函数表达式。

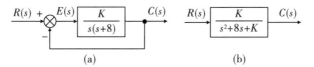

图 6.5　单位反馈闭环控制系统

【**解答**】闭环传递函数的特征方程为 $s^2 + 8s + K = 0$,对方程求根,可知

$$s_{1,2} = \frac{-8 \pm \sqrt{64 - 4K}}{2} = -4 \pm \sqrt{16 - K} \tag{6.6}$$

对不同的 K 值,闭环极点在复平面分布的位置也不同,如表 6.1 所示。将表中数据绘制在复平面中,如图 6.6 所示。

表 6.1　**K 取值对应闭环系统极点位置**

K	极点 1	极点 2	K	极点 1	极点 2
0	-8	0	16	-4	-4
4	-7.46	-0.54	20	$-4+j2$	$-4-j2$
8	-6.83	-1.17	24	$-4+j2.83$	$-4-j2.83$
12	-6	-2	28	$-4+j3.46$	$-4-j3.46$
			32	$-4+j4$	$-4-j4$

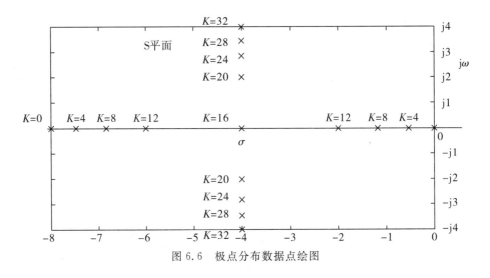

图 6.6   极点分布数据点绘图

根据图表中的数据可知,闭环极点s_1在增益$K=0$时为-8,随着K的增大沿着实轴向右移动;闭环极点s_2在增益$K=0$时为0,随着K的增大沿着实轴向左移动。两条曲线在$(-4,0)$点汇合,而后离开实轴进入复平面,一条向上移动一条向下移动;但我们不能确切地指明是哪条曲线向上哪条曲线向下。图 6.7 用实线标出了极点移动轨迹。这条随着增益K的变化而移动的闭环极点轨迹线,就是根轨迹曲线。实际工程中我们主要关注$K\geqslant0$的曲线段。

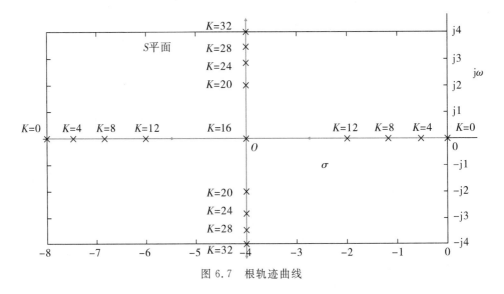

图 6.7   根轨迹曲线

从根轨迹曲线中可以得到随着K值变化系统的瞬态响应变化信息。本例中,当增益K小于 16 时,系统极点为正实数,系统是过阻尼系统;在增益K等于 16 时为临界阻尼系统,当增益K大于 16 时系统为欠阻尼系统。

从根轨迹曲线中还能直观获取很多系统参数和性能的信息。如在根轨迹曲线中的欠阻尼区域,无论系统增益K取何值,复极点的实部总是相等的。而二阶系统瞬态响应中的调整时间,总是反比于复数极点的实部;故此二阶系统在所有的欠阻尼状态下,其瞬态响应中的调整时间都是相同的。再有,随着增益值 K 变大,系统的阻尼比减小,相对超调量增大。振荡阻尼频率(等于极点的虚部值)也随着增益 K 的增大而增大,导致峰值时间变小。还有,此例中的根轨迹曲线从未越到右半平面,所以不论 K 取何值,系统总是稳定的,其时间响应永远不会出现正弦振荡。

对于高阶系统而言,从系统的解析式中很难将瞬态响应性能与极点位置关联在一起,通过根轨迹曲线就能获得这些丰富的信息。根轨迹法是一种用于高阶系统分析与设计的重要工具。

6.2 根轨迹曲线

利用系统特征根的特点,不必写出系统极点的解析表达式就能绘制出根轨迹曲线简图。如图 6.1(b)所示,对于闭环控制系统的一般形式,闭环传递函数为

$$T(s) = \frac{KG(s)}{1 + KG(s)H(s)} \tag{6.7}$$

式(6.7)中的分母就是闭环系统的特征多项式,使其取值为零的点 s 即为系统极点,即:

$$KG(s)H(s) = -1 = 1\angle(2k+1)180° \quad k = 0, \pm 1, \pm 2, \cdots \tag{6.8}$$

式(6.8)的数值"-1"由极坐标形式 $1\angle(2k+1)180°$ 表达。换句话说,若 s 满足以下两个条件:

(1) $|KG(s)H(s)| = 1$ \hfill (6.9)

(2) $\angle KG(s)H(s) = (2k+1)180°$ \hfill (6.10)

则 s 为系统的一个极点。

式(6.8)表明,将 s 代入 $KG(s)H(s)$ 会得到一个复数;若这个复数的幅值为1,相角为180°的奇数倍,这个 s 就是对应某个 K 值的系统极点。注意复数 $KG(s)H(s)$ 与复数 $G(s)H(s)$ 的相角相同,因为 K 是比例项不影响复数的相角。复数 $KG(s)H(s)$ 的幅值为单位值1,把极点 s 代入 $G(s)H(s)$,其幅值即为 K 的倒数。由此可求出 K 的数值为

$$K = \frac{1}{|G(s)H(s)|} \tag{6.11}$$

可利用上节讲述的复数向量合成法计算复数 $KG(s)H(s)$ 相角和幅值。

【例 6.4】如图 6.8 所示系统的传递函数方框图,试判断点 $s = -2+j3$, $s = -2+j(\sqrt{2}/2)$ 是否是系统闭环传递函数的极点。

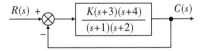

图 6.8 单位反馈系统的传递函数

【解答】根据题设可知,系统的开环传递函数为

$$KG(s)H(s) = KG(s) = \frac{K(s+3)(s+4)}{(s+1)(s+2)} \tag{6.12}$$

系统开环传递函数 $KG(s)H(s)$ 的零点和极点的位置分布如图 6.9 所示。图中×表示开环

极点,○表示开环零点。

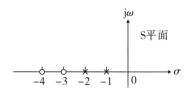

图 6.9 开环系统的零点和极点分布

可以写出系统的闭环传递函数为

$$T(s) = \frac{KG(s)}{1+KG(s)H(s)} = \frac{K(s+3)(s+4)}{(1+K)s^2 + (3+7K)s + (2+12K)} \tag{6.13}$$

显然,直接从式(6.13)来判断某个 s 点是否是闭环系统极点很不方便。但不论系统的增益值 K 取何数值,闭环系统的极点 s 必须要满足式(6.9)和式(6.10)两个条件式。假设点 $s = -2+j3$ 是对应某个 K 值的系统闭环极点,则 $KG(s)H(s)$ 所有零点向量的相角减去极点向量相角,必然等于180°的奇数倍。

如图6.10所示,作出 $KG(s)H(s)$ 的零点和极点分别到点 $s=-2+j3$ 构成的向量。

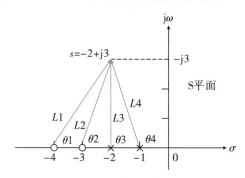

图 6.10 开环传递函数的零极点向量

参见式(6.3)所述向量合成原理,可知图6.10中的各向量相角和为

$$\theta_1 + \theta_2 - \theta_3 - \theta_4 = -70.55° \tag{6.14}$$

$-70.55°$不等于180°的奇数倍,所以点 $s=-2+j3$ 不是闭环系统根轨迹上的点。也就是说,不论 K 取何值,$s=-2+j3$ 都不是闭环系统极点。

再用点 $s=-2+j(\sqrt{2}/2)$ 重复上述计算过程。系统开环传递函数的零极点向量表达仍然如图6.10所示,只是将图中的点 $s=-2+j3$ 换成点 $s=-2+j(\sqrt{2}/2)$ 即可。这时可计算图中向量的相角和为

$$\theta_1 + \theta_2 - \theta_3 - \theta_4 = 180° \tag{6.15}$$

相角和是180°的奇数倍,说明点 $s=-2+j(\sqrt{2}/2)$ 是对应某个增益 K 值的系统闭环极点。换句话说,点 $s=-2+j(\sqrt{2}/2)$ 位于闭环系统根轨迹曲线上。

我们可以计算出对应这一极点的 K 值。根据式(6.11),有

$$K = \frac{1}{|G(s)H(s)|} = \frac{1}{M} \tag{6.16}$$

根据式(6.2)的向量合成法计算,将点 $s=-2+j(\sqrt{2}/2)$ 代入 $|G(s)H(s)|$,可得 M 值为

$$M = \left| G(s)H(s) \right| = \frac{\prod_{i=1}^{m} \left| s + z_i \right|}{\prod_{j=1}^{n} \left| s + p_j \right|} = \frac{\left| s+3 \right| \cdot \left| s+4 \right|}{\left| s+1 \right| \cdot \left| s+2 \right|} = 3 \qquad (6.17)$$

可求出 $K=1/M=0.33$。即点 $s=-2+\mathrm{j}(\sqrt{2}/2)$ 是闭环系统根轨迹上的一点,对应系统的增益值 $K=0.33$。

也可以将式(6.16)与式(6.17)合并,直接写出求 K 值的计算式:

$$K = \frac{1}{\left| G(s)H(s) \right|} = \frac{\prod_{j=1}^{n} \left| s + p_j \right|}{\prod_{i=1}^{m} \left| s + z_i \right|} \qquad (6.18)$$

从例 6.4 中可以总结我们的推导过程如下:已知系统开环传递函数 $KG(s)H(s)$ 的零极点,若对于复平面上的某点 s,系统开环传递函数 $KG(s)H(s)$ 的所有零点向量相角和,减去所有极点向量相角和,结果为 180°奇数倍,则此 s 点位于对应某个 K 值的闭环根轨迹曲线上。进而,开环极点向量的幅值乘积,除以开环零点向量的幅值乘积,结果即为此 s 点对应的系统增益 K 的取值。

如果我们将 s 平面上的所有点代入 $G(s)H(s)$ 的计算式,从中挑选出那些令 $G(s)H(s)$ 的相角为 180°的奇数倍的点,即可获得闭环系统的根轨迹曲线。显然这种冗长乏味的计算不借助计算机不可能完成。在工程实际中,我们可以借助这种思路勾画出根轨迹的简图,然后再对那些我们感兴趣的点精确制图,可以方便地解决特定的问题。

下面几条规则能让我们以极小的计算量画出根轨迹曲线简图,通过简图我们能够直观地理解控制系统的行为。然后我们在根轨迹曲线简图的基础上可以进一步细化计算。

规则 1　根轨迹曲线的分支数等于系统闭环极点数。

沿着根轨迹曲线,每个闭环极点随着增益 K 值的变化在移动。若我们定义每个极点移动的轨迹为一条根轨迹曲线的分支,则有多少个闭环极点就能画出多少条根轨迹曲线分支。

规则 2　根轨迹曲线关于实数轴对称。

若系统闭环极点是复数,且不是以共轭对的形式出现,就意味着系统特征多项式(由包含闭环极点的因式相乘而得)有复数系数。工程中可实现的物理系统的传递函数不可能出现复数系数,所以总结出此条作图规则。

规则 3　对应 $K>0$ 的根轨迹曲线在实数轴上的部分,位于奇数个开环系统零极点的左侧。

我们根据闭环系统根轨迹曲线上点的相角特性 $\angle KG(s)H(s)=(2k+1)180°$,可以总结出曲线位于实数轴区段的这一特性。如图 6.11 表示了一个开环系统的零极点分布情况,×表示极点,○ 表示零点。

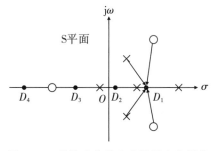

图 6.11　根轨迹曲线在实数轴上的部分

如图 6.11 所示,假设要判断实数轴上 D_1、D_2、D_3、D_4 点,是否为闭环系统根轨迹曲线上的点。以 D_1 点为例,D_1 与开环系统各零极点构成的向量,其相角和有如下特征。

(1)一对开环复数极点或一对开环复数零点,对 D_1 点各向量合成相角的贡献为零。因为共轭复数构成的向量对称于实数轴,其相角大小相等方向相反,合成后相角相互抵消。

(2)位于 D_1 点左侧的开环系统实数极点和实数零点,对 D_1 点的各向量合成相角贡献为零。因为其向量相角总是为零。

所以只有位于 D_1 点右侧实轴上的开环零极点,它们构成的向量为才对 D_1 点的相角合成计算有实质贡献。而 D_1 点右侧这些实数零极点向量的相角值,各自都是 $-180°$。根据闭环系统根轨迹曲线的计算式(6.10),D_1 点必位于奇数个开环系统零极点的左侧。这一结论对实轴上的 D_2,D_3,D_4 点都同样适用。

换句话说,位于实数轴上的根轨迹曲线,其右侧的开环系统零极点个数应为奇数。

对于例 6.4 所示系统,我们根据这条规则可以画出根轨迹曲线位于实数轴上的区段,如图 6.12 所示,根轨迹曲线在实轴上的部分有两段,一段位于 $[-1,-2]$ 区段,另一段位于 $[-3,-4]$ 区段上。

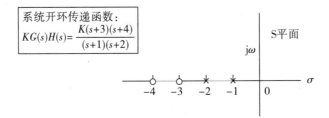

图 6.12 闭环系统根轨迹曲线(位于实数轴的区段)

规则 4 根轨迹曲线起始于开环传递函数 $G(s)H(s)$ 的极点;终止于 $G(s)H(s)$ 的零点。

根轨迹曲线始于 $K=0$,终于 $K=\infty$;确定了这些点的位置,就可以扩展实数轴以外的根轨迹曲线。

$$令 G(s) = \frac{N_G(s)}{D_G(s)}, \qquad H(s) = \frac{N_H(s)}{D_H(s)} \qquad (6.19)$$

则闭环传递函数为

$$T(s) = \frac{KG(s)}{1+KG(s)H(s)} = \frac{K N_G(s) D_H(s)}{D_G(s) D_H(s) + K N_G(s) N_H(s)} \qquad (6.20)$$

当 $K \to 0$(低增益段)时

$$T(s) = \frac{KG(s)}{1+KG(s)H(s)} = \frac{K N_G(s) D_H(s)}{D_G(s) D_H(s) + \varepsilon} \qquad (6.21)$$

此时闭环系统的极点趋近于开环系统 $G(s)H(s)$ 的极点。所以闭环系统根轨迹曲线,起始于开环传递函数 $G(s)H(s)$ 的极点。

当 $K \to \infty$(高增益段)时

$$T(s) = \frac{KG(s)}{1+KG(s)H(s)} = \frac{K N_G(s) D_H(s)}{\varepsilon + K N_G(s) N_H(s)} \qquad (6.22)$$

此时闭环系统极点趋近于开环系统 $G(s)H(s)$ 的零点。所以闭环系统的根轨迹曲线终止于开环传递函数 $G(s)H(s)$ 的零点。

对于例 6.4 所示系统,根据规则 3,已经绘制出闭环系统根轨迹曲线在实轴上的区段,如图 6.12 所示。利用规则 4,我们就可以完整地勾勒出根轨迹曲线如图 6.13 所示。根轨迹曲线起始于开环极点－1 和开环极点－2,而后沿着实轴在两个开环极点之间(相向)移动。两条曲线在某处相遇,而后分离进入复平面,以共轭复数形式各自移动。曲线从开环零点－3 与零点－4 之间的某点返回到实数轴;沿着实轴相互背离各自向零点－3 和零点－4 移动,最后终止于开环传递函数的零点－3 和开环传递函数的零点－4。

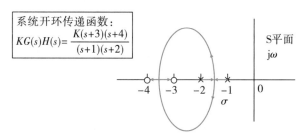

图 6.13　闭环系统根轨迹曲线

规则 5　根轨迹在无穷远处的渐近线

传递函数也会取无穷大值的零极点。如果当 s 趋近于无穷大时函数值趋近于无穷大,那么函数就有一个极点在无穷远处。如果当 s 趋近于无穷大时函数值趋近于零,那么函数就有一个零点在无穷远处。例如函数 $G(s)=s$ 就有一个极点在无穷远处,因为 $s\to\infty$ 时 $G(s)\to\infty$;函数 $G(s)=1/s$ 就有一个零点在无穷远处,因为 $s\to\infty$ 时 $G(s)\to 0$。如果我们把所有的无穷大零极点都计算在内,那么每个有关 s 的函数都有同数量的零点和极点。

例如某系统的开环传递函数 $KG(s)H(s)$ 如下所示。

$$KG(s)H(s) = \frac{K}{s(s+2)(s+4)} \tag{6.23}$$

系统的开环传递函数有三个有限值极点在 $s=0,-2,-4$ 处,没有有限值零点,但有三个无穷大值的零点。这是因为当 $s\to\infty$ 时

$$KG(s)H(s) \approx \frac{K}{s \cdot s \cdot s} \tag{6.24}$$

当 $s\to\infty$ 时,每个 s 都会使开环传递函数为零,因此在无穷远处有三个零点。所以此闭环系统的根轨迹曲线起始于 $KG(s)H(s)$ 的有限值极点,终止于无限值零点。

趋向于无穷远处的根轨迹曲线可用渐近线来代替绘制。渐近线方程在实轴上的截距 σ_a 和倾角 θ_a 为

$$\sigma_a = \frac{\sum \text{有限极点值} - \sum \text{有限零点值}}{\text{有限值极点个数} - \text{有限值零点个数}} \tag{6.25}$$

$$\theta_a = \frac{(2k+1)\pi}{\text{有限值极点个数} - \text{有限值零点个数}} \tag{6.26}$$

此处 $k=0,\pm 1,\pm 2,\cdots$ 可导出多个值,代表根轨迹趋近于无穷远的各个分支线;角度值是渐近线与实轴正方向的夹角弧度值。

【例 6.5】 系统方框图如图 6.14 所示,绘制闭环系统传递函数根轨迹曲线。

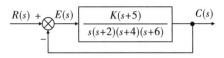

图 6.14   闭环控制系统方框图

【解答】由图可知,系统的开环传递函数 $KG(s)H(s)$ 为

$$KG(s)H(s) = \frac{K(s+5)}{s(s+2)(s+4)(s+6)} \quad (6.27)$$

可以看出,开环传递函数有 4 个有限值的极点 $0, -2, -4, -6$;有一个有限值的零点 -5,还有三个取值 ∞ 的零点。利用式(6.25)和式(6.26)计算根轨迹曲线的渐近线,在实轴上的截距和倾角为

$$\sigma_a = \frac{\sum \text{有限极点值} - \sum \text{有限零点值}}{\text{有限值极点个数} - \text{有限值零点个数}} = \frac{(-2-4-6)-(-5)}{4-1} = -\frac{7}{3} \quad (6.28)$$

$$\theta_a = \frac{(2k+1)\pi}{\text{有限值极点个数} - \text{有限值零点个数}} = \begin{cases} \pi/3 & k=0 \\ \pi & k=1 \\ 5\pi/3 & k=2 \end{cases} \quad (6.29)$$

由此可知,闭环系统的根轨迹曲线从实轴的 $-7/3$ 点处穿越,穿越角度分别为 $\pi/3(k=0)$, $\pi(k=1)$, $5\pi/3(k=2)$(若 k 值再增大,角度值就重复了);轨迹线的数目等于有限极点数与有限零点数之差。

图 6.15 为对应开环传递函数 $KG(s)H(s)=K(s+5)/(s(s+2)(s+4)(s+6))$ 的闭环系统根轨迹曲线简图。图中绘出了全部的根轨迹,也包含了趋向于无穷远处曲线的渐近线。我们用到了所有已经学过的规则:曲线在实轴上的区段位于奇数个开环零极点的左侧。曲线始于开环极点终于开环零点。此例是只有一个有限开环零点三个无限开环零点的系统,那么按照规则 5,在无穷远有三个零点位于渐近线的末端。

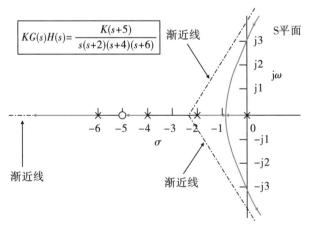

图 6.15   闭环系统根轨迹曲线简图

根据上述 5 条基本规则就可以快速勾勒出根轨迹曲线简图。如果想要得到曲线更多的细节,还可以找到根轨迹上的特殊点以及相应的增益值 K。这些点包括曲线位于实轴上的

点,曲线进入和离开复平面的点,穿越虚轴的点,等等。还可以分别找到曲线离开和抵达复数极点零点的角度,从而进一步细化曲线。

规则 6　离开实轴和进入实轴的点

当闭环系统极点从实轴转向复平面时,多条根轨迹曲线离开实轴。而当一对闭环复极点演变成实数时,这些根轨迹曲线又返回到实轴上。如图 6.16 所示,绘制这个系统的根轨迹简图用到了前四条规则:①根轨迹曲线的分支数;②根轨迹的对称性;③根轨迹在实轴上的分布特点;④根轨迹起始点和终止点规则。曲线展示了一条根轨迹在实数轴的 -1 和 -2 之间的某点离开实轴,在 $+3$ 和 $+5$ 之间的某点返回实轴。曲线离开实轴的点 $-\sigma_1$ 称为分离点,曲线返回实轴的点 σ_2 称为汇聚点。

在分离点和汇聚点,根轨迹各分支曲线与实数轴构成 $180°/n$ 角,n 是闭环极点抵达或离开实轴上单个分离点或汇聚点的次数。对于图中所示的两个极点,分支曲线在分离点处与实轴夹角为 $90°$。

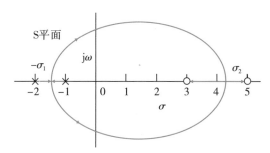

图 6.16　根轨迹曲线的分离点与汇聚点

现在我们来看一下如何寻找分离点和汇聚点。如图 6.16 所示,当 $K=0$ 时,闭环系统的两个极点为 -1 和 -2。随着极点相互靠近,系统增益 K 的值也逐渐增大。据此我们推断,位于 -1 与 -2 之间的离开点处的 K 值,必然是实轴段上的 K 最大值。显然随着极点进入复平面,对应的系统增益值会大于此 K 值。结论为离开点位于实轴上的两个开环极点之间,是最大增益值对应的点。

再来看看位于实轴上 $+3$ 和 $+5$ 之间的汇聚点。当一对闭环复极点返回到实轴时,随着闭环极点向开环零点靠近,增益值会持续增大到无穷大值。所以,位于两个零点之间的汇聚点,必然是沿着实轴段根轨迹曲线中对应最小增益值的点。

求 K 的极大值极小值的方法,或是用解析法计算,或是计算机编程搜寻。解析法计算主要是基于函数求极值原理。因为根轨迹曲线上所有的点满足 $KG(s)H(s)=-1$,可以写作 $K=-1/G(s)H(s)$;离开点和汇聚点都是根轨迹曲线实轴段上的点 $s=\sigma$,所以 K 是关于实数 σ 的函数。

【例 6.6】系统的开环传递函数 $KG(s)H(s)$ 如下,试求闭环系统根轨迹曲线在实数轴上的分离点和汇聚点。

$$KG(s)H(s)=\frac{K(s-3)(s-5)}{(s+2)(s+4)} \tag{6.30}$$

【解答】

$$KG(s)H(s)=\frac{K(s-3)(s-5)}{(s+2)(s+4)}=\frac{K(s^2-8s+15)}{(s^2+6s+8)} \tag{6.31}$$

根轨迹曲线上所有的点 s 满足 $KG(s)H(s)=-1$,设曲线在实轴段的取值为 $s=\sigma$,则有:

$$\frac{K(\sigma^2-8\sigma+15)}{(\sigma^2+6\sigma+8)}=-1 \tag{6.32}$$

写成 K 的函数表达形式为

$$K=\frac{-(\sigma^2+6\sigma+8)}{(\sigma^2-8\sigma+15)} \tag{6.33}$$

$$\text{令} \qquad \frac{\mathrm{d}K}{\mathrm{d}\sigma}=\frac{14\sigma^2-14\sigma-154}{(\sigma^2-8\sigma+15)^2}=0 \tag{6.34}$$

可解出 $\sigma_1=-2.85, \sigma_2=3.85$,即为根轨迹曲线在实轴上的离开点和汇聚点。

基于多项式分数函数求导过程原理,有文献推导出了根轨迹曲线在实轴上的离开点和汇聚点的简明计算公式(证明略):

$$\sum_{i=1}^{m}\frac{1}{\sigma-z_i}=\sum_{i=1}^{n}\frac{1}{\sigma-p_i} \tag{6.35}$$

此处 z_i 和 p_i 分别是 $G(s)H(s)$ 的零点和极点值(注意公式中的正负号)。解出上式中的 σ,不需要进行求导计算,就能得到实轴上的 K 最大值和最小值对应的点,即为根轨迹曲线的离开点和汇聚点。

【例 6.7】利用简明计算公式重复【例 6.6】的计算过程。

【解答】根据式(6.30)可知,系统 $G(s)H(s)$ 的零点为 3 和 5,极点为 -1 和 -2;代入式(6.35)可得:

$$\frac{1}{\sigma-3}+\frac{1}{\sigma-5}=\frac{1}{\sigma+2}+\frac{1}{\sigma+4} \tag{6.36}$$

$$\text{化简得到} \qquad \sigma^2-\sigma-11=0 \tag{6.37}$$

即可解出 $\sigma_1=-2.85, \sigma_2=3.85$,即为根轨迹曲线在实轴上的离开点和汇聚点,与【例 6.6】的计算结果一致。

规则 7 根轨迹曲线与虚轴的相交点

根轨迹曲线与虚轴的相交点很重要,因为这些点是系统临界稳定的点。可以参看图 6.15 中系统 $KG(s)H(s)=K(s+5)/(s(s+2)(s+4)(s+6))$ 的根轨迹曲线简图。系统极点在左半平面延伸到某个特定的增益值,当增益 K 大于此值时,系统的两个闭环极点就进入了右半平面,意味着系统不稳定了。曲线与虚轴的相交点就是系统稳定与不稳定的分界点。相交点的 ω 值对应着振荡频率;此例中的相交点对应的增益值即为满足系统稳定的最大正增益值。需要说明的是,在其他的例子中,有可能是小增益值对应系统不稳定,大增益值反而稳定。这些系统的根轨迹始于右半平面(在小 K 值时不稳定)终于左半平面(在大 K 值时稳定)。

为找到与虚轴的相交点,我们可以利用 Routh-Hurwitz 判据,借用 Routh 表中出现整行全为零时的处理方式(证明略):令 Routh 表中的一行为零,解算出一个增益值 K;返回到上一行 s 的偶次幂行,构造多项式方程,解出方程的根,即为根轨迹曲线与虚轴交叉点的频率。

【例 6.8】确定图 6.15 所示系统根轨迹曲线与虚轴相交点的频率和 K 值,确定系统稳定的 K 值范围。

【解答】系统开环传递函数为 $KG(s)H(s)=K(s+5)/(s(s+2)(s+4)(s+6))$,写出闭

环传递函数为

$$T(s) = \frac{K(s+5)}{s^4 + 12s^3 + 44s^2 + (48+K)s + 5K} \tag{6.38}$$

对分母多项式 $s^4 + 12s^3 + 44s^2 + (48+K)s + 5K$，通过在整行乘以常数等方法，得到 Routh 表(见表 6.1)。

表 6.1　闭环特征方程的 Routh 表

s^4	1	44	$5K$
s^3	12	$48+K$	—
s^2	$480-K$	$60K$	—
s^1	$\dfrac{-K^2-288K+23040}{480-K}$	—	—
s^0	$60K$	—	—

用以绘制根轨迹曲线的、正的增益值 K 的取值，只有 s^1 这一行才有可能全为零，即

$$-K^2 - 288K + 23040 = 0 \tag{6.39}$$

解出 $K=65.23$。我们用 s^2 这一行作为我们的偶数阶多项式方程，代入 $K=65.23$，得到：

$$(480-K)s^2 + 60K = 414.77s^2 + 3913.8 = 0 \tag{6.40}$$

解出 $s = \pm j3.07$。所以根轨迹曲线在 $\pm j3.07$ 处与虚轴相交，对应此点增益值 $K=65.23$。可以确定 $0 \leqslant K < 65.23$ 范围内系统稳定。

　　另外一种确定曲线与虚轴相交点的方法是利用根轨迹曲线本身的特性：在相交点处，取有限值的开环极点向量和零点向量的相角之和必须为 $(2K+1)180°$；我们可以在虚轴上搜索，找到满足这个条件的点。用 MATLAB 等计算机软件编程可以实现这一搜索过程。

　　规则 8　根轨迹曲线离开与进入复数零极点的角度

　　我们还可以在复数的零极点处确定曲线离开和汇合的角度，进一步细化根轨迹曲线。如图 6.17 展示了系统开环传递函数的极点和零点，其中一些是复数值。根轨迹始于开环极

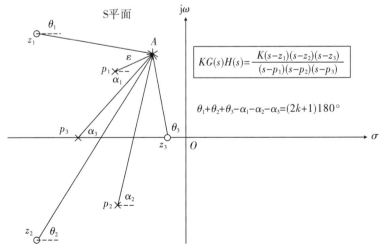

图 6.17　根轨迹曲线从复数极点的离开角度

点终于开环零点。为了更精确地绘制根轨迹曲线,我们可以计算曲线离开复数极点的角度,和抵达复数零点的角度。

设根轨迹曲线上有一点 A,距离一个复数极点 P^* 有微小距离 ε。那么从系统所有的有限值零极点引到 A 点的向量,其相角之和应等于奇数倍 $180°$。这些相角中,除了此复数极点 P^* 以外,我们假定所有其他零极点向量的相角,是直接引到此复数极点 P^* 的向量相角。这样,相角和中唯一未知的角度,就是这个 A 点到此极点 P^* 引出的向量角度。我们可以解出这个未知角,这个角也就是曲线离开此复极点的角度。

如图 6.17 所示,开环传递函数 $KG(s)H(s)$ 有三个零点三个极点,其中 z_1、z_2 为一对共轭的复数极点。设闭环根轨迹曲线上有一点 A,距离 z_1 极点有微小距离 ε。从 A 点引出的各零点向量相角为 θ_1、θ_2、θ_3,从 A 点引出的各极点向量相角为 α_1、α_2、α_3。则有:

$$\theta_1 + \theta_2 + \theta_3 - \alpha_1 - \alpha_2 - \alpha_3 = (2k+1)180° \qquad (6.41)$$

因为 A 点与 p_1 点的距离 ε 很小,θ_1、θ_2、θ_3、α_2、α_3 可以近似认为是 p_1 点与这些零极点构成向量的相角。这样一来,式(6.41)等式中除了 α_1 以外其他角度都是已知的。由等式求出 α_1:

$$\alpha_1 = \alpha_2 + \alpha_3 - \theta_1 - \theta_2 - \theta_3 - (2k+1)180° \qquad (6.42)$$

即为根轨迹曲线离开 p_1 点的角度。

同理,如果我们假设根轨迹上有一个点 B,ε 靠近一个复零点 Z^*,系统所有的取有限值的零极点到此 B 点的相角和是 $180°$ 的奇数倍。除了 ε 靠近 B 点的这个复零点 Z^* 以外,我们假定原先从各零极点引到 B 点的向量,现在是直接引到 Z^* 点。这样,相角和中唯一未知的角度就是从 Z^* 引出的向量角度。我们可以解出这个未知的角度,它也是根轨迹曲线进入到此零点的角度。

如图 6.18 所示,开环传递函数 $KG(s)H(s)$ 有三个零点三个极点,其中 θ_1、θ_2 为一对共轭的复数零点。设闭环根轨迹曲线上有一点 B,距离 θ_1 零点有微小距离 ε。从 B 点引出的各零点向量相角为 θ_1、θ_2、θ_3,从 B 点引出的各极点向量相角为 α_1、α_2、α_3。则有:

$$\theta_1 + \theta_2 + \theta_3 - \alpha_1 - \alpha_2 - \alpha_3 = (2k+1)180° \qquad (6.43)$$

因为 B 点与 z_1 点的距离 ε 很小,θ_2、θ_3、α_1、α_2、α_3 可以近似认为是 z_1 点与这些零极点构成向量的相角。这样一来,式(6.43)等式中除了 θ_1 以外其他角度都是已知的。由等式求出 θ_1:

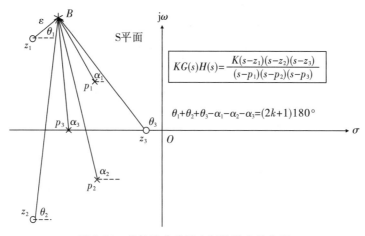

图 6.18 根轨迹曲线进入复数零点的角度

$$\theta_1 = (2k+1)180° + \alpha_1 + \alpha_2 + \alpha_3 - \theta_2 - \theta_3 \tag{6.44}$$

即为根轨迹曲线进入z_1点的角度。

规则 9　根据特殊点绘制与细化根轨迹曲线

一旦我们根据上述规则绘制出了根轨迹曲线简图,就可以细化曲线局部的某些点,同时找出这些点对应的增益值。例如,在设计控制系统时我们也许想要获知,表征超调量为20%的射线,与根轨迹曲线相交点的精确坐标,进而求出对应这些点的增益值 K。

【例 6.8】根据前例 6.5 所列控制系统,求闭环根轨迹曲线穿越阻尼比 $\zeta = 0.4$ 的精确点,以及对应此点的系统增益 K 的取值。

【解答】前例 6.5 系统的开环传递函数 $KG(s)H(s)$ 为

$$KG(s)H(s) = \frac{K(s+5)}{s(s+2)(s+4)(s+6)} \tag{6.45}$$

如图 6.19 中标出了系统的开环零极点,以及表征 $\zeta = 0.4$ 的射线。如果我们沿着射线选中一些测试点,就可以计算它们的角度和,并确定那些角度和为奇数倍 $180°$ 的点。只有在这些点上,根轨迹曲线才存在。然后根据式(6.11)就可以计算在这些点上的增益 K。这样不必绘制整条闭环系统根轨迹曲线就可以解出题目。

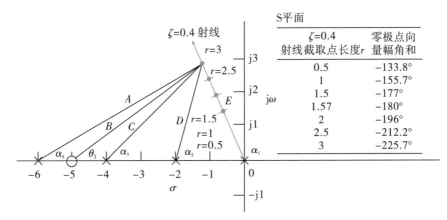

图 6.19　给定系统阻尼比求解系统增益

如图 6.19 所示,在 $\zeta = 0.4$ 直线上选择长度为 3($r=3$)的点。我们用零点向量角度和减去各极点向量角度,可得:

$$\theta_1 - \alpha_1 - \alpha_2 - \alpha_3 - \alpha_4 = -225.7° \tag{6.46}$$

因为向量相角代数和并不等于 $180°$ 的奇数倍,所以 $r=3$ 的点没有在根轨迹曲线上。

按照这种方法我们依次对 $r=2.5, 2, 1.57, 1.5$ 等长度的线段点进行计算,结果列于图右侧的表中。从表可以看出,只有 $r=1.57$ 的点在根轨迹曲线上,因为其向量相角和为 $180°$;据此可以知在此点的增益 K 为

$$K = \frac{\prod 极点向量幅值}{\prod 零点向量幅值} = \frac{|A| \cdot |C| \cdot |D| \cdot |E|}{|B|} = 13.9 \tag{6.47}$$

总之,我们在一条给定的线上搜寻点,点与系统零极点所构成向量的相角代数和为奇数倍 $180°$,这个点就是根轨迹曲线上的点。对应此点的增益值,由极点向量幅值乘积,除以零点向量幅值乘积而得。一般都是用计算机编程完成这一搜索计算过程。

6.3 系统根轨迹曲线应用

1. 高阶系统近似为二阶系统

闭环系统的根轨迹曲线可用于确定系统参数,使系统的瞬态响应性能指标满足设计要求。前面我们在研究具有两个闭环复极点没有零点的二阶系统时,推导出了计算相对超调量,过渡时间,峰值时间等系统瞬态响应性能指标的公式,还证明了高阶系统近似为二阶系统的条件和合理性。现在我们给出根轨迹曲线法的解决方案。

以下三种情况的高阶系统可以近似为二阶系统。

(1)闭环系统无零点,且高阶极点位于 S 域的左半平面,远离二阶主导极点对的位置。高阶极点的时间响应与二阶主导极点的瞬态响应相比,可以忽略不计。

(2)若系统存在靠近闭环二阶主导极点对的闭环零点,可以被位置非常靠近的高阶闭环极点消掉。

(3)若系统存在不能被高阶闭环极点消掉的零点,应该位于远离闭环二阶主导极点对的位置。

在设计确定高阶系统的增益时,一般先绘制给定系统的根轨迹曲线简图。假设系统是一个无零点的二阶系统来寻找满足瞬态响应指标的增益值,再根据前述三个条件确认二阶系统近似的合理性。如果假设不成立,就要用计算机仿真计算,以确保满足系统的瞬态响应性能指标。推荐对所有的工程设计解决方案都经过计算机仿真模拟计算,以确认方案的合理性和可行性。

【例 6.9】确定如图 6.20 所示三阶控制系统的增益 K 的取值,使系统响应具有 1.52% 的相对超调量。再估算系统瞬态响应的过渡时间,峰值时间,以及系统的稳态误差。

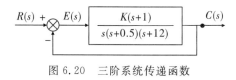

$$R(s) \xrightarrow{+} \bigotimes \xrightarrow{E(s)} \boxed{\dfrac{K(s+1)}{s(s+0.5)(s+12)}} \xrightarrow{C(s)}$$

图 6.20　三阶系统传递函数

【解答】根据题设参数,绘制闭环系统的根轨迹曲线简图,如图 6.21 所示。注意这是带

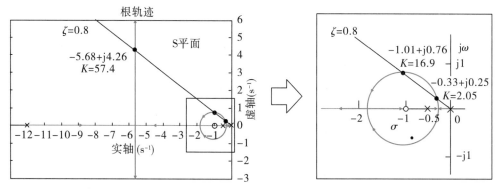

图 6.21　三阶系统的根轨迹曲线简图

有一个零点的三阶系统。系统开环零点为 -1(有限值零点),开环极点为有三个,分别是 0,-0.5 和 -12。根据绘图规则,根轨迹曲线在实轴区段上的分离点分别在 $(0,-0.5)$ 中,$(-12,-1)$ 中,是此间增益 K 达到最大值的点。计算机编程搜索此区段的增益 K 极值,得到分离点在 -0.29 处,对应增益值为 1;另一个分离点在 -5.62 处,对应增益值为 39.7。实轴区段上的根轨迹曲线汇聚点在区间 $(-12,-1)$ 中,对应此点的增益值 K 达到局部极小值。用计算机编程在此区段搜索增益 K 极小值,得到汇聚点为 -1.84,对应增益值为 29.8。

我们假定系统近似为一个欠阻尼、无零点的二阶系统。阻尼比 $\zeta=0.8$,对应系统瞬态响应 1.52% 的超调量;如图 6.21 所示,在 S 平面上画出阻尼比直线。沿着这条 $\zeta=0.8$ 的阻尼比直线,搜索开环零极点向量的相角代数和为奇数倍 $180°$ 的点。这些点,就是根轨迹曲线与 $\zeta=0.8$ 阻尼比或者说 1.52 相对超调量直线的交点。

经计算机编程搜索,有三个(对)点满足这一条件:$-0.33\pm j0.25$;$-1.01\pm j0.76$;$-5.68\pm j4.26$,分别对应增益 K 为 2.05,16.9,57.4(注意图 6.21 只画出了上半平面的点)。对每个点所代表系统的过渡时间和峰值时间可采用如下公式计算:

$$T_s = \frac{4}{\zeta\omega_n} \tag{6.48}$$

$$T_p = \frac{\pi}{\omega_d} = \frac{\pi}{\omega_n\sqrt{1-\zeta^2}} \tag{6.49}$$

式中,$\zeta\omega_n$ 是闭环极点的实部;$\omega_n\sqrt{1-\zeta^2}$ 是闭环极点的虚部。

为了检验我们二阶系统的假设是否正确,需要计算出第三个极点的位置。基于根轨迹曲线计算机编程,沿着实轴负方向,在 -1 零点与 -12 极点之间的根轨迹曲线段上,搜索匹配二阶主导极点增益值 K 的闭环第三个极点。对应上述三个 K 值,计算搜索得到系统第三个闭环极点分别位于 -11.83,-10.47,-1.14 处。计算结果如表 6.2 所示。

表 6.2 系统闭环零极点与增益值

Case	闭环系统极点	闭环系统零点	增益 K	第三个闭环极点	过渡时间	峰值时间	静态误差常数 K_v
1	$-0.33\pm j0.25$	$-1+j0$	2.05	-11.83	12.2	12.76	0.34
2	$-1.01\pm j0.76$	$-1+j0$	16.9	-10.47	3.97	4.15	2.82
3	$-5.68\pm j4.26$	$-1+j0$	57.4	-1.14	0.7	0.74	9.57

表中的系统稳态误差常数计算采用公式:

$$K_v = \lim_{s\to 0} sG(s) = K \cdot \frac{1}{0.5\times 12} = \frac{1}{6}K$$

从表中数据可以看出,Case1 和 Case2 推导出的第三个闭环极点,相对远离闭环零点。对于这两种情况,零极点无法对消掉,所以二阶系统近似应该是无效的。在 Case3 中,闭环系统第三个闭环极点 -1.14,靠近闭环零点 -1,可以近似为一个二阶系统。

也可以用部分分式分解法来计算 Case3 的阶跃响应,比较其指数函数衰减项的幅值是否远远小于欠阻尼正弦函数的幅值。

Case3 的闭环系统阶跃响应 $C_3(s)$ 由 Case3 的零极点导出:

$$c_3(s) = \frac{57.4(s+1)}{s(s+1.14)(s+5.68+j4.26)(s+5.68-j4.26)}$$

$$= \frac{57.4(s+1)}{s(s+1.14)(s^2+11.36s+50.41)}$$

$$= \frac{1}{s} + \frac{0.18}{s+1.14} + \frac{-1.18(s+5.86)-1.52(4.26)}{(s+5.68)^2+(4.26)^2} \qquad (6.50)$$

所以,源于第三个极点的指数衰减的幅值为 0.18,源于欠阻尼响应的幅值是 $\sqrt{1.18^2+1.52^2}=$ 1.92。也就是说,主导极点的时间响应正弦信号幅值大于非主导极点的时间响应指数信号幅值的 10.69 倍,所以我们将原系统近似为二阶系统是合理的。

计算机仿真计算可以得到 Case2 和 Case3 系统阶跃响应曲线,如图 6.22 所示。图中同时画出了原三阶系统时间响应曲线和二阶近似系统时间响应曲线。可以看出,Case3 当作二阶近似是可行的,两条曲线除了相对超调量有微小差异,曲线性状基本相同。但 Case2 中两条曲线差异较大,所以不能近似为二阶系统来处理对待。

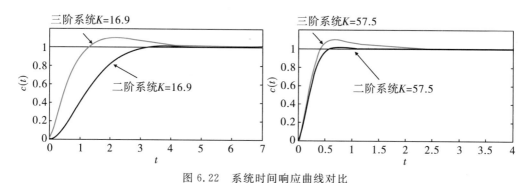

图 6.22　系统时间响应曲线对比

2. 系统其他参数的根轨迹曲线

迄今为止,我们研究的根轨迹都是前向通道增益 K 的函数。在解决实际工程问题时,肯定会遇到要确定系统其他参数的情形。这时就要分析闭环系统极点如何跟随系统某个参数的变化情况。

如图 6.23 所示系统,开环传递函数的极点 p_1 是需要确定的系统参数,但 p_1 不像增益 K 那样是函数的乘因子。解决方案是生成一个等效系统,将 p_1 转化为前向通路的增益。

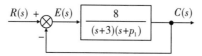

图 6.23　极点待定的单位反馈系统

因为系统闭环传递函数的分母一般形如 $1+KG(s)H(s)$,所以最好将系统等效转化为 $1+p_1G(s)H(s)$ 的形式。

图 6.23 所示系统中的闭环传递函数为

$$T(s) = \frac{KG(s)}{1+KG(s)H(s)} = \frac{8}{s^2+(p_1+3)s+3p_1+8} \qquad (6.51)$$

从表达式中分离出 p_1,可得:

$$T(s) = \frac{8}{s^2 + 3s + 8 + p_1(s+3)} \tag{6.52}$$

分子分母同除以 $s^2 + 3s + 8$，将分母化为 $[1 + p_1 G(s) H(s)]$ 的形式：

$$T(s) = \frac{8/[s^2 + 3s + 8]}{1 + p_1(s+3)/[s^2 + 3s + 8]} \tag{6.53}$$

根据控制系统的定义，上式表示一个闭环控制系统，其开环传递函数为

$$KG(s)H(s) = p_1(s+3)/[s^2 + 3s + 8] \tag{6.54}$$

这样就可以用 MATLAB 绘制出关于参数 p_1 的闭环系统根轨迹曲线，如图 6.24 所示。也就可以用前述的根轨迹分析法来研究确定系统性能指标和相关参数。

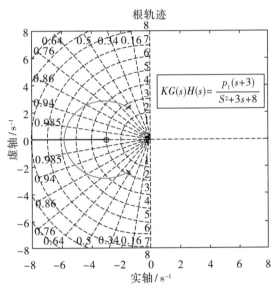

图 6.24　关于参数 p_1 的闭环系统根轨迹曲线

3. 系统对增益 K 变化的敏感度

系统的增益值 K 与闭环极点位置在根轨迹曲线中呈现出一种非线性关系。有可能在曲线的某一段，增益值 K 微小的变化，就会导致极点位置亦即系统性能有很大的变化；也有可能沿着曲线的另外一段，增益值 K 有了很大的改变，但极点位置变化却很小。第一种情况系统对增益 K 的变化敏感度高，第二种情况系统对增益值改变的敏感度低。很多时候，系统参数变化并非我们所愿，而是因为环境温度或者其他条件改变所致；所以我们希望系统对增益 K 的改变具有低的敏感度。

根据上一章关于系统参数敏感度的定义，可以写出系统闭环极点 s 对于系统增益 K 的敏感度为

$$S_{s:K} = \lim_{\Delta K \to 0} \frac{\Delta s/s}{\Delta K/K} = \lim_{\Delta P \to 0} \frac{K \Delta s}{s \Delta K} = \frac{K}{s} \cdot \frac{\delta s}{\delta K} \tag{6.55}$$

【例 6.10】对图 6.25 所示单位反馈控制系统，试计算 $s = -9.47$，$s = -5 + \text{j}5$ 的参数 K 敏感度；当 K 变化 10% 时，极点位置变化情况。

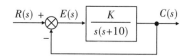

图 6.25　单位反馈控制系统

【解答】根据图 6.25 可写出系统闭环传递函数为

$$T(s) = \frac{K}{s^2 + 10s + K} \tag{6.56}$$

根据闭环系统传递函数,可知系统特征方程为

$$s^2 + 10s + K = 0 \tag{6.57}$$

对 K 微分,有

$$2s\frac{\delta s}{\delta K} + 10\frac{\delta s}{\delta K} + 1 = 0 \tag{6.58}$$

可知 $\delta s/\delta K = (-1)/(2s+10)$,代入敏感度计算公式,可得:

$$S_{s,K} = \frac{K}{s} \cdot \frac{-1}{2s+10} \tag{6.59}$$

对于 $s = -9.47$,可知 $K = 5$,代入求得 $S_{s,K} = -0.059$.若 K 变化 10%,则有

$$\Delta s = s(S_{s,K})\frac{\Delta K}{K} = 0.056 \tag{6.60}$$

意即极点向右移动 0.056 个单位。

　　对于 $s = -5+j5$,可知 $K = 50$,代入式(6.59)求得 $S_{s,K} = 1/(1+j1) = (1/\sqrt{2})\angle -45°$. 若 K 变化 10%,则有 $\Delta s = -j0.5$,意即极点在垂直方向移动 0.5 个单位。

　　可以看出,在 K 的低值段,根轨迹曲线对 K 值的变化不太敏感。而且我们可以获得随 K 值变化的闭环极点的变化幅度和方向,可以进行量化评估。

课后练习题

6.1　单位负反馈系统,当其开环传递函数为以下各式时,绘制其闭环根轨迹曲线简图(利用前 5 条基本绘图规则)。

(1) $G(s) = \dfrac{K(s+2)(s+8)}{s^2+8s+25}$　　　　(2) $G(s) = \dfrac{K(s^2+9)}{s^2+1}$

(3) $G(s) = \dfrac{K(s^2+4)}{s^2}$　　　　　　(4) $G(s) = \dfrac{K}{(s+1)^3(s+3)}$

(5) $G(s) = \dfrac{K(s+3)(s+5)}{(s+1)(s-6)}$

6.2　单位负反馈系统的开环传递函数为

$$G(s) = \frac{-K(s+1)^2}{s^2+2s+5}, \text{其中 } K > 0,$$

(1) 求取使闭环系统稳定的 K 值范围。

(2) 绘制闭环系统的根轨迹曲线。

(3) 计算 $K=1$ 和 $K=2$ 时,系统闭环极点的位置。

6.3　单位负反馈系统的开环传递函数为

$$G(s)=\frac{K(s+2)(s+1)}{(s-3)(s-1)}$$

利用作图规则,绘制较为精确的闭环系统根轨迹曲线,并指出:

(1)汇聚点和分离点。

(2)使系统稳定的 K 值范围。

(3)使系统成为稳定的二阶临界阻尼系统的 K 值。

(4)若系统为稳定的二阶系统,且阻尼比为 0.707 时,求 K 的值。

6.4　单位负反馈系统的开环传递函数为

$$G(s)=\frac{K}{s(s+6)(s+8)}$$

绘制闭环系统根轨迹曲线,并指出曲线中的分离点、渐近线、虚轴穿越点等所有特征点。

6.5　单位负反馈系统的开环传递函数为

$$G(s)=\frac{K(s+1)}{s(s+2)(s+4)(s+5)}$$

(1)绘制根轨迹曲线简图。

(2)找出渐近线。

(3)求取使系统处于临界稳定状态的 K 值。

(4)若系统有一极点位于实轴上的 -0.5 处,求 K 值。

6.6　单位负反馈系统的开环传递函数为

$$G(s)=\frac{K}{(s+1)(s+2)(s+4)(s+5)}$$

(1)绘制根轨迹曲线简图。

(2)找出渐近线和分离点。

(3)求取使系统稳定的 K 值范围。

(4)若系统主导二阶极点的阻尼比为 0.7,求 K 的值。

(5)为了改进系统的稳定性,希望系统的根轨迹曲线能在 j5.5 处穿越虚轴。为了达到这一要求,向开环传递函数串联一个零点 $(s+a)$;计算 a 的值,并画出新闭环系统的根轨迹曲线。

(6)重新计算问题(3)。

(7)对比新旧系统在系统的瞬态响应性能指标上有何改进。

6.7　单位负反馈系统的开环传递函数为

$$G(s)=\frac{1}{(s+1)(s+\alpha)}$$

其中 α 为可调整的变量参数。绘制以 α 为自变量的闭环系统根轨迹曲线简图。

6.8　单位负反馈系统的开环传递函数为

$$G(s)=\frac{K}{s(s+2)(s+4)}$$

判断系统的二阶近似合理性,绘制系统的根轨迹曲线。对单位阶跃输入的响应曲线,

(1)求取超调量为 20% 时的 K 值。

(2)对此 K 值,计算调整时间和峰值时间。

(3)对此 K 值,计算闭环系统中高阶极点的位置。

(4)求取系统稳定的 K 值范围。

6.9 单位负反馈系统的开环传递函数为

$$G(s) = \frac{K(s^2 - 2s + 2)}{(s+2)(s+4)(s+5)(s+7)}$$

(1)绘制闭环系统根轨迹曲线。

(2)确定曲线中的渐近线和分离点。

(3)求取系统稳定的 K 值范围。

(4)求 K 的取值,使闭环系统阶跃响应有 25% 超调量。

(5)当系统超调量为 25% 时,找出高阶闭环极点的位置。

(6)分析系统二阶近似的合理性。

6.10 单位负反馈系统的开环传递函数为

$$G(s) = \frac{K(s+\alpha)}{s(s+1)(s+12)}$$

计算 α 的值,使系统对于很大增益 K 时调整时间为 $4\mathrm{s}$,并画出根轨迹曲线简图。

6.11 单位负反馈系统的开环传递函数为

$$G(s) = \frac{K(s-1)}{(s+2)(s+4)}$$

(1)求取使系统稳定的 K 值范围。

(2)当 $K > 0$ 时,画出其根轨迹曲线。

(3)当 $K < 0$ 时,画出其根轨迹曲线。

(4)对单位阶跃输入的时间响应,求使系统具有最小调整时间的 K 值;对此 K 值,计算系统的稳态误差;并手工勾勒系统单位阶跃响应曲线。

6.12 单位负反馈系统的开环传递函数为

$$G(s) = \frac{K}{s(s+1)(s+4)}$$

试评估闭环系统的极点敏感性。若系统为二阶欠阻尼系统,系统阻尼比取值 $\zeta = 0.594$ 与取值 $\zeta = 0.453$ 两种情况相比,哪种具有更高的敏感性?

根轨迹法 PID 补偿校正系统
第 7 章

7.1　根轨迹法补偿校正系统原理

　　如第 6 章所述,控制系统的时间响应各指标性能,都可以从根轨迹曲线中获得。在系统设计阶段,根据系统某个参数的变化来绘制根轨迹曲线简图,选择曲线中满足系统性能指标要求的点,就可以确定系统的参数值。最常见的是用根轨迹曲线确定系统闭环增益大小。

　　有些极点的位置并没有在系统现有的根轨迹曲线上,但这些点代表了我们所希望获得的系统性能。如图 7.1 所示为某个控制系统已有的根轨迹曲线。在设计系统时,我们对系统阶跃响应的相对超调量%OS 和过渡时间 t_s 这两个指标有要求。从现有系统的根轨迹曲线中,通过调整增益值可以获得 A 点,满足系统相对超调量%OS 的要求。对于 A 点对应的系统各参数,画出闭环系统的时间响应曲线,如图 7.2 所示。

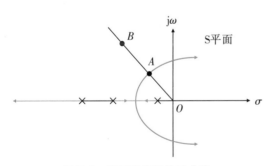

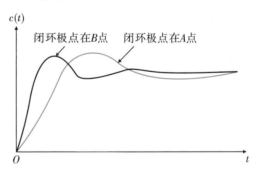

图 7.1　控制系统根轨迹曲线　　　　　　图 7.2　闭环控制系统的时间响应

　　对应闭环极点 A 所表征的系统,其瞬态响应的超调量满足设计要求,但响应速度比较慢。我们希望在超调量不变的情况下,系统的响应速度要更快。如图 7.2 所示,达到 B 点所表征的系统性能。但图 7.1 中的 B 点并不在已有的系统根轨迹曲线上,无法简单地通过调整增益值来实现这一系统设计目标。

　　解决这个问题的一种方案是,用一个新系统代替旧系统,使新系统的根轨迹曲线通过 B 点。显然这种方案代价昂贵且在现实中不一定可行。还有一种方案是对现有系统添加模块,增加系统的零极点,使补偿后系统的根轨迹曲线通过所期望的极点位置。添加的零极点模块可以置于被控对象之前的系统低功率环节末端,不会影响系统的总体功率输出,也不会增加系统负载。系统增加的零极点模块在物理上可以用被动环节也可以用主动环节来实现,称为补偿器。这种对系统添加补偿器的设计方法就称为系统的校正补偿。

系统补偿器是对输入与输出信号之间的误差进行处理,然后再输入到被控对象中。常见的有比例器、微分器和积分器三种,也称为动态补偿器或 PID 校正器。补偿器若是将误差按比例转送进控制对象,就称为比例器(P);系统将误差积分计算后送进控制对象,就称为积分器(I);系统将误差微分计算后送进控制对象,称为微分器(D)。

我们可以在系统前向通道中插入一个微分器来改善系统的瞬态响应品质。假设对一个位置控制系统输入阶跃信号激励。在响应初始阶段系统的误差信号变化较快,对此信号进行微分运算所得数值也就比较大。这样从微分器出来的信号值,比起纯增益环节导出的信号值要大很多,这个较大值的激励信号加快了系统响应速度。当系统误差信号趋近于稳态终值,其微分值也趋近于零,则从微分器输出的信号与比例增益环节输出的信号值相比,就可忽略不计了。

补偿器不仅可用于改善系统的瞬态响应,还可用于改善系统的稳态误差特性。单纯调节系统增益值改善系统瞬态响应品质,系统的稳态误差性能可能会变差。这是因为系统的瞬态响应品质和静态误差常数二者都与比例增益值 K 相关。K 值越大,稳态误差越小,但相对超调量越大;减小 K 值能够降低超调量,但会增大稳态误差。如果我们选用一个补偿器,就可以设计补偿环节参数同时满足瞬态和稳态的设计指标要求。比如在前向通道中增加一个位于坐标原点的开环极点,可以改善系统的稳态误差。因为提升了系统的型次,使得相应的系统稳态误差为零。这个添加在原点处的极点就需要一个积分器来实现。

添加零极点补偿实际上增加了系统的阶次,引入的高阶闭环极点有可能给系统响应带来其他意想不到的效应。所以在系统初步设计完成之后,要经计算机仿真分析系统的瞬态响应,确保系统响应的各项指标均满足设计要求。

基于根轨迹曲线的补偿器设计有两种系统接入方案:串联补偿和反馈补偿,如图 7.3 所示。两种方案都改变了系统开环零极点位置,从而形成了新的根轨迹曲线,使其通过满足要求的闭环极点位置。

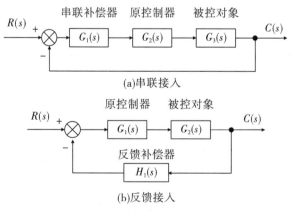

图 7.3 补偿器接入系统方式

纯积分环节或者纯微分环节定义为理想补偿器。在模拟电路控制系统中,理想积分器需要主动补偿器来实现,在电路中一般需要主动式放大器和附加电源。理想补偿器理论上可以将稳态误差降低到零。机电系统中常选用转速计之类的器件作为理想补偿器,可以很方便地连接到被控对象中,用于改善系统的瞬态响应性能。也有使用电阻电容等无源器件作为被动补偿器,但它们无法实现纯积分或微分作用。选用被动环节成本较低且在运行时不需要附加电源,但理论上不能使系统稳态误差降低到零。在控制系统设计中选择主动补偿器还是被动补偿器,需要综合考虑设计要求、器件成本、补偿器与系统硬件之间的接口、系统运行可靠性等多个因素而定。

7.2　串联补偿改善系统稳态误差

向系统增加纯积分环节提升系统型次,可以使系统稳态误差降低为零。在实际工程中有两种实现方案。第一种是直接在坐标原点处增加一个开环极点(纯积分环节),称为理想积分补偿,也称为比例-积分(PI)控制器。这种方法的补偿器需要电荷放大器等主动环节来实现。第二种方法是在坐标原点附近添加一个开环极点,使误差显著减小,也称为滞后补偿器("滞后"一词源于系统频率响应特性,参见第 8 章的介绍)。这种方法可以用被动环节来实现,无需电源供能。在改善系统稳态误差的同时,如果不希望改变系统原有的瞬态响应性能,需再增设零点。

1. 理想积分补偿

如图 7.4 展示了向单位反馈系统前向通路中添加一个纯积分环节前后的系统根轨迹曲线变化情况。图 7.4(a) 中,原有系统的瞬态响应由根轨迹曲线上位于 A 点的闭环极点决定。如果我们在原点处增加一个开环极点提升系统型次,则在 A 点处的开环极点向量的相角和就不再是 180°,闭环根轨迹曲线也就不再通过 A 点,如图 7.4(b) 所示。现在我们希望根轨迹曲线仍旧通过 A 点,不改变系统原有的瞬态响应。解决这一问题的方案是在原点附近再添加一个零点,如图 7.4(c) 所示。这样,添加的零点补偿器与极点补偿器对相角和的贡献可以抵消掉,A 点仍在根轨迹曲线上,但系统升高了型次。因为所添加的零极点向量幅值比近似为 1,所以主导极点所需的增益值与补偿前几乎一样。这样就既改善了系统稳态误差,也没有明显地影响原有瞬态响应性能指标。

在坐标原点添加一个极点,在坐标原点附近添加一个零点,此即理想积分补偿器方案。

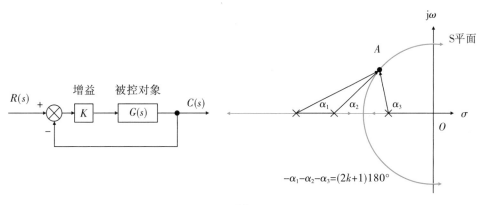

(a)

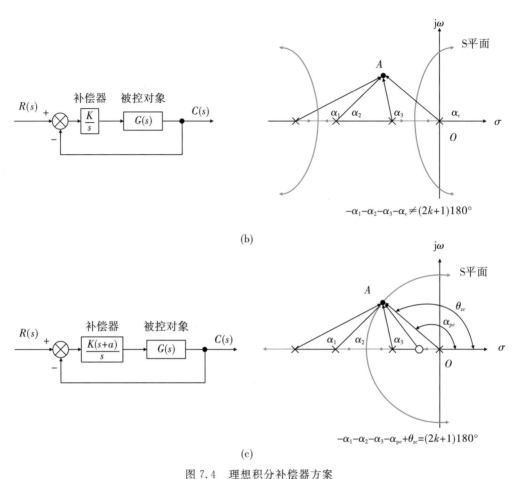

(b)

(c)

图 7.4　理想积分补偿器方案

【例 7.1】 原控制系统传递函数如图 7.5(a)所示,系统阻尼比为 0.174。现添加一个理想积分补偿器,如图 7.5(b)所示,补偿器的极点在坐标原点,零点在 -0.1 处靠近补偿器极点位置。试确定增益 K 的值。

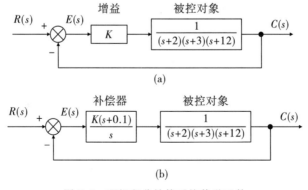

(a)

(b)

图 7.5　理想积分补偿系统传递函数

【解答】 未补偿系统的根轨迹曲线如图 7.6(a)所示。代表阻尼比 $\zeta = 0.174$ 的射线在 S

平面中是相角为 100.02° 的射线。沿着这条线用计算机程序搜索,可知增益 $K=453$,主导极点为 $-1.03\pm j5.84$。利用计算机程序搜索,对应增益 $K=453$,实轴上在 -12 左边的闭环系统第三个极点大约位于 -14.93 处。针对增益 $K=453$,可计算出系统静态误差常数 $K_p=6.29$(参见第 5 章公式),所以系统稳态误差为

$$e(\infty) = \frac{1}{1+K_p} = 0.137 \tag{7.1}$$

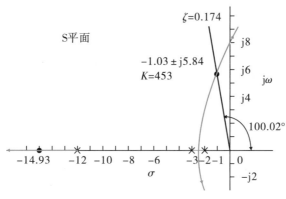

(a)原系统

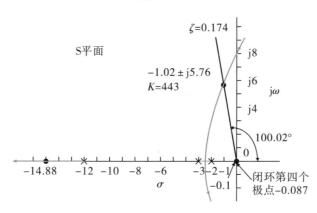

(b)补偿后系统

图 7.6　理想积分补偿根轨迹曲线

现增加一个理想积分补偿器,零点在 -0.1 处,则根轨迹曲线如图 7.6(b)所示。沿着阻尼比 $\zeta=0.174$ 的射线用计算机程序搜索,找到主导极点和对应的系统增益 $K=443$。系统的主导二阶极点在 $-1.02\pm j5.76$ 处,负实轴上 -12 左边的闭环系统第三个极点在 -14.88 处,系统增益值 $K=443$,这些都与未补偿系统相似。补偿后闭环系统的另一段根轨迹曲线位于实轴上的坐标原点与 -0.1 之间,在这个区域段寻找与 $K=443$ 对应的极点,可以找到第四个闭环极点在 -0.087 处,足够接近 0 可以致使零极点对消。这样,补偿后的系统闭环主导极点位置和增益 K 与未补偿前相差不大,意味着补偿前后系统的瞬态响应基本没变。但系统补偿后多了一个极点在原点处,系统变成了 I 型系统,对阶跃输入信号的稳态输出误差为零。

图 7.7 比较了未补偿系统与理想积分补偿后系统的阶跃响应曲线。补偿后的系统阶跃

响应在稳态时趋近于单位值 1,而未补偿系统是 0.863。二者的瞬态响应曲线在 3 秒之前几乎一样,随后补偿后系统中的积分器开始逐渐补偿误差,直至误差为零。仿真计算结果表明补偿后系统达到稳态值 1 的 ±2% 之内需要 21.6 s,未补偿系统花费 3.46 s 达到其稳态值 0.863 的 ±2% 之内。补偿器在响应初始阶段或许延长了过渡时间,但注意补偿后的系统响应抵达未补偿系统的终值 0.863,所花费时间是一样的,而后的时间都是用于改善系统的稳态误差。

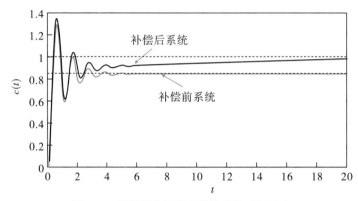

图 7.7　理想积分补偿系统前后的时间响应

总结控制系统理想积分补偿器的实现方案,如图 7.8 所示。补偿器 $G_c(s)$ 置于控制对象 $G(s)$ 之前且为理想积分补偿器,其传递函数为

$$G_c(s) = K_1 + \frac{K_2}{s} = \frac{K_1(s + K_2/K_1)}{s} \tag{7.2}$$

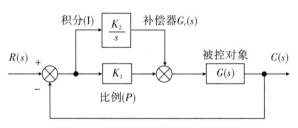

图 7.8　理想积分补偿器(PI 控制器)

$G_c(s)$ 零点可以通过调节 K_2/K_1 来确定。因为误差和误差的积分都被送进控制对象 $G(s)$ 中,补偿器具有比例和积分效应,也可以称为 PI 控制器。

2. 滞后补偿

理想积分补偿是在坐标原点处增加一个极点,需要一个主动(有源)积分器。我们也可以选用被动环节,把补偿器的极点和零点都置于原点左边但靠近原点处。这种补偿器称为滞后补偿器,传递函数为

$$G_c(s) = \frac{s + z_c}{s + p_c} \tag{7.3}$$

p_c, z_c 分别为补偿器的极点和零点。如图 7.9 所示,我们将 $G_c(s)$ 接入一个 Ⅰ 型系统来说明滞后补偿器的原理。

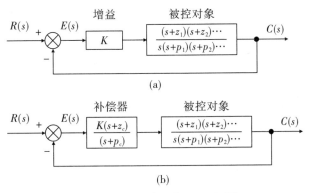

图 7.9　滞后补偿器接入 Ⅰ 型系统

　　图 7.10(a)是未补偿系统的根轨迹图,点 A 是系统主导极点所处位置。如果滞后补偿器的零极点位置很靠近,则其对点 A 的角度和影响几乎为零。所以图 7.10(b)添加补偿环节后的根轨迹曲线中,A 点位置几乎不变。系统接入滞后补偿器以后,事实上系统增益 K 也几乎没有变化;因为从补偿器零极点引出的向量长度几乎相等,而其他零极点引出的向量也并没有明显的改变。

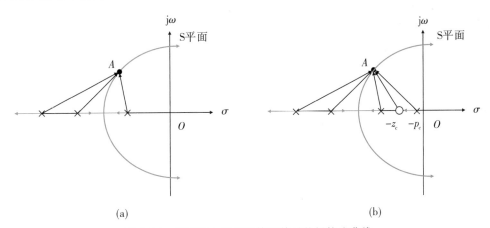

图 7.10　系统接入滞后补偿器前后的根轨迹曲线

　　我们再来看补偿器对系统稳态性能的影响。系统补偿前的静态误差常数为

$$K_{VO} = \frac{K\, z_1\, z_2\, z_3 \cdots}{p_1\, p_2\, p_3 \cdots} \tag{7.4}$$

补偿后系统的静态误差常数为

$$K_{VN} = \frac{(K\, z_1\, z_2\, z_3 \cdots)\, z_c}{(p_1\, p_2\, p_3 \cdots)\, p_c} \tag{7.5}$$

因为增益值 K 在补偿前后几乎一样,所以

$$K_{VN} = K_{VO}\, \frac{z_c}{p_c} \tag{7.6}$$

上式表明,对 K_v 值的改善,体现在零点向量与极点向量的幅值比要大于1;而且为保持系统瞬态响应性能不变,必须要确保补偿器的零极点位置相互靠近。为了增大 z_c 与 p_c 的比值,以

改善系统稳态误差,同时补偿器的零极点相互靠近以最小化对向量角度和的影响,唯一的方法就是设定补偿器的零极点都靠近坐标原点。例如,令z_c/p_c为10,将极点设为-0.001,零点设为-0.01,就可以满足要求。

总之,带有一个极点(不在坐标原点)的滞后补偿器,可通过因子z_c/p_c改善系统的静态误差常数。如果补偿器的零极点都靠近坐标原点,则对系统瞬态响应的影响最小。

【例7.2】对例7.1的题设系统添加一个滞后补偿器,在保持系统阻尼比$\zeta=0.174$不变的情况下将系统稳态误差改善10倍。

【解答】补偿前系统对应$K_p=6.29$的系统稳态误差为$e(\infty)=0.137$。题目要求性能改善10倍,意味着系统稳态误差为

$$e(\infty) = (0.137/10) = 0.0137 \tag{7.7}$$

根据公式$e(\infty)=1/(1+K_p)=0.0137$,可解出

$$K_p = \frac{1-e(\infty)}{e(\infty)} = 71.99 \tag{7.8}$$

改善前后的系统K_p之比,等于补偿器的零极点之比,即:

$$\frac{z_c}{p_c} = \frac{K_{pN}}{K_{pO}} = \frac{71.99}{6.29} = 11.45 \tag{7.9}$$

我们选$p_c=0.01$,则$z_c=(11.45 \cdot p_c)\approx 0.1145$。

补偿后系统的传递函数方框图及其闭环根轨迹曲线如图7.11所示。在根轨迹曲线上沿着$\zeta=0.174$直线搜索各零极点向量相角和为180°倍角的点,找到闭环主导极点$-1.02\pm$ j5.76,对应增益$K=442$;根据此增益值在根轨迹曲线的实轴段上搜索对应的点,找到第三和第四个闭环极点分别在-14.87和-0.101处。

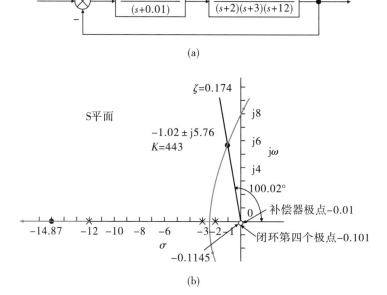

(a)

(b)

图7.11 滞后补偿传递函数和根轨迹曲线

　　补偿后系统的第四个极点消掉了零点,其余的三个闭环极点与补偿前系统的三个闭环极点非常接近。因此,系统补偿前后的瞬态响应指标基本不变。但补偿后的稳态误差变为0.0140,是原系统稳态误差的 1/9.786,基本达到了题目的设计要求。图 7.12 是滞后补偿前后的闭环系统时间响应曲线。可以看出,二者的瞬态响应几乎一致;但补偿后闭环系统的稳态响应比未补偿前更接近激励信号的幅值 1。表 7.1 是系统补偿前后的性能参数对比。

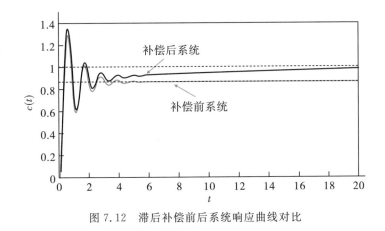

图 7.12　滞后补偿前后系统响应曲线对比

表 7.1　滞后补偿前后系统参数对比

系统参数	补偿前	补偿后
开环传递函数	$\dfrac{K}{(s+2)(s+3)(s+12)}$	$\dfrac{K(s+0.1145)}{(s+0.01)(s+2)(s+3)(s+12)}$
K	453	442
K_p	6.29	70.29
$e(\infty)$	0.137	0.0140
闭环二阶主导极点	$-1.03\pm j5.84$	$-1.02\pm j5.76$
闭环第三个极点	-14.93	-14.87
闭环第四个极点	无	-0.101
系统零点	无	-0.1145

7.3　串联补偿改善系统瞬态响应

　　设计添加一个补偿器改善控制系统的瞬态响应,主要是希望改善超调量和过渡时间这两个性能指标。串联补偿同样也有两种方案。第一种是在前向传递函数中添加一个零点(纯微分环节),即为理想微分补偿,也称为比例-微分(PD)控制器。这种补偿需要一个主动有源环节才能实现。而且,微分运算会引入噪声信号,尽管噪声的幅值很低,但噪声的频率要高于系统信号。对高频噪声做微分运算,可能会产生一个巨大的未可预期的冲击信号。第二种方法是采用一个被动环节,由零点和一个远离虚轴的极点组成,将其近似为微分环节,接入到系统前向传递函数中。这种补偿器称为超前补偿器(同样,"超前"一词源于系统频率响应特性,参见第 8 章的介绍)。

1. 理想微分补偿器

系统的瞬态响应特性可以通过在 S 平面上选择合适的闭环极点位置来设计确定。如果这个点在系统根轨迹曲线上,只需对系统增益值进行简单的调整就可以满足瞬态响应指标。如果想要的点不在根轨迹上,那么就要重新设计新的根轨迹曲线,使其经过所设计的闭环极点。这样就要在前向通路中添加新的零极点,生成新的开环传递函数,使闭环根轨迹曲线经过 S 平面上所设计的点。

加快系统响应速度最简单的方法是在前向通路中添加一个单零点。这个零点可以用一个补偿器来表示,其传递函数为

$$G_c(s) = s + z_c \tag{7.10}$$

函数由一个微分器和一个纯增益之和构成,称为理想微分器,或 PD 控制器。选择补偿器的零点位置就可以加快原系统的时间响应速度。对于那些无法通过调节增益来加速的系统,可以接入 PD 控制器,通过调整控制零点的位置来实现加速系统响应的目的。

我们先来看一个示例。如图 7.13 所示,原系统的开环传递函数无零点,现向系统串联一个 PD 补偿器。我们分别在 $-2,-3$ 和 -4 处新增加一个零点。如图 7.14 所示是系统闭环根轨迹曲线。其中(a)图是未补偿系统根轨迹曲线;(b)图,(c)图,(d)图对应三种补偿方案的闭环系统根轨迹曲线。

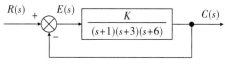

图 7.13 单位反馈控制系统

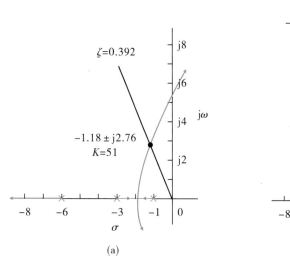

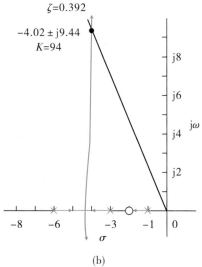

(a) (b)

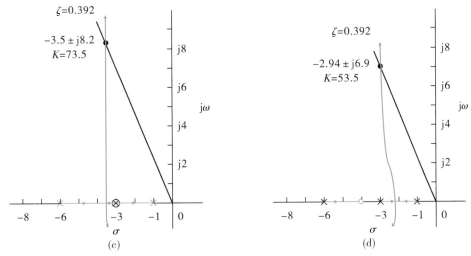

图 7.14　PD 理想微分补偿系统根轨迹曲线

我们取阻尼比 $\zeta = 0.392$ 来对比研究。从根轨迹曲线可以看出,同样的阻尼比情况下,三种补偿方案的闭环二阶主导极点的位置,比原系统的位置要更远离坐标原点。因为阻尼比不变,可知补偿前后系统的时间响应具有相同的超调量。补偿后的闭环主导极点的实部具有更大负值,可知补偿后的系统响应过渡时间会缩短。补偿后极点的虚部绝对值更大,表明系统具有更短的峰值时间。注意新设置的零点位置越是远离原系统的主导极点,补偿后的闭环系统主导极点就更为靠近坐标原点和原系统主导闭环极点。表 7.2 列出了理想微分补偿前后系统的各项参数和时间响应性能。图 7.15 是补偿前后的系统时间响应曲线。

表 7.2　PD 补偿前后系统参数和时间响应性能

	补偿前系统	补偿后 b 系统	补偿后 c 系统	补偿后 d 系统
开环传递函数	$\dfrac{K}{(s+1)(s+3)(s+6)}$	$\dfrac{K(s+2)}{(s+1)(s+3)(s+6)}$	$\dfrac{K(s+3)}{(s+1)(s+3)(s+6)}$	$\dfrac{K(s+4)}{(s+1)(s+3)(s+6)}$
主导极点	$-1.18 \pm j2.76$	$-4.02 \pm j9.44$	$-3.5 \pm j8.2$	$-2.94 \pm j6.9$
增益 K	51	94	73.5	53.5
阻尼比 ζ	0.392	0.392	0.392	0.392
自然频率 ω_n	3	10.26	8.92	7.5
超调量 $OS\%$	26.2	26.2	26.2	26.2
过渡时间 t_s	3.401	0.995	1.144	1.361
峰值时间 t_p	1.138	0.333	0.383	0.455
稳态误差常数 K_p	2.83	10.44	12.25	11.89
稳态误差 $e(\infty)$	0.261	0.087	0.075	0.078
系统第三个极点	-7.65	-1.96	无	-4.12
系统零点	无	-2	无	-4
系统二阶近似	成立	成立	成立	成立

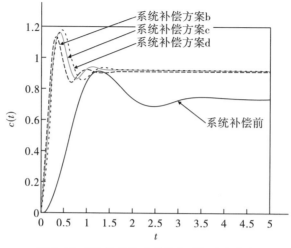

图 7.15　PD 补偿前后系统的时间响应曲线

总之，尽管补偿方案 c 和方案 d，比方案 b 的响应速度慢，但所有方案都缩短了系统响应时间，同时保持超调量不变。这种改善体现在过渡时间和峰值时间中更为明显，所有的补偿方案都至少使系统响应加速了两倍。虽然没有施加滞后补偿，但系统的稳态误差也得到了改善。此例中稳态误差至少降低了三分之一。注意此例中的系统都是零型系统，对阶跃输入信号的时间响应总是存在有稳态误差。但需要说明的是，PD 补偿器旨在改善系统瞬态响应性能，并非都能够同时改善系统的稳态误差。

【例 7.3】给定系统传递函数如图 7.16 所示，设计一个理想微分补偿器使系统具有 16% 的超调量，过渡时间缩短 1/3。

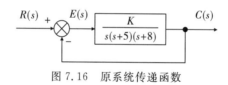

图 7.16　原系统传递函数

【解答】未补偿系统的根轨迹曲线如图 7.17 所示。

系统瞬态响应具有 16% 的超调量，等价于 $\zeta = 0.504$。沿着这条阻尼线搜索零极点向量相角和为奇数倍 180° 的点，确认二阶主导极点位于 $-1.54 \pm \mathrm{j}2.64$ 处。计算出系统时间响应的过渡时间为

$$T_s = \frac{4}{\zeta \omega_n} = \frac{4}{1.54} = 2.597 \tag{7.11}$$

因为相对超调量和过渡时间的计算都是基于二阶系统近似的假设，所以需要检验这一假设是否成立。与二阶主导极点对应的系统增益值 $K = 93$，在负实轴 -8 点的左边搜索，可知第三个极点位于 -9.91 处。此点与主导极点位置相比，距离虚轴 6.44 倍远，可以确认系统的二阶近似有效。

题目要求补偿后系统的过渡时间降低至 1/3，新的过渡时间应为 $2.597/3 = 0.866$。补偿后系统二阶主导极点的实部为

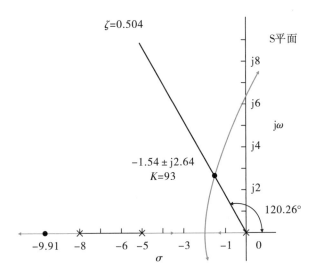

图 7.17 补偿前系统的根轨迹曲线

$$\sigma = \frac{4}{T_s} = \frac{4}{0.866} = 4.619 \qquad (7.12)$$

则虚部为 $$\omega_d = 4.619\tan(180° - 120.26°) = 7.917 \qquad (7.13)$$

如图 7.18(a)所示,在复平面上标出要设计的主导二阶极点位置 $-4.619\pm j7.917$。下一步寻找补偿器零点的位置。将未补偿系统的零极点输入到根轨迹程序中,在预设计的极点 $-4.619 + j7.917$ 处对各已知的开环零极点向量求相角和,为 $-274.38°$。因此补偿器的零点向量相角应为 $+274.38° - 180° = 94.38°$。如图 7.18(b)所示,系统新增零点位置的几何关系。

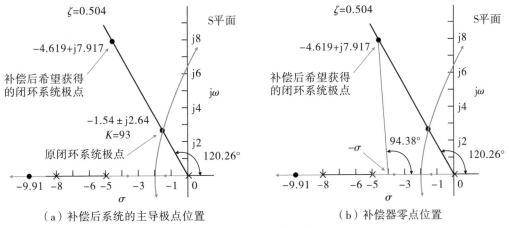

（a）补偿后系统的主导极点位置　　　　　（b）补偿器零点位置

图 7.18 PD 补偿系统

由此解出补偿器零点位置 $-\sigma$,为

$$\frac{7.917}{4.619 - \sigma} = \tan(180° - 94.38°) \qquad (7.14)$$

解出 $\sigma = 4.01$

所以补偿器传递函数应为

$$G_c(s) = s + 4.01 \tag{7.15}$$

补偿后系统的根轨迹如图 7.19 所示。

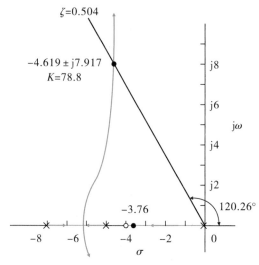

图 7.19 补偿后闭环系统的根轨迹曲线

表 7.3 中列出了系统补偿前后的性能指标对比,计算机仿真的结果也列在了表中。可以看出,用公式计算未补偿系统的瞬态响应比较精确,因为它的第三个极点距离二阶主导极点有 5 倍远。补偿后系统的二阶近似有可能无效,因为闭环第三个极点位于 -3.76 处,无法与零点对消。补偿前后的超调量差异为 3%,过渡时间大约缩短了三分之一。如图 7.20 所示为补偿前后系统的时间响应对比。

表 7.3 PD 补偿前后系统参数和时间响应性能

	补偿前系统	计算机仿真	补偿后系统	计算机仿真
开环传递函数	$\dfrac{K}{s(s+5)(s+8)}$		$\dfrac{K(s+4.01)}{s(s+5)(s+8)}$	
闭环主导极点	$-1.54\pm j2.64$		$-4.619\pm j7.917$	
增益 K	93		78.8	
阻尼比 ζ	0.504		0.504	
自然频率 ω_n	3.06		9.116	
超调量 $OS\%$	16	15.1	16	12.9
峰值时间 t_p	1.19	1.31	0.397	0.409
过渡时间 t_s	2.59	2.71	0.886	0.892
稳态误差常数 K_p	∞		∞	
稳态误差 $e(\infty)$	0		0	
闭环第三个极点	-9.91		-3.76	
系统零点	无		-4.01	
系统二阶近似	成立		无零极点对消,不成立	

总结,构建一个理想微分补偿器用于改善(加快)系统瞬态响应的方法如图 7.21 所示,

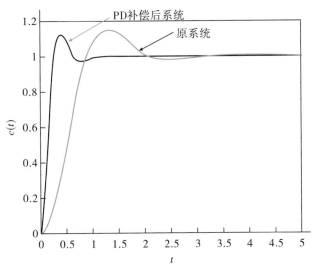

图 7.20　系统补偿前后的时间响应

实现手段是"比例＋微分"控制器。

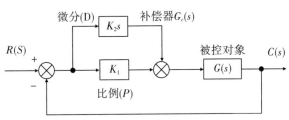

图 7.21　理想微分补偿器

补偿器$G_c(s)$的传递函数为

$$G_c(s) = K_2 s + K_1 = K_2 \left(s + \frac{K_1}{K_2} \right) \tag{7.16}$$

其中补偿器零点为$-K_1/K_2$，K_2根据所需的闭环增益值来确定。

2. 超前补偿器

理想微分补偿器能够改善系统的瞬态响应，但有两个局限之处。首先是需要一个有源主动环节去实现微分功能；其次，微分运算是一个噪声生成过程，虽然噪声幅值低于系统的有效信号水平，但噪声频率高。对高频信号微分会引发大的有害噪声，或者导致放大器或其他元器件的饱和效应。超前补偿器是一个无源被动环节，可以避免理想微分环节的这些不足之处，同时保持改善瞬态响应的能力。正如主动理想积分补偿器可以用一个被动滞后环节来近似代替，一个主动理想微分补偿器也可以用一个被动超前补偿器近似代替。

被动环节采用单一零点无法实现，只能代之以一个零极点兼有的补偿器。只要极点比零点距离虚轴的距离更远，则补偿器对总相角和的贡献就为正值；所以可以当作一个单零点来对待。换句话说，对于系统总的零极点相角和而言，从补偿器的零点相角贡献中扣除极点相角贡献，净角度贡献还是正的，补偿器就能起到改善瞬态响应的效能。

如果我们在 S 平面上选择一个所期望的主导二阶极点位置，就可以获知未补偿系统的开环零极点到所选定点的向量相角和,此相角和与180°之间的差值,就是补偿器所要贡献的相角。如图7.22所示,A点是我们所期望获得的系统主导二阶极点位置,z_c和p_c是补偿器零极点位置。

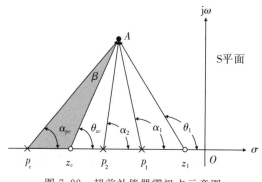

图 7.22 超前补偿器零极点示意图

补偿后系统各零极点到设计选定的二阶极点A的向量相角和为

$$-\alpha_{pc} + \theta_{zc} - \alpha_2 - \alpha_1 + \theta_1 = (2k+1)180° \qquad (7.17)$$

此处$-\alpha_{pc} + \theta_{zc} = \beta$就是超前补偿器需要提供的角度,是$A$点分别到补偿器零极点的两条射线之间的辐射角。现在我们将这个辐射角以A点为中心旋转,两条射线与实轴相交的点即为补偿器的零极点,如图7.23所示。

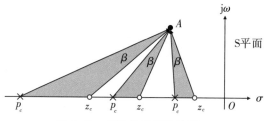

图 7.23 超前补偿器设计原理

从图中可知,理论上有无穷多个超前补偿方案都能满足系统的设计要求。这些可能的方案之间的差别是系统静态误差常数的具体数值,对应新的根轨迹上特征点的增益值大小,设计完成后证明系统近似为二阶系统的难度,瞬态响应的指标是否满足要求等。

在具体设计时,我们先随意选择一个超前补偿器的极点(或零点),然后计算这个极点(或零点)点的相角,与系统开环零极点向量的各相角之和。这个"和角"与180°之间的差异,就确定了补偿器另一个零点(或极点)的值。

【**例 7.4**】设计三个超前补偿器用于【例7.3】所示的系统,要求系统响应保持30%的超调量不变,过渡时间减半。试给出三种不同设计方案并比较系统时间响应的性能。

【**解答**】所给系统为单位反馈系统,前向传递函数为$K/[s(s+5)(s+8)]$。首先计算未补偿系统的性能指标特性。30%超调量等效于系统阻尼比为0.358,我们沿着$\zeta = 0.358$直线,在原系统根轨迹曲线上搜寻二阶主导极点,如图7.24中的B点所示。

根据极点实部,我们计算未补偿系统的过渡时间为

$$T_s = 4/1.29 = 3.101 \text{ s} \qquad (7.18)$$

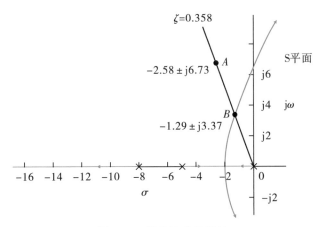

图 7.24　根轨迹曲线设计

过渡时间减半,也就是 $T_s = 3.101/2 = 1.55$ s,可知新设计极点的实部和虚部分别为

$$-\zeta\omega_n = -4/T_s = -4/1.55 = -2.58 \tag{7.19}$$

$$\omega_d = 2.5806 \cdot \tan(180° - 110.98°) = 6.73 \tag{7.20}$$

如图 7.23 中的 A 点所示。

先取补偿器零点在实轴 -6 处作为方案一,亦即 $z_c = -6$。求 A 点与系统已知的零极点(包括新增的零点)所构成向量的相角和,为 $-169.29°$;这个角度与 $-180°$ 之间的差,就是补偿器极点的相角,为 $10.71°$。有了这一角度值,就可以根据几何关系计算出补偿器的极点位置。如图 7.25 所示,几何关系式为

$$\frac{6.73}{|p_c| - 2.58} = \tan 10.71° \tag{7.21}$$

可求出: $p_c = -38.17$。

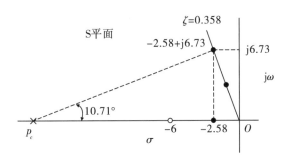

图 7.25　补偿器极点位置几何关系示意图

采用方案一补偿后系统的根轨迹曲线如图 7.26 所示。为了证明用计算公式估算的系统相对超调量和过渡时间有效,首先必须要证明二阶系统近似的有效性。搜寻闭环系统第三个和第四个极点,一个位于实轴的 -38.17 的左边,一个位于 -6 与 -8 之间。在这两个区域搜索对应增益值为 2140 的点(主导极点对应的增益值),我们可找到第三第四个极点分别在 -39.8 和 -6.2 处。因为 -39.8 超出主导极点实部值的 15 倍以上,故闭环第三个极点的时间响应效应可以忽略不计。位于 -6.2 处的闭环极点,靠近 -6 零点,零极点比较靠近可以对消掉。所以此系统近似为二阶系统成立。

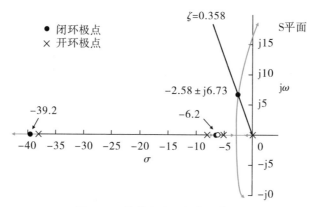

图 7.26　补偿方案一根轨迹曲线

　　系统补偿方案二和方案三,分别是将超前补偿器的零点设置在-5处和-2处。三种方案补偿后的闭环系统各项性能指标见表 7.4。表中的超调量、峰值时间、过渡时间这些指标都列出了两个数值。括号外的数值是代入设计计算公式的估算值,括号内的数值是经计算机仿真计算的数值。

表 7.4　超前补偿方案系统参数和时间响应性能对比

	补偿前系统	补偿方案一	补偿方案二	补偿方案三
开环传递函数	$\dfrac{K}{s(s+5)(s+8)}$	$\dfrac{K(s+6)}{s(s+5)(s+8)(s+38.17)}$	$\dfrac{K(s+5)}{s(s+5)(s+8)(s+23.5)}$	$\dfrac{K(s+2)}{s(s+5)(s+8)(s+9.91)}$
闭环主导极点	$-1.29\pm j3.37$	$-2.58\pm j6.73$	$-2.58\pm j6.73$	$-2.58\pm j6.73$
增益 K	136	2140	1370	656
阻尼比 ζ	0.358	0.358	0.358	0.358
自然频率 ω_n	3.61	7.21	7.21	7.21
超调量 $OS\%$	30(28)	30(30.6)	30(28.8)	30(8.79)
峰值时间 t_p	(1.04)	(0.49)	(0.51)	(0.56)
过渡时间 t_s	(3.1)	(1.54)	(1.54)	(1.37)
稳态误差常数 K_p	∞	∞	∞	∞
稳态误差 $e(\infty)$	0	0	0	0
闭环其余极点	-10.4	$-6.2/-39.8$	-26.3	$-1.56/-16.2$
系统零点	无	-6	无	-2
系统二阶近似	成立	成立	成立	无零极点对消,不成立

　　从表中可以看出,补偿方案三的闭环系统响应性能各指标测算值,与计算机仿真的结果差异较大。这是因为此方案中闭环零极点不能对消,所以二阶系统近似不成立。从根轨迹简图中可以直观地解释这一现象。因为补偿方案三所设计的补偿器零点-2,位于系统原有开环极点-5的右边,所以坐标原点与新设零点-2之间就会产生一部分根轨迹曲线。换句话说,这种补偿方案,会产生一个闭环极点,比系统主导极点更为靠近坐标原点。这样就几

乎不存在零极点对消的机会。所以,从快速勾勒的根轨迹曲线草图中,我们就可以得到所需要的重要设计信息,从而做出判断,修改完善设计方案。在此例中,我们把零点置于-5 或者更为向左一点的位置,那么就有很大的可能使得闭环零极点对消;而且高阶极点位于主导极点的左侧,系统响应会更快一些。计算机仿真结果证明,零点设置在-5 处和-6 处的补偿方案其二阶近似程度更高。在解决工程实际问题时,基本上是靠经验来决定将零点安置在何处,并无共识的规则。所以在最终提交补偿设计方案之前,必须进行计算机仿真验证。

原系统单位阶跃输入时间响应和三个超前补偿后的系统单位阶跃时间响应的计算机仿真计算结果曲线如图 7.27 所示。

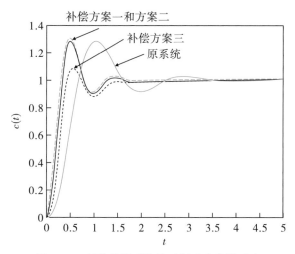

图 7.27 超前补偿系统的时间响应曲线对比

7.4 串联补偿改善系统稳态误差和瞬态响应

现在我们来研究同时改善系统的瞬态响应和稳态误差的补偿方法。我们可以分两步来实现这一目标:先设计一个补偿器改善系统瞬态响应的性能指标;然后对这个已经补偿的系统再次补偿以改善其稳态性能指标。在实际工程设计中也可以调换次序,先改善系统的稳态误差再调整参数以满足瞬态响应性能指标的要求。但注意在某些情况下采用第二种设计次序,在调整瞬态响应时,会损害已经得到改善的系统稳态性能指标。

设计中可以采用主动式或被动式补偿器。如果我们设计一个主动 PI 补偿控制器,而后跟随一个主动 PD 补偿控制器,则合成的补偿控制器就称为"比例-积分-微分"控制器(PID controller)。如果是一个被动超前补偿器再加一个被动滞后补偿器,则合成的补偿器称为"滞后-超前"补偿控制器。

1. PID 补偿控制器设计

PID 补偿控制器的传递函数方框图如图 7.28 所示。

PID 补偿控制器的传递函数为

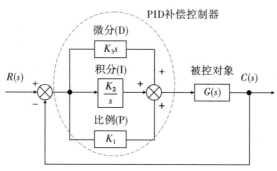

图 7.28 PID 补偿控制器方框图

$$G_c(s) = K_1 + \frac{K_2}{s} + K_3 s = \frac{K_1 s + K_2 + K_3 s^2}{s} = \frac{K_3 \left(s^2 + \frac{K_1}{K_3}s + \frac{K_2}{K_3}\right)}{s} \qquad (7.22)$$

可以看出,补偿器有两个零点和一个位于坐标原点处的极点。一个零点与一个位于坐标原点处的极点构成一个理想积分补偿器;另一个零点设计为一个理想微分补偿器。

PID 控制器的基本设计过程如图 7.29 所示。再次强调,我们是在基于系统近似为二阶系统成立的这一假设前提下进行系统的分析补偿设计,所以最后必须要用计算机仿真(或是用部分分式分析法详细计算)来检验设计结果,这一步骤必不可少。

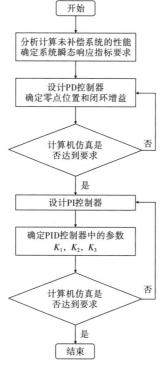

图 7.29 PID 补偿控制器设计步骤

【例 7.5】给定单位反馈控制系统如图 7.30 所示。设计一个 PID 控制器,使系统的峰值时间改善 2/3,相对超调量为 20%,阶跃响应的稳态偏差为零。

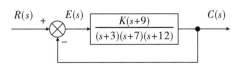

图 7.30 单位反馈系统传递函数

【解答】第一步:计算确定原系统参数。

首先,原系统时间响应要具有 20% 的超调量,则系统的阻尼比应为 $\zeta = 0.456$。绘制原系统根轨迹曲线,如图 7.31 所示。沿着图中 20% 超调量直线($\zeta = 0.456$)找到系统主导极点为 $-6.39 \pm j12.5$,对应增益值为 173;根据此增益值,在实数轴的 -9 与 -12 之间搜索第三个极点,为 -9.22。原系统时间响应具有 20% 的超调量,代入公式计算可知,时间响应指标中的峰值时间为 0.251 s。

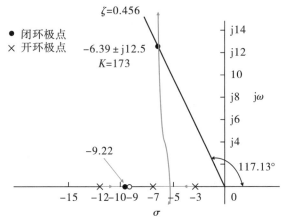

图 7.31 未补偿系统根轨迹曲线

第二步:设计 PD 控制器。

要将系统的峰值时间降低为原来的 2/3,那么补偿后系统的主导极点虚部应为

$$\omega_d = \frac{\pi}{T_p} = \frac{\pi}{(2/3)(0.251)} = 18.77 \tag{7.23}$$

主导极点的实部应为

$$\sigma = \frac{\omega_d}{\tan 117.13°} = -9.62 \tag{7.24}$$

计算系统原有零极点到补偿后系统主导极点的向量相角和为 $-198.23°$。这样,补偿器零点的相角贡献就必须是 $198.23° - 180° = 18.23°$。如图 7.32 所示补偿器零点 $-Z_c$ 的几何

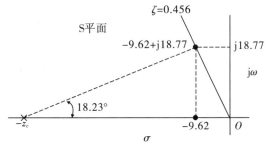

图 7.32 PD 补偿器的零点位置几何关系图

位置关系,可知:

$$\frac{18.77}{Z_c - 9.62} = \tan 18.23° \tag{7.24}$$

解出$Z_c = 66.52$。则 PD 补偿控制器的传递函数为$G_{PD}(s) = s + 66.52$。

系统经 PD 控制器补偿后的完整根轨迹曲线如图 7.33 所示,可确定对应设计点的系统增益值为 6.35。经 PD 补偿后的系统响应曲线如图 7.34 所示。可以看出峰值时间减小,稳态误差也比原先有了改善。

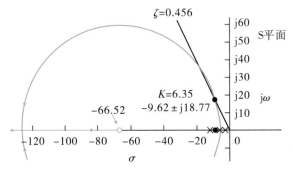

图 7.33 PD 补偿后的闭环系统根轨迹曲线

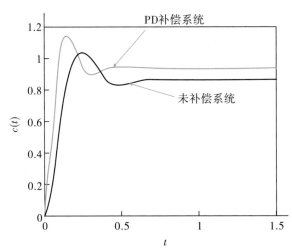

图 7.34 PD 补偿后系统的时间响应对比

第三步:设计理想积分补偿器 PI,使系统阶跃输入响应的稳态误差减小至零。

理想积分补偿器的零点要安置在靠近坐标原点的位置,此处选择理想积分补偿器为

$$G_{PI}(s) = \frac{s + 0.5}{s} \tag{7.25}$$

绘制 PID 补偿后的系统根轨迹曲线如图 7.35 所示。找到阻尼比 $\zeta = 0.456$ 的直线与曲线的交点,即为主导二阶极点$-9.01 \pm j17.6$,对应的系统增益值为 5.61。

第四步:确定 PID 补偿控制器中的增益K_1,K_2,K_3各数值。

根据已经设计计算出的G_{PD},G_{PI}表达式和增益值,写出 PID 控制器:

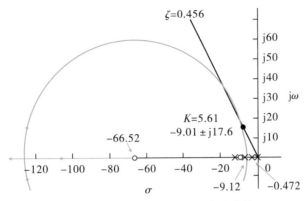

图 7.35　PID 补偿后的系统根轨迹曲线

$$G_{PID}(s) = \frac{K(s+66.52)(s+0.5)}{s} = \frac{5.61(s+66.52)(s+0.5)}{s} = \frac{5.61(s^2+67.02s+33.26)}{s}$$

$$(7.26)$$

PID 控制器标准式为

$$G_c(s) = K_1 + \frac{K_2}{s} + K_3 s = \frac{K_1 s + K_2 + K_3 s^2}{s} = \frac{K_3\left(s^2 + \frac{K_1}{K_3}s + \frac{K_2}{K_3}\right)}{s} \qquad (7.27)$$

对比式(7.26)与式(7.27)并匹配系数,可得 $K_1 = 376$, $K_2 = 186.6$, $K_3 = 5.61$。

第五步:计算机仿真分析验证设计结果。

如图 7.36 为 PID 补偿后系统的时间响应。表 7.5 列出了设计过程中的系统参数和性能指标。可以看到 PD 补偿缩短了系统响应的峰值时间,从而改善了瞬态响应性能,同时也减小了系统的稳态误差。PID 控制器进一步改善了系统稳态误差,同时没有影响 PD 控制器已经取得的瞬态响应校正效果。正如我们前面所指出的,加入 PID 控制器后,系统响应时间较慢,要耗费大约 3 秒钟才能达到稳态值。如果想要增快系统的响应速度,就必须重新设计理想微分补偿器,或是将 PI 控制器的零点移至远离原点。

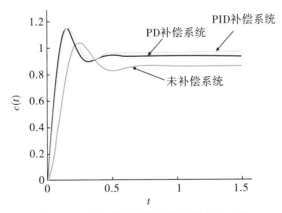

图 7.36　PID 补偿后的系统时间响应曲线

表 7.5 PID 校正补偿系统参数及性能指标

	补偿前系统	PD 补偿	PID 补偿
开环传递函数	$\dfrac{K(s+9)}{(s+3)(s+7)(s+12)}$	$\dfrac{K(s+9)(s+66.52)}{(s+3)(s+7)(s+12)}$	$\dfrac{K(s+0.5)(s+9)(s+66.52)}{s(s+3)(s+7)(s+12)}$
闭环主导极点	$-6.39\pm j12.5$	$-9.62\pm j18.77$	$-9.01\pm j17.6$
增益 K	173	6.34	5.61
阻尼比 ζ	0.456	0.456	0.456
自然频率 ω_n	14.01	21.10	19.76
超调量 $OS\%$	20	20(21.8)	20(15.2)
峰值时间 t_p	0.251	0.167(0.15)	0.178(0.15)
过渡时间 t_s	0.626	0.416(0.38)	0.444(2.24)
稳态误差常数 K_p	6.179	15.06	∞
稳态误差 $e(\infty)$	0.139	0.062(0.062)	0(0)
闭环其余极点	-9.1	-9.1	$-9.12/-0.472$
系统零点	-9	$-9/-66.52$	$-0.5/-9/-66.52$
系统二阶近似	成立	成立	零点 -0.5 与 -66.52 无法对消

2. 滞后-超前补偿器设计

理想微分和理想积分环节依次接入系统后形成 PID 控制器。我们可以用一个超前补偿器和一个滞后补偿器代替 PID,称为滞后-超前补偿器。一般也是先设计超前补偿器以改善系统的瞬态响应,稳态误差也会得到一定的改善;然后设计滞后补偿器以满足系统稳态误差的要求。设计步骤与 PID 控制补偿器的设计过程类似,最后的计算机仿真校验必不可少。我们通过一个算例来研究滞后-超前补偿器的设计方法。

【例 7.6】设计一个滞后-超前补偿控制器用于校正如图 7.37 所示系统,要求系统的相对超调量为 20%,过渡时间缩短两倍,系统对斜坡输入信号响应的稳态误差要改善 10 倍。

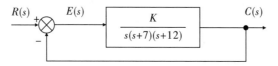

图 7.37 单位反馈系统传递函数

【解答】第一步,计算确定原系统参数及其性能指标。

如图 7.38 为题设单位反馈控制系统的根轨迹曲线。沿着 20% 的超调量直线 $\zeta=0.456$ 找到主导极点位于 $-2.114\pm j4.127$,对应增益值 $K=318$,稳态误差常数 $K_V=3.786$。

第二步,确定超前补偿后系统主导极点位置。

因为过渡时间反比于主导极点实部,题目要求缩短过渡时间两倍,则设计点的实部应为 $-\zeta\omega_n=-2\times2.114=-4.228$;设计点虚部为 $\omega_d=\zeta\omega_n\tan117.13°=8.252$。

设计超前补偿器时,可在负实轴上任意选一个点作为补偿器的零点。在此例中,我们选

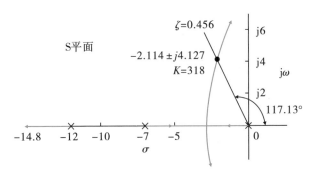

图 7.38　原系统根轨迹曲线

择补偿器零点与开环极点一致,在 −7 处。这样将会消去一个极点,使得超前补偿后的系统仍然具有三个极点,与系统补偿前极点数一样。

根据闭环根轨迹曲线原理,系统原有零极点到设计点的向量,新增补偿器零点到设计点的向量,计算出其相角之和为 −163.84°。这个角度与 −180° 之差,即为补偿器极点相角,为 −16.16°。如图 7.39 所示补偿器极点的几何关系,可知:

$$\frac{8.254}{p_c - 4.228} = \tan 16.16° \tag{7.28}$$

解出补偿器极点位置为 −32.71,超前补偿器为 $G_{\text{lead}}(s) = (s+7)/(s+32.71)$。

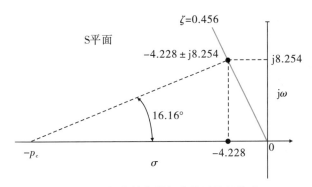

图 7.39　超前补偿器极点位置几何关系

系统加入超前补偿器后的根轨迹曲线如图 7.40 所示,主导极点对应的系统增益为 3118。系统响应曲线如图 7.41 所示,可以看出超前补偿后的系统性能满足设计要求。

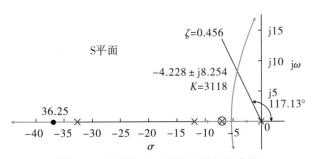

图 7.40　超前补偿后系统的根轨迹曲线

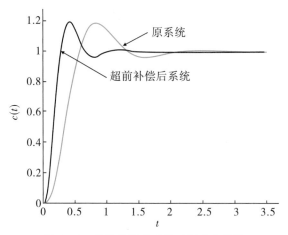

图 7.41 超前补偿后系统时间响应曲线

第三步,设计滞后补偿器以改善稳态误差。原系统的静态误差常数 $K_v = 3.786$,反比于系统稳态误差。而经过超前补偿后的系统开环传递函数为

$$G_{\text{LC}}(s) = \frac{3118}{s(s+12)(s+32.71)} \tag{7.29}$$

计算出系统的静态误差常数 $K_v = 7.9435$,可知添加超前补偿环节已经改善了系统稳态误差 2.098 倍。因为题目要求稳态误差改善 10 倍,所以滞后补偿器的设计必须要改善超前补偿后系统的稳态误差 4.766 倍(10/2.098=4.766)。

任意选择滞后补偿器,极点位于 0.01 处,然后设置滞后补偿器的零点在 0.04766 处,可以设计如下的滞后补偿器:

$$G_{\text{lag}}(s) = \frac{s+0.04766}{s+0.01} \tag{7.30}$$

可知滞后-超前补偿后系统的开环传递函数为

$$G_{\text{LLC}}(s) = \frac{K(s+0.04766)}{s(s+12)(s+32.71)(s+0.01)} \tag{7.31}$$

补偿前系统有开环极点在 -7 处,与超前补偿器的 -7 零点抵消。画出完整的滞后-超前补偿后系统的根轨迹曲线示意图如图 7.42 所示。搜寻 $\zeta = 0.456$ 阻尼线与根轨迹曲线的交点,即可确定系统闭环二阶主导极点在 $-4.207 \pm \text{j}8.211$ 处,对应系统增益值为 3108。

表 7.6 总结了设计过程中的各个参数和系统性能指标。同样,表中括号里的数值是经 MATLAB 软件仿真计算的数据,与公式计算的数值可以对比。

表 7.6 超前-滞后补偿系统的参数与性能指标

	补偿前系统	超前环节补偿	滞后环节补偿
开环传递函数	$\dfrac{K}{s(s+7)(s+12)}$	$\dfrac{K(s+7)}{s(s+7)(s+12)(s+32.71)}$	$\dfrac{K(s+0.04766)}{s(s+12)(s+32.71)(s+0.01)}$
闭环主导极点	$-2.114 \pm \text{j}4.127$	$-4.228 \pm \text{j}8.254$	$-4.207 \pm \text{j}8.211$
增益 K	318	3118	3108

续表

	补偿前系统	超前环节补偿	滞后环节补偿
阻尼比 ζ	0.456	0.456	0.456
自然频率 ω_n	4.636	9.272	9.226
超调量 $OS\%$	20	20(19.3)	20(19.8)
峰值时间 t_p	0.761	0.381(0.411)	0.383(0.413)
过渡时间 t_s	1.892	0.946(0.925)	0.951(0.906)
稳态误差常数 K_p	3.786	7.944	38.371
稳态误差 $e(\infty)$	0.264	0.126	0.0261
闭环其余极点	-14.8	-36.25	$-36.25/-0.0477$
系统零点	无	无(零极点对消)	-0.04766
系统二阶近似	成立	成立	成立

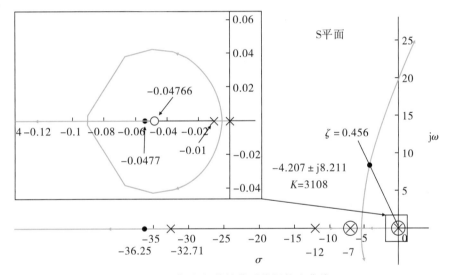

图 7.42 滞后-超前补偿系统根轨迹曲线

　　补偿前后系统的时间响应曲线如图 7.43 所示。(a)图为单位阶跃输入的时间响应,可以看出补偿后系统的瞬态响应显著加速。对斜坡输入信号的稳态误差改善情况如图(b)、(c)、(d)所示。计算机仿真数值表明,系统对斜坡输入信号的稳态误差 $e(\infty)$ 降低了 90%。

　　在上例中,我们用超前补偿器的零点消去了系统的极点。如果把超前补偿器的零点设在别的位置不用于消除开环极点,补偿后的系统就会多出一个极点。这样系统将会更为复杂,二阶系统近似的验证也将很困难,必须要借助计算机软件仿真计算来校验系统性能。

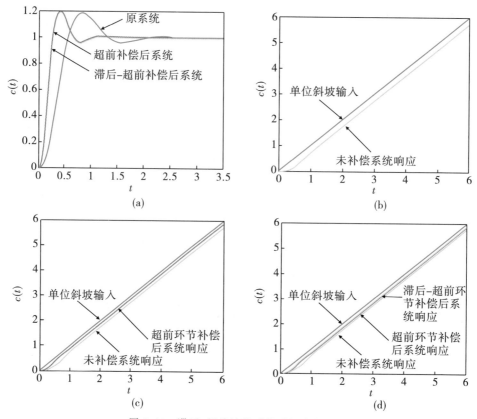

图 7.43　滞后-超前补偿系统时间响应对比

7.5　反馈补偿

　　为了改善控制系统性能,将补偿器串联入系统并不是唯一的解决方案。实际上将补偿环节安置在系统的反馈通路上,也能改变系统的根轨迹曲线。如图 7.44 所示,可以在反馈控制系统中的局部回路中设置补偿器 $H_c(s)$。也可以把图中的增益 K 设为单位值,或是将 $G_2(s)$ 设为单位值,或是二者都设为单位值,对系统主回路进行反馈补偿。

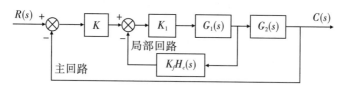

图 7.44　反馈回路局部补偿系统

　　反馈补偿的设计步骤要比串联补偿复杂,但反馈补偿能够使系统具有更快的响应。系统各部分可以独立补偿,提高了系统设计的灵活性。例如,我们可以分别设计飞行器的副翼和方向舵控制系统,提高瞬态响应速度,以降低它们的动态响应对整机飞行控制回路的影响。有时候串联补偿无法避免的噪声问题,可以采用反馈补偿来克服。另外,在模拟控制系统中,反馈补偿不需要附加信号放大器。因为进入补偿器的信号,源于前向通路传递函数出来的高幅值信号,经变换后又以低值信号回输到前向通路函数中。

在机电控制系统中,通常所见的反馈补偿器就是一个速率传感器,起到微分器的作用。在飞行器和船舶控制系统里,速率传感器通常是陀螺,其响应输出电压正比于输入角速度。在其他常见系统中,速率传感器就是转速计。转速计的输出电压正比于输入的旋转速度。如图 7.45 是转速计接入一个典型位置控制系统的框图。

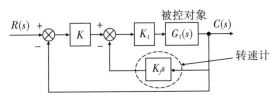

图 7.45 转速计传递函数及其反馈接入控制系统的框图

反馈补偿器的设计步骤,是先确定反馈环节 $H_c(s)$ 结构,然后确定增益 K, K_1, K_f 的值。

反馈补偿有两种解决方案。第一种类似串联补偿的思路,典型反馈控制系统中前向通路函数为 $G(s)$,反馈传递函数为 $H(s)$,我们通过修正 $G(s)H(s)$ 的根轨迹曲线改善系统性能。第二种思路是先设计修正局部回路的性能,然后再设计修正主回路的性能。

1. 反馈补偿器 $K_f H_c(s)$

我们将图 7.44 所示的标准反馈补偿系统回路,合并化简为图 7.46 形式的方框图。

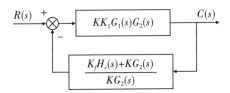

图 7.46 反馈补偿系统的等效传递函数

根据图 7.46 可知,回路增益 $G(s)H(s)$ 为

$$G(s)H(s) = K_1 G_1(s)[K_f H_c(s) + K G_2(s)] \tag{7.32}$$

若没有反馈补偿器 $K_f H_c(s)$,则回路增益为

$$G(s)H(s) = K K_1 G_1(s) G_2(s) \tag{7.33}$$

所以,系统增加反馈环节相当于用 $[K_f H_c(s) + K G_2(s)]$ 的零极点,替换了 $G_2(s)$ 的零极点。这种方法类似于串联补偿的思路,是通过 $H(s)$ 向系统增加新的零点从而调整根轨迹曲线,使其通过我们所期望的设计点。

需要注意的是,图 7.46 中的等效反馈环节传递函数:

$$H(s) = \frac{K_f H_c(s) + K G_2(s)}{K G_2(s)} \tag{7.34}$$

其零点不是闭环系统的零点。例如,如果 $G_2(s) = 1$ 而局部反馈环节 $K_f H_c(s) = K_f s$ 是速率传感器,则回路增益:

$$G(s)H(s) = K_f K_1 G_1(s)\left(s + \frac{K}{K_f}\right) \tag{7.35}$$

这样就添加了一个零点 $(-K/K_f)$ 到系统现有的零极点中,这个零点调整了根轨迹曲线使其通过所需的设计点。但这个零点并非闭环系统零点。

【例7.7】给定系统如图7.47(a)所示。设计如图7.47(b)所示的速率反馈补偿器,要求在保持系统20%的超调量前提下,系统过渡时间降低到原来的$\frac{1}{4}$。

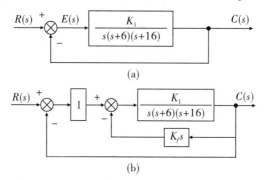

图7.47 反馈补偿系统设计

【解题】按照题设要求向系统加入反馈补偿器$K_f s$,等效于向系统加入一个PD反馈补偿器,如图7.48(a)所示;也可以将系统变换为单位反馈系统,如图7.48(b)所示。(经题设图7.47(b)化简合成而来)。

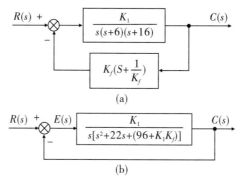

图7.48 反馈补偿器等效传递函数

如图7.49为原系统的根轨迹曲线。沿着20%超调量($\zeta=0.456$)直线搜寻确定系统主导极点位于$-2.100\pm j4.099$处,对应增益为$K=377.5$。可知现有系统的过渡时间为1.905 s,需要降低到0.476 s。

题设要求将系统的过渡时间降低$\frac{3}{4}$,原主导极点的实部就要增加到4倍。补偿后闭环系统主导极点的实部为$4\times(-2.1)=-8.4$,虚部$\omega_d=(-8.4)\times\tan117.13°=16.39$。此处117.13°是20%超调量对应的射线角度。补偿后主导极点在$-8.4\pm j16.39$处;此点对原系统开环极点向量的相角求和得到$-280.59°$。故需要补偿器零点提供$+100.59°$的向量相角,才能确保在设计点处的系统开环零极点向量相角和为$-180°$。所增添零点的几何关系如图7.50所示,用以计算补偿器零点位置的计算关系式为

$$\frac{16.39}{8.4-z_c}=\tan(180°-100.59°) \tag{7.36}$$

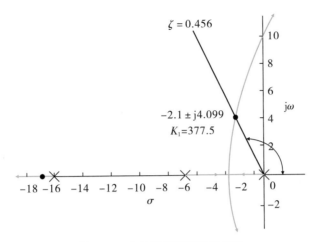

图 7.49　未补偿系统根轨迹曲线

求得 $z_c = 5.336$。可知反馈补偿器中的参数 $K_f = 1/z_c = 0.187$。

如图 7.48(a) 所示,系统添加 PD 补偿器后具有反馈传递函数 $(0.187s+1)$,针对系统开环传递函数 $KG(s)H(s) = K_1(0.187s+1)/[s(s+6)(s+16)]$,绘制闭环系统根轨迹曲线,如图 7.51 所示。

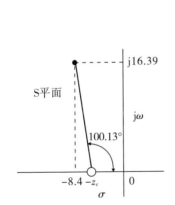

图 7.50　添加零点位置几何关系图

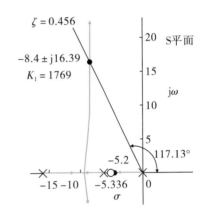

图 7.51　PD 反馈补偿后系统根轨迹曲线

根据曲线计算可知,所设计的主导极点 $-8.4 \pm j16.39$ 处的增益值为 1769,即图 7.48(a) 中前向传递函数 $K_1 = 1769$。注意,如果将反馈补偿后的系统开环传递函数写成:

$$KG(s)H(s) = K_1 K_f(s+5.336)/[s(s+6)(s+16)] \tag{7.37}$$

那么根据式 (7.37) 绘制的闭环根轨迹曲线,对应主导极点的增益值应是 $K_1 K_f$ 的取值。

计算系统的稳态误差,可利用图 7.48(b) 单位反馈系统的形式。根据图中前向传递函数中的各参数,代入系统静态误差公式可得:

$$K_V = \frac{K_1}{96 + K_1 K_f} = 4.15 \tag{7.38}$$

补偿后系统的性能指标预测计算列于表 7.7 中。注意系统的高阶极点距离主导极点并非很远,所以不能忽略不计。

表 7.7 PD 反馈补偿前后系统参数及性能计算

	补偿前系统	PD 反馈补偿系统
前向传递函数	$\dfrac{K_1}{s(s+6)(s+16)}$	$\dfrac{K_1}{s(s+6)(s+16)}$
反馈传递函数	1	$0.187(s+5.336)$
闭环主导极点	$-2.100\pm j4.099$	$-8.4\pm j16.39$
增益 K_1	377.5	1769
阻尼比 ζ	0.456	0.456
自然频率 ω_n	4.61	18.42
超调量 $OS\%$	20	20
峰值时间 t_p	0.784	0.192
过渡时间 t_s	1.905	0.476
稳态误差常数 K_v	3.93	4.15
斜坡输入 $e(\infty)$	0.254	0.241
闭环其余极点	-17.8	-5.2
系统零点	无	无
系统二阶近似	成立	计算机仿真

可以推导出系统的闭环传递函数为

$$T(s)=\frac{G(s)}{1+G(s)H(s)}=\frac{K_1}{s^3+22s^2+(96+K_1K_f)s+K_1} \tag{7.39}$$

系统开环传递函数的零点并非闭环系统零点,而且没有发生零极点对消。因此设计结果必须进行计算机仿真验证。经 MATLAB 软件仿真计算,PD 反馈补偿系统前后的单位阶跃输入时间响应对比如图 7.52 所示,可知补偿后的系统为过阻尼系统。相比于未补偿系统的过渡时间 1.9 s,补偿后系统的过渡时间为 0.476 s。尽管设计结果没有达到题设要求,但比起未补偿系统的时间响应而言,系统性能还是得到了改善,而且超调量也得以降低。

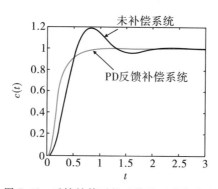

图 7.52 反馈补偿后的系统阶跃响应曲线

由此例可以看出,将 PD 补偿器或是反馈接入系统,或是串联接入系统,补偿器零点所呈现出来的特性完全不一样。串联情况下,PD 补偿器的零点就是闭环系统的零点,而且有可能发生零极点对消。不过串联 PD 补偿器会引入噪声干扰降低系统响应性能,而且并不总能保证物理上可以实现。

2. 局部回路反馈补偿

反馈补偿的第二种方案是从闭环瞬态响应中分离出一个局部回路的瞬态响应,采用反馈补偿器调整此局部回路的瞬态响应性能,借此使控制系统整体性能得以提升。

如图 7.53 所示,反馈补偿方框图中的局部回路基本上代表了前向通路传递函数,其极点可以用局部回路的增益来调节。这些极点将会成为整个控制系统的开环极点。换句话说,我们不仅可以像串联补偿一样添加零极点来改变根轨迹曲线的形状,而且实质上通过调整增益值也改变了被控对象的极点。最后再通过回路增益来设置闭环极点。

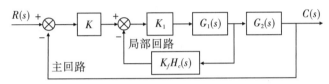

图 7.53 局部回路反馈补偿方案

【例 7.8】对于图 7.54(a)所示的系统,设计局部回路反馈补偿器,如图 7.54(b)所示。要求局部回路时间响应的阻尼比为 0.8,整个闭环系统的阻尼比为 0.6。

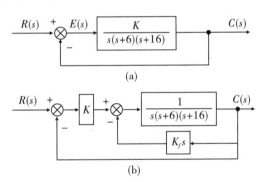

图 7.54 局部回路反馈补偿系统

【解题】题设控制系统中,局部回路由被控对象 $1/[s(s+6)(s+16)]$ 和反馈补偿器 $K_f s$ 组成。调整 K_f 的值以确定局部回路子系统的极点位置,而调整 K 值可以满足系统所要求的闭环响应性能指标。局部回路的闭环传递函数为

$$G_{ML}(s) = \frac{1}{s[s^2 + 22s + (96 + K_f)]} \tag{7.40}$$

可以通过解析公式或者根轨迹法求出 $G_{ML}(s)$ 的极点。

局部回路子系统的开环传递函数为 $K_f s/[s(s+6)(s+16)]$,闭环根轨迹曲线如图 7.55 所示。局部回路子系统中,反馈传递函数的零点位于坐标原点,这个零点不是子系统的闭环零点。显然,原来子系统位于坐标原点处的极点仍然存在,在原点处没有发生零极点对消。$G_{ML}(s)$ 表达式也说明了这一点。可以看出,局部回路子系统有一个位于坐标原点处的固定极点,和两个随增益值变化的复数极点。

注意补偿器增益 K_f 改变了局部回路极点的自然频率 ω_n(参见 $G_{ML}(s)$ 的表达式)。因为

复极点的实部 $-\zeta\omega_n=-11$ 是定值,所以阻尼比 ζ 必须也要改变以保持 $2\zeta\omega_n=22$ 为定值。

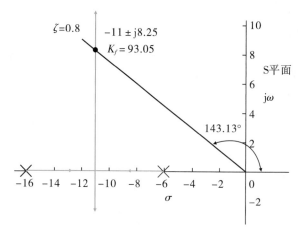

图 7.55　局部回路根轨迹曲线

沿着 $\zeta=0.8$ 直线在根轨迹曲线上搜寻,找到极点位置为 $-11\pm$j8.25,对应增益 $K_f=$ 93.05,满足要求。子系统闭环复数极点 $-11\pm$j8.25 与坐标原点处的极点一起作为整个大系统的开环传递函数极点,生成一条随大系统的增益 K 变化的根轨迹曲线。

大系统的根轨迹曲线如图 7.56 所示。画出 $\zeta=0.6$ 的阻尼比直线搜索与根轨迹曲线的交叉点,即为闭环主导极点 $-4.996\pm$j6.661,所需增益为 831.6。再根据此增益值在根轨迹曲线实数轴段上找到系统第三个极点,位于 -12.03 处。

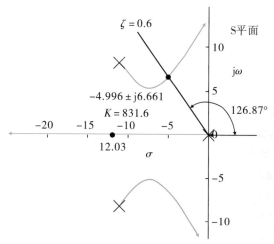

图 7.56　局部反馈补偿后闭环系统根轨迹曲线

设计后的系统参数和性能指标如表 7.8 所示。可以看到,尽管补偿后系统与原系统具有同样的阻尼比,但具有更快的响应时间和更小的稳态误差。表中的数据是代入公式计算的结果。因为系统第三个极点距离主导极点并不是足够远,所以必须经过计算机仿真以验证相对超调量,过渡时间,峰值时间等。表中括号内的数据是计算机仿真计算的结果。系统的阶跃响应计算机仿真曲线如图 7.57 所示,与代公式计算的结果非常接近。

表 7.8 局部回路补偿前后系统参数与性能对比

	补偿前系统	PD 局部反馈补偿系统
前向传递函数	$\dfrac{K}{s(s+6)(s+16)}$	$\dfrac{K}{s(s+22s+189.05)}$
反馈传递函数	1	1
闭环计导极点	$-2.332 \pm j3.109$	$-4.996 \pm j6.661$
增益 K_1	262.5	831.6
阻尼比 ζ	0.6	0.6
自然频率 ω_n	3.887	8.327
超调量 $OS\%$	9.84	9.84(6.63)
峰值时间 t_p	1.01	0.472(0.587)
过渡时间 t_s	1.715	0.8(0.802)
稳态误差常数 K_v	2.734	4.4
斜坡输入稳差 $e(\infty)$	0.366	0.227
闭环其余极点	-17.3	-12.03
系统零点	无	无
备注	二阶系统近似成立	计算机仿真

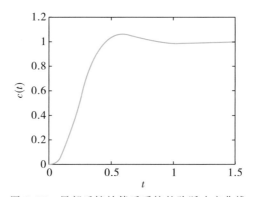

图 7.57 局部反馈补偿后系统的阶跃响应曲线

课后练习题

7.1 设计一个 PI 控制器,使题 7.1 图所示单位反馈系统的阻尼比为 0.7,单位阶跃响应的稳态误差为 0。并比较补偿前和补偿后两系统的特征参数值。

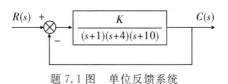

题 7.1 图 单位反馈系统

7.2 如题 7.2 图所示单位反馈系统的时间响应超调量为 10%，

(1)求系统的稳态误差常数；

(2)设计一个滞后补偿器，使系统的稳态误差常数为 5，且不改变系统的主导极点位置。

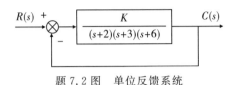

题 7.2 图　单位反馈系统

7.3 如题 7.3 图所示单位反馈系统，设计一个补偿器，使得 $K_p = 20$，且不改变系统的主导极点位置，并保证系统的超调量为 10%。

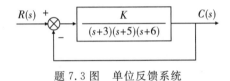

题 7.3 图　单位反馈系统

7.4 如题图 7.4 所示单位反馈系统，系统阻尼比为 0.707。设计一个 PD 控制器使系统的调整时间减少一半，并比较补偿前后系统的瞬态和稳态响应性能，分析控制器设计优劣。

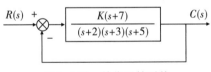

题 7.4 图　单位反馈系统

7.5 如题图 7.5 所示单位反馈系统：

(1)找出系统的主导极点位置，满足调整时间为 1.6 s，超调量为 20%；

(2)为了满足问题(1)的条件，某补偿器有一个零点在 −1 处，求该补偿器极点相角的贡献值；

(3)找出补偿器极点的位置；

(4)为了满足问题(1)的条件所需要的增益值；

(5)找出该闭环补偿系统其他极点的位置；

(6)讨论系统二阶近似的有效性。

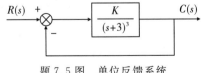

题 7.5 图　单位反馈系统

7.6 如题 7.6 图所示单位反馈系统。设计一个滞后-超前补偿器使系统满足以下要求：调

整时间比未补偿系统减少 0.5 s；阻尼比为 0.5；改善稳态误差 30 倍；补偿器零点为
−5。计算补偿系统的增益值，并通过计算机仿真验证设计的正确性。

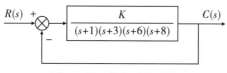

题 7.6 图　单位反馈系统

7.7　如题 7.7 图所示单位反馈系统，设计一个速度反馈补偿器，使系统的阶跃响应超调量
　　不超过 15%，调整时间不超过 3 s。

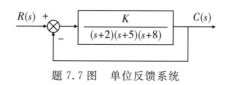

题 7.7 图　单位反馈系统

7.8　如题 7.8 图所示系统：
　　(1)设计 K_1 和 a 的值，使系统阶跃响应的调整时间为 1 s，超调量为 5%；
　　(2)设计 K 的值，使系统主回路阶跃响应的超调量为 10%；
　　(3)设计一个 PI 控制器使系统主回路的稳态误差为 0，并计算机仿真其阶跃响应。

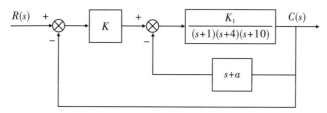

题 7.8 图　反馈控制系统

第 **8** 章

8.1　系统频率响应的概念

　　频率响应技术是经典控制理论中用来分析与设计控制系统的另外一种备选方法。频率响应法由 Nyquist 和 Bode 在 20 世纪 30 年代提出,早于 Evans 在 1948 年提出的根轨迹法。采用这种方法补偿校正控制系统,与采用根轨迹法相比并无明显的差异。但频率响应法有其自身的特点和优势,如根据实验数据建立系统的数学模型,判定非线性系统的稳定性等。当设计系统的根轨迹曲线有歧义时,也可以作为一种补充设计方法。在机械工程领域,频率响应法是研究机械系统动力学和运动学的重要工具。这是因为机械系统在受到不同频率的作用力时,会产生强迫振动和自激振动,这些振动特性直接关系到机械传动系统的运行品质。机械系统的频率特性也是影响金属切削和模具成形等机械加工精度的重要因素。

1. 频率响应的定义

　　将正弦型信号(包括正弦信号或余弦信号,统称正弦信号)输入到一个线性稳定系统,系统响应进入稳态阶段后,输出将是同频率的一个正弦信号。响应正弦信号的频率与输入正弦信号的频率相同,但幅值和相位角有差异。这个差异表现为信号频率的函数。这一特性即为线性稳定系统的频率响应特性。

　　正弦信号可以表达为复数形式,称为相矢量(phasor)。相矢量的幅值就是正弦信号的幅值;相矢量的相角是正弦信号的相位角,即

$$M_1 \cos(\omega t + \Phi_1) = M_1 \angle \Phi_1 \tag{8.1}$$

注意将正弦信号表示为复数时,频率 ω 是隐式表达的。

　　既然一个系统能够导致输入复数的幅值和相角发生变化,我们不妨将系统本身也视为一个复数,那么系统的输出相矢量,就是输入相矢量与“系统复数”的乘积。

　　如图 8.1(a)所示的机械系统,如果输入力 $f(t)$ 是频率为 ω 的正弦信号,则系统的稳态输出响应 $x(t)$ 也是一个频率为 ω 的正弦信号,如图 8.1(b)所示。将输入和输出的正弦信号都各自用复数(相矢量)表示为 $M_i(\omega) \angle \Phi_i(\omega)$ 和 $M_o(\omega) \angle \Phi_o(\omega)$,$M$ 表示幅值,Φ 表示相角。假设系统本身也用复数 $M(\omega) \angle \Phi(\omega)$ 表示,如图 8.1(c)所示,则系统稳态输出正弦信号就可以表示为

$$M_o(\omega) \angle \Phi_o(\omega) = M_i(\omega) M(\omega) \angle [\Phi_i(\omega) + \Phi(\omega)] \tag{8.2}$$

从上式可知,“系统复数”$M(\omega) \angle \Phi(\omega)$ 可以由如下两个式子求出:

$$M(\omega) = \frac{M_o(\omega)}{M_i(\omega)} \tag{8.3}$$

$$\Phi(\omega) = \Phi_o(\omega) - \Phi_i(\omega) \tag{8.4}$$

随着正弦信号频率 ω 的变化，$M(\omega)$ 和 $\angle\Phi(\omega)$ 构成了 ω 的函数表达式。式(8.3)和式(8.4)即为系统频率响应的定义式。我们称 $M(\omega)$ 为系统的幅频响应(或幅频特性)，$\Phi(\omega)$ 为系统的相频响应(或相频特性)。二者合起来称为系统频率响应(或频率特性)$M(\omega)\angle\Phi(\omega)$。

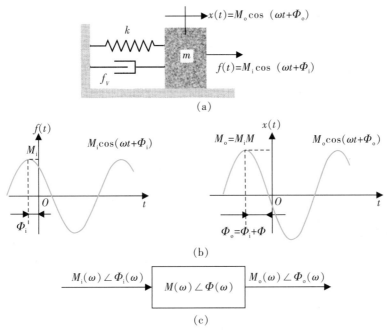

图 8.1 机械系统的频率响应

换言之，系统的幅频响应是输出与输入的正弦信号幅值之比，相频响应是输出与输入正弦信号相位之差。两个响应都是频率 ω 的函数，仅适用于系统的稳态正弦响应。

2. 系统频率响应的解析式

系统的传递函数为 $G(s)$，可以证明系统频率响应的解析表达式为 $G(j\omega)$。系统频率响应的解析表达式 $G(j\omega)$ 能够用来分析研究系统的稳定性、瞬态响应和稳态误差等性能指标。

系统输入正弦型信号的一般表达式为

$$r(t) = A\cos\omega t + B\sin\omega t = \sqrt{A^2 + B^2}\cos[\omega t - \arctan(B/A)] \tag{8.5}$$

经拉普拉斯变换为 S 域的函数形式(参见第 2 章相关内容)：

$$R(s) = \frac{As + B\omega}{s^2 + \omega^2} \tag{8.6}$$

将输入信号 $r(t) = \sqrt{A^2 + B^2}\cos[\omega t - \arctan(B/A)]$ 转换为相矢量有三种等价的形式：

(1)极坐标形式 $M_i(\omega)\angle\Phi_i(\omega)$，此处 $M_i = \sqrt{A^2 + B^2}$，$\Phi_i(\omega) = -\arctan(B/A)$；

(2)直角复平面坐标形式 $A - jB$；

(3)Euler 公式的形式 $M_i e^{-j\Phi_i}$。

设系统的传递函数为 $G(s)$，则系统对正弦输入信号的响应 $C(s)$ 为

$$C(s) = R(s)G(s) = \frac{As + B\omega}{s^2 + \omega^2}G(s) \tag{8.7}$$

对式(8.7)分解因式,从瞬态响应结果中分离出强迫响应部分:

$$C(s) = \frac{As + B\omega}{(s + j\omega)(s - j\omega)}G(s) = \frac{K_1}{s + j\omega} + \frac{K_2}{s - j\omega} + 其余分式项 \tag{8.8}$$

利用部分分式法确定K_1和K_2如下:

$$K_1 = C(s) \cdot (s + j\omega)\Bigg|_{s \to -j\omega} = \frac{As + B\omega}{s - j\omega}G(s)\Bigg|_{s \to -j\omega}$$

$$= \frac{1}{2}(A + jB)G(-j\omega) = \frac{1}{2}M_i\, e^{-j\Phi_i}\, M_G\, e^{-j\Phi_G} = \frac{M_i\, M_G}{2}\, e^{-j(\Phi_i + \Phi_G)} \tag{8.9}$$

$$K_2 = C(s) \cdot (s - j\omega)\Bigg|_{s \to +j\omega} = \frac{As + B\omega}{s + j\omega}G(s)\Bigg|_{s \to +j\omega}$$

$$= \frac{1}{2}(A - jB)G(j\omega) = \frac{1}{2}M_i\, e^{j\Phi_i}\, M_G\, e^{j\Phi_G} = \frac{M_i\, M_G}{2}\, e^{j(\Phi_i + \Phi_G)} \tag{8.10}$$

式中,$M_G = |G(j\omega)|$,$\Phi_G = \angle G(j\omega)$。可以看出,$K_1$和$K_2$互为共轭复数。

系统的稳态响应是源于输入信号极点的强迫响应部分,即式(8.8)中的前两项:

$$C_{ss}(s) = \frac{K_1}{s + j\omega} + \frac{K_2}{s - j\omega} = \frac{\dfrac{M_i\, M_G}{2}\, e^{-j(\Phi_i + \Phi_G)}}{s + j\omega} + \frac{\dfrac{M_i\, M_G}{2}\, e^{j(\Phi_i + \Phi_G)}}{s - j\omega} \tag{8.11}$$

对上式进行逆拉普拉斯变换,就得到系统的时间域稳态响应信号:

$$c(t) = M_i\, M_G\left(\frac{e^{-j(\omega t + \Phi_i + \Phi_G)} + e^{j(\omega t + \Phi_i + \Phi_G)}}{2}\right) = M_i\, M_G\cos(\omega t + \Phi_i + \Phi_G) \tag{8.12}$$

上式也可以写成相矢量的形式:

$$M_o \angle \Phi_o = (M_i \angle \Phi_i) \cdot (M_G \angle \Phi\Phi_G) \tag{8.13}$$

此处的$M_G \angle \Phi_G = G(j\omega)$就是系统的频率响应函数。

换言之,对于传递函数为$G(s)$的系统,系统的频率响应函数为

$$G(j\omega) = G(s)\Bigg|_{s \to j\omega} \tag{8.14}$$

3. 系统频率响应曲线

图解法是前计算机时代重要的设计研究方法之一。常见的绘图表示系统频率响应$G(j\omega) = M_G \angle \Phi_G(\omega)$有两种方法:Bode 曲线、Nyquist 曲线。

Bode 曲线是将$G(j\omega)$作为频率ω的函数,分别画出幅值和相位随ω变化的曲线。绘制幅频曲线时,横坐标取ω的对数值$\lg\omega$分度标注,纵坐标取$20\lg M$分度标注,称为分贝(dB)。相频曲线的横坐标取$\lg\omega$分度标注,纵坐标取相位的角度值分度标注。Bode 曲线的横坐标取对数分度,可以在一张图上最大可能地展示系统的低频和高频响应信息。

Nyquist 曲线是$G(j\omega)$的极坐标表示法。对每个ω的取值,$G(j\omega)$表示一个相矢量。相矢量的长度就是幅频响应值,相矢量的角度就是相频响应值。可用向量在复平面上的末端

点来表征这个相矢量(向量的起点在坐标原点)。$G(j\omega)$ 对所有 ω 取值构成的向量点的轨迹,即为系统频率响应的 Nyquist 曲线。在具体绘制 Nyquist 曲线时,可以通过系统传递函数 $G(s)$ 的零极点向量合成来计算。这些向量的起点在 $G(s)$ 的零极点处,指向虚轴 $j\omega$ 点。此处对应某个特定 ω 的幅频响应值,就是 $G(s)$ 的零点向量长度的乘积与极点向量长度乘积二者之比。而相频响应值是 $G(s)$ 的零点向量相角和,减去 $G(s)$ 的极点向量相角和。沿着虚轴依次完成所有点的运算,就得到了频率响应的所有数值。再将这些数值点逐次绘制在复平面上即构成了 Nyquist 曲线。

两种频率响应曲线各有特点,可用于不同的系统分析和设计目的。

【例 8.1】系统的传递函数 $G(s)=1/(s+3)$。写出系统的幅频响应和相频响应表达式,并绘制 Bode 曲线和 Nyquist 曲线。

【解题】将 $s=j\omega$ 代入系统传递函数可得

$$G(j\omega) = \frac{1}{j\omega + 3} = \frac{3 - j\omega}{\omega^2 + 9} \tag{8.15}$$

这个复数的幅值就是系统的幅频响应:

$$M(\omega) = |G(j\omega)| = \frac{1}{\sqrt{\omega^2 + 9}} \tag{8.16}$$

在绘制曲线时,取幅值响应为分贝(dB)值:

$$L(\omega) = 20\lg|G(j\omega)| = 20\lg[1/\sqrt{(\omega^2 + 9)}] \tag{8.17}$$

$G(j\omega)$ 的相位角就是系统的相频响应:

$$\Phi(\omega) = -\arctan\left(\frac{\omega}{3}\right) \tag{8.18}$$

图 8.2 上下两图分别绘制了系统的幅频响应曲线与相频响应曲线。注意曲线的横坐标均取 $\lg\omega$ 对数分度,幅频曲线的纵坐标是 $L(\omega)$,相频曲线纵坐标就是 $\Phi(\omega)$。图 8.3 是系统频率响应的 Nyquist 曲线,对于不同的 ω 值,相矢量 $M(\omega)\angle\varphi(\omega) = (1/\sqrt{\omega^2 + 9})\angle -\arctan(\omega/3)$。

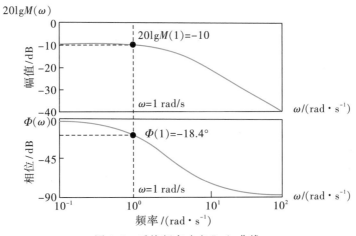

图 8.2 系统频率响应 Bode 曲线

注意:这两条曲线所表达的数值可以相互印证。图 8.2 上图对应 $\omega=1$ rad/s 处的幅频

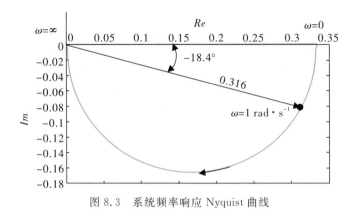

图 8.3 系统频率响应 Nyquist 曲线

响应 $L(\omega) = 20\lg M(\omega) = 20\lg(1/\sqrt{\omega^2+9}) = -10$，也就是 $M(1) = 10^{-10/20} = 0.316$；图 8.2 下图对应 $\omega = 1$ rad/s 处的相频响应近似为 $\Phi(1) = -18.4°$。这两个数值在图 8.3 中的 Nyquist 曲线中可以找到对应的向量点。

8.2 Bode 曲线

对数幅值和相位频率响应曲线都是自变量 ω 的函数，称为 Bode 曲线或 Bode 图。在实际应用时，可以利用一系列直线来近似 Bode 曲线以简化绘图。直线近似可以简化系统频率响应的计算量，用于估算系统的频率响应特性较为方便。

控制系统的传递函数通式如下：

$$G(s) = \frac{K(s+z_1)(s+z_2)\cdots(s+z_k)}{s^m(s+p_1)(s+p_2)\cdots(s+p_n)}$$

则系统的幅频响应是上式每一个零极点因式项的幅频响应乘积，即

$$M(\omega) = |G(j\omega)| = \left[\frac{K|\cdot|(s+z_1)|\cdot|(s+z_2)|\cdots|(s+z_k)|}{|s^m|\cdot|(s+p_1)|\cdot|(s+p_2)|\cdots|(s+p_n)|}\right]_{s\to j\omega} \quad (8.19)$$

如果我们知道每个零极点因式分项的幅值响应，就可以得到总的幅值响应。引入对数表征可以进一步简化这个计算过程，将乘除运算变为加减运算：

$$\begin{aligned} L(\omega) &= 20\lg|G(j\omega)| \\ &= \big[20\lg K + 20\lg|(s+z_1)| + 20\lg|(s+z_2)| + \cdots + 20\lg|(s+z_k)| \\ &\quad - 20\lg|s^m| - 20\lg|(s+p_1)| - \cdots - 20\lg|(s+p_n)|\big]_{s\to j\omega} \quad (8.20) \end{aligned}$$

这样，每个因式分项响应的代数和就导出了总体传递函数的对数幅值响应。进而，如果我们把每个分项的响应曲线近似为直线，在图中做直线叠加就会更为简单。

再看一下相频响应。根据式(8.18)可推导出 $G(s)$ 系统的相频响应为

$$\begin{aligned} \Phi(\omega) &= \angle G(j\omega) = \big[\angle K + \angle(s+z_1) + \angle(s+z_2) + \cdots + \angle(s+z_k) - \angle(s^m) \\ &\quad - \angle(s+p_1) - \cdots - \angle(s+p_n)\big]_{s\to j\omega} \quad (8.21) \end{aligned}$$

也就是说，系统的相频响应等于系统的零点因式分项的相频响应曲线之和，减去极点因式分项的相频响应曲线之和。同样，每个因式分项相频响应的代数和构成了总体传递函数的相频响应。如果我们把每个分项的相频响应曲线也近似为直线，那么也可以用叠加直线

作图法来绘制 $G(s)$ 的相频响应曲线了。

1. 一阶系统的频率响应与叠加法作图

我们先来研究控制系统常见模块(环节)传递函数的 Bode 曲线,然后再研究复杂系统的频率响应作图合成方法。

(1)函数 $G(s)=K$

$G(s)=K$ 称为比例函数。令 $s=\mathrm{j}\omega$,有 $G(\mathrm{j}\omega)=K$,写出幅频和相频响应函数为

$$L(\omega) = 20\lg|G(\mathrm{j}\omega)| = 20\lg K;\Phi(\omega) = 0° \tag{8.22}$$

比例函数 K 的频率响应曲线 $L(\omega)$ 和 $\Phi(\omega)$ 曲线如图 8.4 所示。$L(\omega)$ 是平行于横坐标轴的一条直线,取值为 $20\lg K$;$\Phi(\omega)$ 也是一条直线,取值 $0°$。

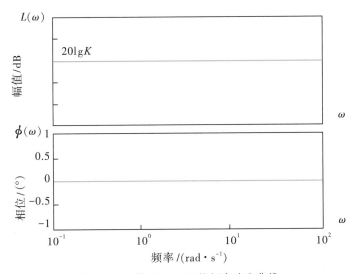

图 8.4　函数 $G(s)=K$ 的频率响应曲线

所以,如有 $G(s)=KG'(s)$,则 $G(s)$ 的对数幅频曲线形状与 $G'(s)$ 相同,只是在纵轴方向升高了 $20\lg K$;二者的相频曲线完全相同[参见式(8.20)与式(8.21)的表达]。

(2)函数 $G(s)=s+a$

令 $s=\mathrm{j}\omega$,则有

$$G(\mathrm{j}\omega) = \mathrm{j}\omega + a = a\left(\mathrm{j}\,\frac{\omega}{a} + 1\right) \tag{8.23}$$

当 $\omega\to 0$ 时,属于低频段,$G(\mathrm{j}\omega)\approx a$,函数的对数幅频响应为

$$L(\omega) = 20\lg|G(\mathrm{j}\omega)| \approx 20\lg a \tag{8.24}$$

当 $\omega\gg a$ 时,属于高频段,$\omega/a\gg 1$,则 $G(\mathrm{j}\omega)\approx\mathrm{j}\omega=\omega\angle 90°$,函数的幅频响应为

$$L(\omega) = 20\lg|G(\mathrm{j}\omega)| \approx 20\lg\omega \tag{8.25}$$

当 ω 取值在 $\omega=a$ 附近时属于中频段,高频近似值等于低频近似值。

在绘制函数的频率特性曲线时,横坐标为频率 ω(rad/s),以 $\lg\omega$ 分度标注。低频段的幅值响应曲线近似为一条平行于横坐标轴的直线,取值为 $20\lg a$;高频段的幅值响应曲线近似为一条斜线。因为横坐标是以 $\lg\omega$ 分度标注,所以直线斜率为 20 dB/decade。此处 decade 为 10 倍频之意。也就是说,频率每增加 10 倍,纵坐标数值增加 20 dB。若频率每增加一

倍,则纵坐标数值增加 6 dB,写成 6 dB/octave;此处 octave 称为倍频。我们称这两条直线为幅值响应曲线的渐近线(asymptotes),分为低频渐近线和高频渐近线。而频率 $\omega=a$ 称为转折频率(break frequence),是低频渐近线与高频渐近线的转换点。在人工绘制系统的频率响应曲线时,都是用渐近线代替实际曲线。

函数的相频响应由式(8.23)可知:在 $\omega=a$ 处为 $\Phi(a)=45°$;低频段根据式(8.24)可知相频响应近似为 $\Phi(\omega)\approx0°$;高频段根据式(8.25)可知 $\Phi(\omega)\approx90°$。在人工绘制函数的相频响应曲线时,也是用渐近线来代替。从中频段的 $\Phi(a)=45°$ 点开始,前后延伸 10 倍频,绘制一条斜率为 $+45°$/decade 的渐近线。低频段的渐近线是一条平行于横坐标轴的直线,取值为 $0°$;高频段的渐近线也是一条平行于横坐标轴的直线,取值为 $90°$。三条渐近线的转折频率在 $0.1a$ 和 $10a$ 两处。

函数 $G(s)=s+a$ 的频率响应曲线 $L(\omega)$ 和 $\Phi(\omega)$ 曲线如图 8.5 所示,图中也画出了渐近线。

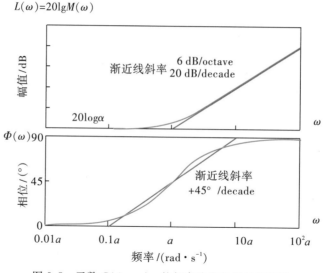

图 8.5 函数 $G(s)=s+a$ 的频率响应曲线与渐近线

在绘制频率响应曲线时,为了方便在具有不同参数的函数之间对比研究系统性能,画图时常将横坐标按一定比例缩放,使曲线的转折频率落在单位值 1 处;同时将幅频响应值做正则化(normalize)处理,使在转折频率处的对数幅频响应值为 0 dB。对响应曲线的度量尺度进行比例缩放和正则化处理后,同样阶次函数的频率响应曲线,就具有相同的低频渐近线和相同的转折频率。这样也有利于在多个子函数合成为复杂系统时,对频率响应曲线进行叠加计算。

例如对函数 $G(s)=s+a$ 的幅频响应进行比例缩放和正则化处理:

$$G(s) = s+a = a \cdot \left(\frac{s}{a}+1\right) \tag{8.26}$$

先定义一个经比例缩放后的新的频率变量 $s_1=s/a$;再将 $G(s)$ 除以增益值 a。经过这样处理后的函数就变成了 $G'(s)=s_1+1$,幅值响应曲线的转折频率为 1,对应幅值为 0 dB。如要获得原始函数的频率响应,将幅值和频率都乘以 a 即可。

函数 $G(s)=s+a$ 经比例缩放和正则化处理后的频率响应曲线如图 8.6 所示,图中同样也标出了渐近线。可以看出,实际的幅频响应曲线与渐近线之间的最大偏差是 3.01 dB,发生在转折频率处。实际相频响应曲线与渐近线之间的最大偏差是 5.71°,发生在转折频率前后 10 倍频率处。

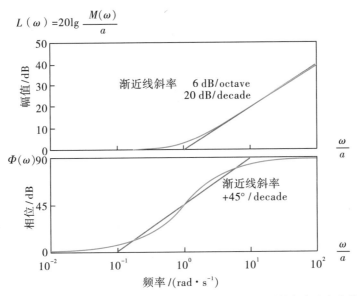

图 8.6　函数 $G(s)=s+a$ 经比例缩放和正则化处理后的频率响应曲线

(3)函数 $G(s)=1/(s+a)$

令 $s=\mathrm{j}\omega$,则有

$$G(\mathrm{j}\omega) = \frac{1}{\mathrm{j}\omega + a} = \frac{1}{a \cdot \left(\dfrac{\mathrm{j}\omega}{a} + 1 \right)} \tag{8.27}$$

$\omega \to 0$ 为低频段,对数幅频响应为

$$L(\omega) = 20\lg|G(\mathrm{j}\omega)| \approx 20\lg(1/a) \tag{8.28}$$

低频渐近线为一条水平线。

$\omega \gg a$ 为高频段,此时

$$G(\mathrm{j}\omega) = \frac{1}{\mathrm{j}\omega + a} = \frac{1}{a \cdot \left(\dfrac{\mathrm{j}\omega}{a} + 1 \right)} \approx \frac{1}{a \cdot \dfrac{\mathrm{j}\omega}{a}} = \frac{1}{\omega} \angle -90° \tag{8.29}$$

高频段的对数幅频响应为

$$L(\omega) = 20\lg|G(\mathrm{j}\omega)| \approx -20\lg\omega \tag{8.30}$$

低频渐近线和高频渐近线在转折频率 $\omega=a$ rad/s 处取值相同,高频渐近线从 $\omega>a$ 开始下降。这个结果类似于式(8.25),只是直线斜率是负值不是正值,以 -20 dB/decade 的速率下降,而不是上升。

函数的相频响应由式(8.27)可知:在 $\omega=a$ 处为 $\Phi(a)=-45°$;低频段 $\Phi(\omega)\approx 0°$;高频段根据式(8.29)可知 $\Phi(\omega)\approx -90°$。经正则化和比例缩放后的幅频响应和相频响应曲线如图 8.7 所示。

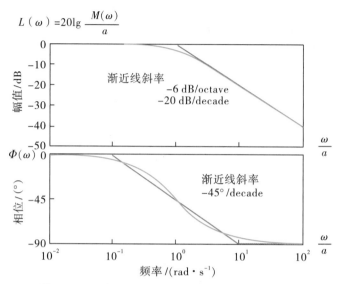

图 8.7 函数 $G(s)=1/(s+a)$ 经比例缩放和正则化处理后的频率响应曲线

（4）函数 $G(s)=s$

令 $s=j\omega$，可知 $G(j\omega)=j\omega$，则

$$L(\omega) = 20\lg|G(j\omega)| = 20\lg\omega \tag{8.31}$$

$$\Phi(\omega) = 90° \tag{8.32}$$

对数幅频曲线是一条斜率为 $+20$ dB/decade，通过点 $(1,0)$ 的直线。相位曲线是一个常数，是取值为 $+90°$ 的水平直线，如图 8.8 所示。

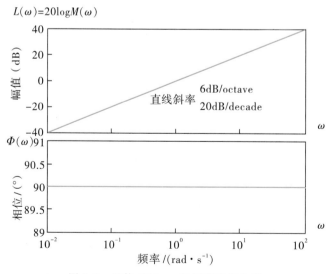

图 8.8 函数 $G(s)=s$ 的频率响应曲线

（5）函数 $G(s)=1/s$

令 $s=j\omega$，可知 $G(j\omega)=1/(j\omega)$，则

$$L(\omega) = 20\lg|G(j\omega)| = -20\lg\omega \tag{8.33}$$

$$\Phi(\omega) = -90° \tag{8.34}$$

对数幅频曲线是一条斜率为 -20 dB/decade，通过点 $(1,0)$ 的直线。相位曲线是一个取值为 $-90°$ 定值的水平直线，如图 8.9 所示。

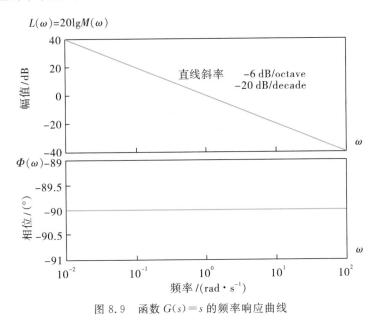

图 8.9　函数 $G(s) = s$ 的频率响应曲线

上述 5 个函数是比例函数或一阶函数。如果控制系统的传递函数是由这 5 种函数合成的，根据式 (8.20) 和式 (8.21)，在绘制系统的幅频和相频响应函数曲线时，就可以直接用叠加作图法获得了。

【例 8.2】系统传递函数 $G(s)$ 如下式所示，绘制系统频率响应 Bode 曲线简图。

$$G(s) = \frac{K(s+4)}{s(s+1)(s+2)} \tag{8.35}$$

【解题】可以看出，此系统传递函数 $G(s)$ 是由比例增益项和各一阶函数项组成的，系统的 Bode 曲线也是由这些分项曲线（渐近线）叠加而成的。为了方便绘图，先对各分项做正则化变换，使每一分项的低频段幅值均为单位值，对数幅频值为 0 dB（除了极点在原点处的分项以外）。这样易于叠加各分项的 Bode 曲线。具体改写 $G(s)$ 如下：

$$G(s) = K \cdot \frac{2(\frac{1}{4}s+1)}{s(s+1)(\frac{1}{2}s+1)} = K \cdot \frac{2(0.25s+1)}{s(s+1)(0.5s+1)} = K \cdot G'(s) \tag{8.36}$$

显然，$G(s)$ 与 $G'(s)$ 相比，对数幅频曲线形状相同，只是纵轴方向升高了 $20\lg K$；二者的相频曲线完全相同。分项 $1/(s+1)$、$1/(0.5s+1)$ 和 $(0.25s+1)$ 的转折频率分别在 $\omega = 1$、$\omega = 2$ 和 $\omega = 4$ 处。绘制 $G(s)$ 的 Bode 曲线时，一般选择横坐标始于最小转折频率的 $1/10$ 处，延伸至最大转折频率 10 倍处。此题目中，我们选择横坐标范围从 $\omega = 0.1$ rad/s 到 $\omega = 100$ rad/s。

图 8.10 绘制了各分项传递函数频率响应 Bode 曲线或曲线的渐近线。图 8.11 是叠加

各分项后的 $G'(s)$ 的幅频和相频响应曲线。

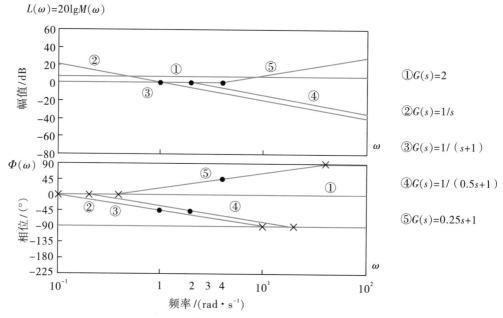

图 8.10　各分项传递函数频率响应 Bode 曲线(渐近线)

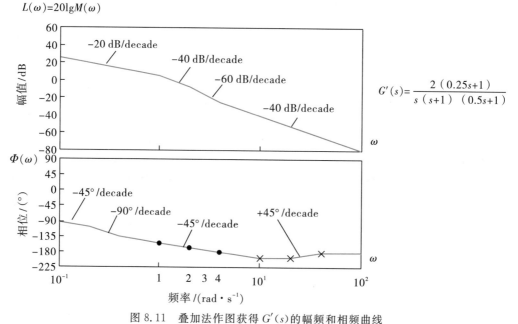

图 8.11　叠加法作图获得 $G'(s)$ 的幅频和相频曲线

参看图 8.11，$G'(s)$ 的曲线其实就是 $K=1$ 的 $G(s)$ 频率响应曲线。Bode 幅频响应曲线(图 8.11 上图)由折线组成。折线始于 $\omega=0.1$ rad/s，对应的幅值为 $20\lg(2/0.1)=26.02$，以 -20 dB/decade 速率下降；在 $\omega=1$ rad/s 处，在传递函数中的 $[1/(s+1)]$ 分项开始起作用，其本身斜率为 -20 dB/decade，叠加后系统响应曲线以 -40 dB/decade 下降；同理，在

$\omega = 2$ rad/s 处,$[1/(0.5s+1)]$ 分项开始起作用,系统响应曲线以 -60 dB/decade 的斜率下降;折线持续到 $\omega = 4$ rad/s 处,分子上的 $(0.25s+1)$ 分项以 $+20$ dB/decade 的斜率叠加进来,系统幅值响应曲线从 -60 dB/decade 变为 -40 dB/decade,一直持续到曲线结束。

Bode 相频曲线(图 8.11 下图)的绘制与此类似,只是整个折线中的特征点稍微多一些。折线始于点 $(0.1,-90°)$,以 $-45°$/decade 的斜率下降;在 $\omega = 0.2$ rad/s 处,折线开始以 $-90°$/decade 的斜率下降;从 $\omega = 0.4$ rad/s 开始,折线又以 $-45°$/decade 的斜率下降;从 $\omega = 10$ rad/s 开始,折线以水平线延伸;在 $\omega = 20$ rad/s 处,折线以 $+45°$/decade 的斜率上升;直至 $\omega = 40$ rad/s,折线又变成了水平直线,曲线绘制完毕。

通过此例可知,如果系统传递函数由比例项和一阶函数构成时,用叠加作图法很容易得到系统的 Bode 曲线。下面我们来研究二阶传递函数的对数幅频曲线和相频曲线。

2. 二阶系统的频率响应与叠加法作图

(1)二阶系统 $G(s) = s^2 + 2\zeta\omega_n s + \omega_n^2$

令 $s = j\omega$,得到系统的频率响应函数 $G(j\omega)$:

$$G(j\omega) = \left[s^2 + 2\zeta\omega_n s + \omega_n^2 \right]_{s \to j\omega} = (\omega_n^2 - \omega^2) + j2\zeta\omega_n\omega = \omega_n^2 \left[\left(1 - \frac{\omega^2}{\omega_n^2} \right) + j\frac{2\zeta\omega}{\omega_n} \right] \quad (8.37)$$

可以仿照一阶系统的近似方法绘制频率响应曲线的渐近线。但注意随着二阶系统的阻尼比 ζ 取值的不同,渐近线与实际曲线的差异会很大。

在低频段,方程(8.37)为

$$G(j\omega) \approx \omega_n^2 \angle 0° \quad (8.38)$$

幅频响应 $M(\omega)$ 在低频段的近似表达以 dB 单位表示为

$$20\lg M(\omega) = 20\lg |G(j\omega)| = 20\lg \omega_n^2 \quad (8.39)$$

$G(s)$ 的幅频响应中低频部分渐近线为一条水平直线。

在高频段,

$$G(j\omega) \approx (j\omega)^2 = -\omega^2 = \omega^2 \angle 180° \quad (8.40)$$

$G(s)$ 的对数幅频响应近似为

$$20\lg M(\omega) = 20\lg |G(j\omega)| \approx 20\lg \omega^2 = 40\lg \omega \quad (8.41)$$

高频渐近线表达为一条上升的直线,斜率为 40 dB/decade,也就是 12 dB/octave。低频渐近线和高频渐近线在 $\omega = \omega_n$ 处相等,故系统自然频率 ω_n 为二阶传递函数的转折频率。

为了便于表达不同 ω_n 的系统,在绘制曲线时我们对坐标系也进行正则化和比例缩放处理。即对式(8.37)的幅值除以 ω_n^2 进行正则化处理,自变量除以 ω_n 进行比例缩放。

令 $s_1 = s/\omega_n$,代入 $G(s) = s^2 + 2\zeta\omega_n s + \omega_n^2$,得到处理后的表达式:

$$G'(s_1) = G(s_1)/\omega_n^2 = s_1^2 + 2\zeta s_1 + 1 \quad (8.42)$$

这样,$G'(s_1)$ 幅频曲线的低频渐近线在 0 dB 处转折频率为 $\omega = 1$ rad/s。图 8.12 上图是 $G(s) = s^2 + 2\zeta\omega_n s + \omega_n^2$ 经正则化和比例缩放后的幅频响应曲线。

$G(s)$ 的相频曲线 $\Phi(\omega)$ 的渐近线,根据式(8.38)和式(8.40)可知,低频段为 $0°$,高频段为 $180°$。在自然频率 ω_n 处的相位,代入 $\omega = \omega_n$ 到 $G(j\omega)$,可得

$$G(j\omega_n) = \left[(j\omega)^2 + 2\zeta\omega_n (j\omega)s + \omega_n^2 \right]_{\omega \to \omega_n} = j2\zeta\omega_n^2 \quad (8.43)$$

所以 $G(j\omega_n)$ 的相位是 $+90°$。在 $\omega = \omega_n$ 前后 10 倍频这一段,渐近线是一条斜率为 $90°$/decade 的斜线。图 8.12 下图是 $G(s) = s^2 + 2\zeta\omega_n s + \omega_n^2$ 经横坐标比例缩放后的相频响应曲

线的渐近线。图中从 $\omega=0.1$ 到 $\omega=10$，是斜率为 $90°/\text{decade}$ 的斜线，并且在 $\omega=1$ 处通过 $+90°$。

二次函数频率响应函数的实际曲线与渐近线相比，根据 ζ 值的不同，会有较大的偏差。参见式(8.37)，$G(s)=s^2+2\zeta\omega_n s+\omega_n^2$ 的实际幅频和相频响应分别为

$$M(\omega)=\sqrt{(\omega_n^2-\omega^2)^2+(2\zeta\omega_n\omega)^2} \tag{8.44}$$

$$\varphi(\omega)=\arctan\frac{2\zeta\omega_n\omega}{\omega_n^2-\omega^2} \tag{8.45}$$

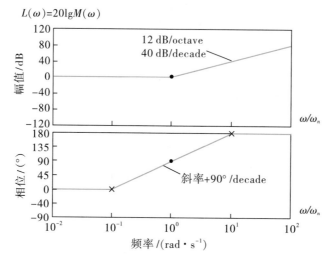

图 8.12　$G(s)=s^2+2\zeta\omega_n s+\omega_n^2$ 的频率响应曲线渐近线

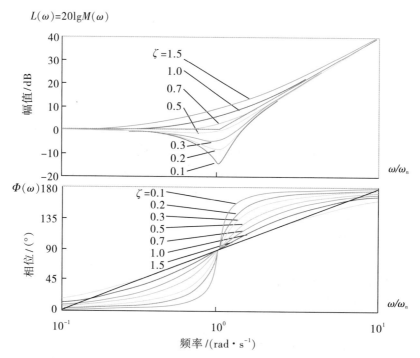

图 8.13　$G(s)=s^2+2\zeta\omega_n s+\omega_n^2$ 的实际频率响应曲线与渐近线对比

不同 ζ 值的幅频、相频响应实际值,如图 8.13 所示。图中也画出了渐近线,可以比较它们之间的差异。有些文献将各点实际值与渐近线之间的偏差数据列成表,在实际使用时比较方便。

(2)二阶系统 $G(s)=1/(s^2+2\zeta\omega_n s+\omega_n^2)$

显然,$G(s)=1/(s^2+2\zeta\omega_n s+\omega_n^2)$ 的频率响应,与函数 $G(s)=s^2+2\zeta\omega_n s+\omega_n^2$ 的频率响应曲线的推导过程和结果都相似。只是幅频响应曲线的渐近线在转折频率(系统自然频率)后是以斜率 -40 dB/decade 下降。相频曲线的低频段为 $0°$,高频段为 $-180°$。在 $\omega=\omega_n$ 前后 10 倍频这一段,相频曲线的渐近线是一条斜率为 $-90°/\text{decade}$ 下降的斜线,斜线通过 $(\omega_n,\ -90°)$ 这一点。

频率响应精确表达式的推导过程也与函数 $G(s)=s^2+2\zeta\omega_n s+\omega_n^2$ 类似。解析表达式中,幅值是其倒数,相位是其负向,为

$$M(\omega)=\frac{1}{\sqrt{(\omega_n^2-\omega^2)^2+(2\zeta\omega_n\omega)^2}} \tag{8.46}$$

$$\Phi(\omega)=-\arctan\frac{2\zeta\omega_n\omega}{\omega_n^2-\omega^2} \tag{8.47}$$

图 8.14 是二阶函数 $G(s)=1/(s^2+2\zeta\omega_n s+\omega_n^2)$ 的频率响应曲线渐近线;图 8.15 是 $G(s)=1/(s^2+2\zeta\omega_n s+\omega_n^2)$ 的实际频率响应曲线与渐近线对比(坐标经过正则化和比例缩放)。

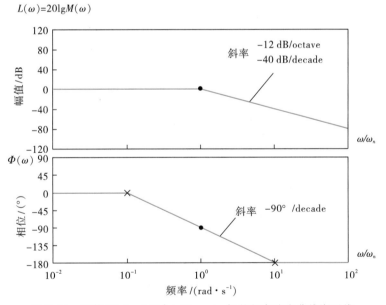

图 8.14　函数 $G(s)=1/(s^2+2\zeta\omega_n s+\omega_n^2)$ 的频率响应曲线渐近线

【例 8.3】含有二阶函数的系统传递函数 $G(s)$ 如下,绘制系统频率响应 Bode 曲线简图。

$$G(s)=\frac{10(s+6)}{s(s+2)(s^2+s+2)} \tag{8.48}$$

【解题】先将 $G(s)$ 各分项幅值做正则化处理,便于折线叠加计算:

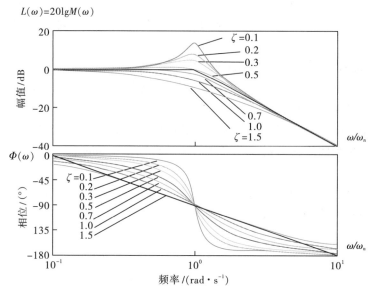

图 8.15 $G(s)=1/(s^2+2\zeta\omega_n s+\omega_n^2)$ 的实际频率响应曲线与渐近线对比

$$G(s) = \frac{10(s+6)}{s(s+2)(s^2+s+2)} = \frac{15\left(\dfrac{s}{6}+1\right)}{s\left(\dfrac{s}{2}+1\right)\left(\dfrac{s^2}{2}+\dfrac{s}{2}+1\right)} \qquad (8.49)$$

可以看出此系统包含有比例增益函数、一阶函数和二阶函数。其中各子函数为

$G_1(s)=15$，比例函数；

$G_2(s)=1/s$，一阶函数，极点取值为零；

$G_3(s)=1/\left(\dfrac{s^2}{2}+\dfrac{s}{2}+1\right)$，二阶函数，渐近线转折频率为 $\omega=\omega_n=\sqrt{2}$ rad/s，$\zeta=0.35$；

$G_4(s)=1/\left(\dfrac{s}{2}+1\right)$，一阶函数，极点取值为 -2，渐近线转折频率为 $\omega=2$ rad/s；

$G_5(s)=\dfrac{s}{6}+1$，零点取值为 -6，渐近线转折频率为 $\omega=6$ rad/s；

表 8.1 和表 8.2 分别列出了各子函数和 $G(s)$ 函数的幅频和相频响应曲线中各段渐近线的斜率值，对应各个函数的转折频率和变换点。分别画出各个函数的频率响应 Bode 曲线的渐近线，然后再叠加合成就可以得到系统频率响应 Bode 曲线简图，如图 8.16 所示。图中也画出了用 MATLAB 仿真计算的实际响应曲线，可以相互对比。

表 8.1 $G(s)$ 幅频响应渐近线各段斜率值

函数		斜率/(dB/decade)						
		$\omega=0.1$	$\to$	$\sqrt{2}$	$\to$	2	$\to$	6	$\to$	100
$G_1(s)$		0		0		0		0
$G_2(s)$		-20		-20		-20		-20
$G_3(s)$	$\omega_T=\omega_n=\sqrt{2}$	0		-40		-40		-40
$G_4(s)$	$\omega_T=2$	0		0		-20		-20

$G_5(s)$ $\omega_T=6$	0	0	0	20
$G(s)=G_1G_2G_3G_4G_5$ $\sum$	-20	-60	-80	-60

表 8.2 $G(s)$ 相频响应渐近线各段斜率值(°/decade)

函数	频率度						
	0.1 → 0.14 →	0.2 →	$\omega=$ 0.6	(rad/s) 14.1	→ 20 →	60 →	100
$G_1(s)$	0 0	0	0	0	0	0	0
$G_2(s)$	0 0	0	0	0	0	0	0
$G_3(s)$ $\omega_T=\omega_n=\sqrt{2}$	0 $-90°$	$-90°$	$-90°$	0	0	0	
$G_4(s)$ $\omega_T=2$	0 0	$-45°$	$-45°$	$-45°$	0	0	
$G_5(s)$ $\omega_T=6$	0 0	0	$+45°$	$+45°$	$+45°$	0	
$G(s)=G_1G_2G_3G_4G_5$ $\sum$	0 $-90°$	$-135°$	$-90°$	0	$+45°$	0	

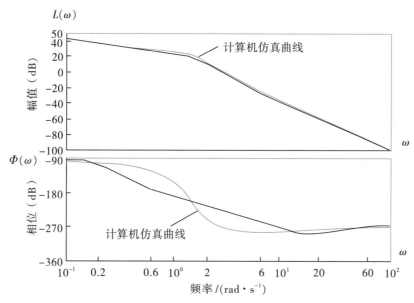

图 8.16 叠加法作图获得 $G(s)$ 的幅频和相频曲线

8.3 Nyquist 曲线与系统稳定性判据

判断一个线性控制系统是否是稳定系统,我们在第 4 章介绍了 Routh-Hurwitz 代数判据法。利用系统的 Nyquist 频率响应曲线,可以将闭环系统的稳定性与开环系统的极点位置联系起来。这种方法的思路是利用易于获得的开环系统的频率响应信息,推导出闭环系统的稳定性信息。类似于根轨迹法的解题思路——根据开环系统零极点信息,推导出闭环系统的瞬态和稳态响应信息。

1. Nyquist 稳定性判据原理

图 8.17 所示为标准闭环控制系统,开环传递函数为 $G(s)H(s)$。

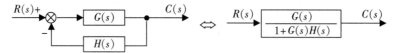

图 8.17 闭环控制系统传递函数

在推导 Nyquist 判据之前,先引入 4 个在推导过程中要用到的重要概念。

(1)函数 $1+G(s)H(s)$ 的极点与开环传递函数 $G(s)H(s)$ 的极点之间的关系;

(2)函数 $1+G(s)H(s)$ 的零点与闭环传递函数 $T(s)$ 的极点之间的关系;

(3)"映射"的概念;

(4)"映射迹线"的概念。

令:

$$G(s) = \frac{N_G}{D_G}, \qquad H(s) = \frac{N_H}{D_H} \tag{8.50}$$

则开环传递函数 $G(s)H(s)$ 和函数 $1+G(s)H(s)$ 可以写成:

$$G(s)H(s) = \frac{N_G N_H}{D_G D_H}, 1+G(s)H(s) = 1 + \frac{N_G N_H}{D_G D_H} = \frac{D_G D_H + N_G N_H}{D_G D_H} \tag{8.51}$$

闭环传递函数 $T(s)$ 写成:

$$T(s) = \frac{G(s)}{1+G(s)H(s)} = \frac{N_G D_H}{D_G D_H + N_G N_H} \tag{8.52}$$

由表达式(8.50)至式(8.52)可知:

(1)函数 $1+G(s)H(s)$ 的极点就是系统开环传递函数 $G(s)H(s)$ 的极点;

(2)函数 $1+G(s)H(s)$ 的零点就是系统闭环传递函数 $T(s)$ 的极点。

"映射"的概念:如果我们在 S 平面上有一个复数 s,将其代入一个函数 $F(s)$,就会得到另外一个复数,这个计算过程我们称为"映射"。

例如,将复数 $s=2+j3$ 代入函数 $F(s)=s^2+2s+3$,得到 $2+j18$,我们就说 $2+j3$ 通过函数 s^2+2s+3 映射为 $2+j18$。

"映射迹线"的概念:如图 8.18 所示,复数点集 A 在复平面中构成轨迹线 A。设

$$F(s) = \frac{\prod_{i=1}^{m}(s-z_i)}{\prod_{j=1}^{n}(s-p_j)} \tag{8.53}$$

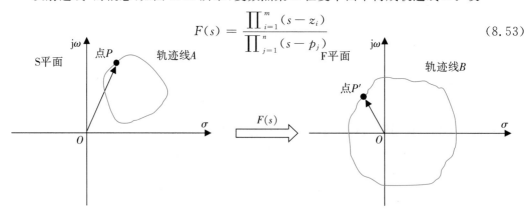

图 8.18 轨迹线 A 通过函数 $F(s)$ 就映射为轨迹线 B

将点集 A 中的每个点代入多项式代数函数 $F(s)$，将计算所得的每个复数值绘制成曲线，这样轨迹线 A 通过函数 $F(s)$ 就映射为轨迹线 B。如图 8.18 所示，A 上的点 P 通过函数 $F(s)$ 映射为点 P'。我们称轨迹线 B 为"映射迹线"。

多项式函数 $F(s)$ 的运算实际上是向量的合成计算，所以图 8.18 中的映射迹线 B 可以用向量合成法来计算生成。图 8.19 是最简单的 $F(s)$ 函数映射迹线示例。左图中复平面里的向量 $\boldsymbol{V}$，经复数运算后变成右图的向量 $\boldsymbol{R}$。

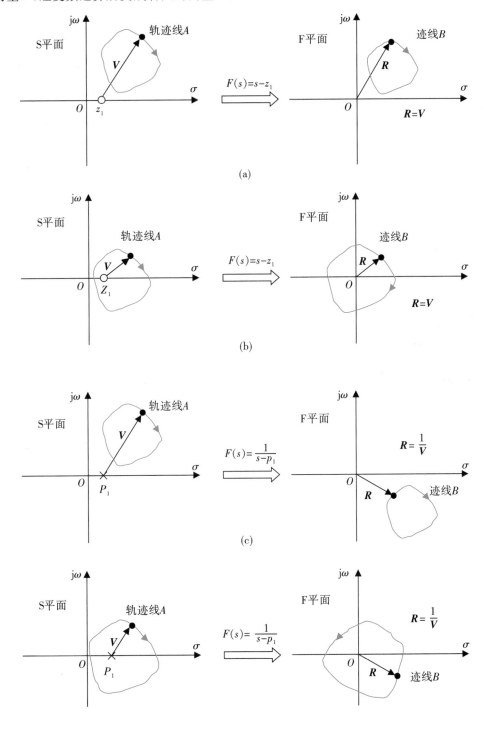

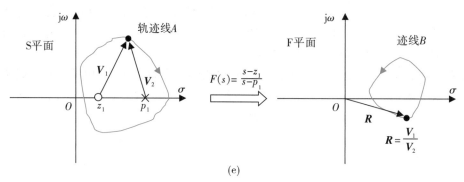

(e)

图 8.19　典型函数 $F(s)$ 的映射迹线

可以证明,当轨迹线 A 上的点 s 沿顺时针方向依次取值时:

(1)对于仅具有零点的映射函数 $F(s)$,或者 $F(s)$ 仅具有极点但是极点没有被轨迹线 A 包围,这两种情况下映射迹线 B 是顺时针方向取值,如图 8.19(a)、(b) 和(c)所示。

(2)对于仅具有极点的映射函数 $F(s)$,若轨迹线 A 包围了 $F(s)$ 的极点,那么映射迹线 B 以逆时针方向生成,如图 8.19(d)所示。

(3)若 $F(s)$ 的极点或零点被轨迹线 A 包围,则映射迹线包围坐标原点,如图 8.19(b)、(d)所示。注意在图 8.19(e)的例子中,由于 $F(s)$ 的极点和零点都被包围在轨迹线 A 中,零极点向量的旋转方向互逆,最终的映射轨迹 B 就不再包围坐标原点了。

可以证明,包围在轨迹线 A 中的多项式函数 $F(s)$ 零极点个数与映射迹线 B 围绕坐标原点逆时针转的圈数之间有唯一的关系。令 $F(s)=1+G(s)H(s)$,Nyquist 判据就是利用这个关系来判定闭环系统的稳定性。

参见图 8.20,假设此处的 $1+G(s)H(s)$ 有 2 个零点、3 个极点,分布在轨迹线 A 内外。将 A 上的各点数值代入函数 $1+G(s)H(s)$,映射形成映射迹线 B。如图 8.20 所示,$1+G(s)H(s)$ 的 5 个零极点与 Q 点构成的向量 $V_1 \sim V_5$,对应着表达式(8.53)中的每一因式项。显然映射迹线上的点 Q' 代表的向量 $R=(V_1 V_2)/(V_3 V_4 V_5)$。注意向量 R 是从坐标原点引出度量的。

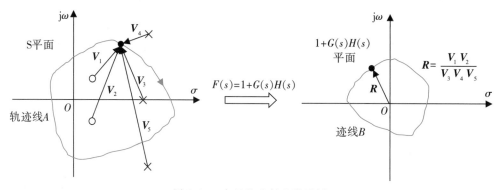

图 8.20　向量的映射迹线示例

令点 Q 以顺时针方向沿着轨迹线 A 转动一圈,位于 A 内部的向量 V_i 显然转了一个整圈,或者说,整个过程中向量相角变化了 $360°$;而位于 A 外面的零点或极点所构成的向量

V_j,则会摇摆返回到出发位置,整个过程中向量相角实际变化了 $0°$。参见图 8.20,构成向量 $\boldsymbol{V}_1$、$\boldsymbol{V}_2$ 和 $\boldsymbol{V}_3$ 的函数零极点被包围在 A 内部,构成向量 $\boldsymbol{V}_4$ 和 $\boldsymbol{V}_5$ 的函数零极点位于 A 的外面。点 Q 沿着 A 顺时针转一圈,向量 $\boldsymbol{V}_1$、$\boldsymbol{V}_2$ 和 $\boldsymbol{V}_3$ 的相角旋转变化了 $360°$;而 $\boldsymbol{V}_4$ 和 $\boldsymbol{V}_5$ 是左右摇摆返回到出发位置,整个过程相角变化了 $0°$。

在多项式函数 $1+G(s)H(s)$ 映射迹线 B 生成过程中,每个沿着轨迹线 A 转了整圈的零点因式或极点因式,必然导致合成向量 $\boldsymbol{R}$ 变化了 $360°$,也就是令映射迹线 B 绕坐标原点转了一个整圈。注意点 Q 沿着轨迹线 A 是顺时针移动,则 A 圈内的每个零点向量会使 Q' 顺时针旋转;A 圈内的每个极点向量导致 Q' 逆时针旋转。

我们不妨设 P 是函数 $1+G(s)H(s)$ 包围在轨迹线 A 中的极点个数,Z 是函数 $1+G(s)H(s)$ 在轨迹线 A 中包围的零点个数,N 是映射迹线 B 绕坐标原点逆时针转的圈数,则有关系式:

$$N = P - Z \tag{8.54}$$
$$\text{或} \qquad Z = P - N \tag{8.55}$$

注意此处的零点、极点是函数 $1+G(s)H(s)$ 的零点、极点。前面我们已经证明了"函数 $1+G(s)H(s)$ 的极点就是系统开环传递函数 $G(s)H(s)$ 的极点;"以及"函数 $1+G(s)H(s)$ 的零点就是系统闭环传递函数 $T(s)$ 的极点"。因而,$Z=P-N$ 就表征了在轨迹线 A 中的闭环传递函数 $T(s)$ 的极点个数[也就是函数 $1+G(s)H(s)$ 的零点个数]等于开环传递函数 $G(s)H(s)$ 的极点在轨迹线 A 内的个数,减去 $1+G(s)H(s)$ 的映射迹线 B 绕坐标原点逆时针转过的圈数。

现在我们把轨迹线 A 扩展到整个复平面的右半平面,如图 8.21 所示。这样式(8.55)中的 Z 就是所有位于复平面右半平面的闭环极点个数。根据这个 Z 值就可以判定系统的稳定性了。

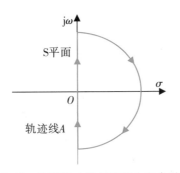

图 8.21　轨迹线 A 扩展到整个右半平面

在实际计算时,开环传递函数 $G(s)H(s)$ 在右半平面的极点个数 P 较容易获得。而函数 $1+G(s)H(s)$ 的映射迹线 B,与函数 $G(s)H(s)$ 的映射迹线相比,二者的形状完全一样,只是沿实轴平移了一个单位而已,如图 8.22 所示。所以,$1+G(s)H(s)$ 的映射迹线 B 绕坐标原点转过的圈数 N,相当于 $G(s)H(s)$ 映射迹线绕点 $(-1,0)$ 转过的圈数。

至此我们可以给出完整的 Nyquist 稳定性判据,叙述如下:如果一条轨迹线 A 包围整个复数域右半平面,A 通过系统开环传递函数 $G(s)H(s)$ 生成一条映射迹线 B,那么闭环系统极点在右半平面的个数 Z,等于右半平面的开环极点数 P 减去映射迹线 B 绕 $(-1,0)$ 点逆时针旋转的圈数 N,即 $Z=P-N$。映射迹线 B 称为 $G(s)H(s)$ 的 Nyquist 曲线。

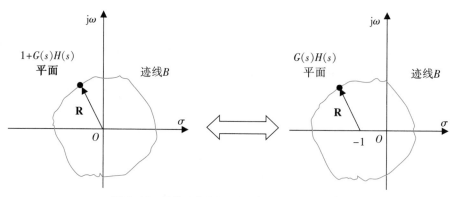

图 8.22　函数 $1+G(s)H(s)$ 与 $G(s)H(s)$ 迹线

参见图 8.21,轨迹线 A 包含了虚数轴,位于正虚轴上的点 $j\omega$ 通过 $G(s)H(s)$ 的映射,相当于将 $s=j\omega$ 代入 $G(s)H(s)$ 构成了系统频率响应函数 $G(j\omega)H(j\omega)$。即 Nyquist 曲线的一部分,就是 $G(s)H(s)$ 频率响应的极坐标曲线。这也是 Nyquist 判据之所以被归类为频率响应分析技术的原因。

如图 8.23 的左图是开环传递函数 $1+G(s)H(s)$ 在 S 平面中的零点、极点分布情况。符号 $\times$ 表示函数 $1+G(s)H(s)$ 的极点,也就是开环传递函数 $G(s)H(s)$ 的极点,其具体位置已知;符号 Φ 表示函数 $1+G(s)H(s)$ 的零点,也就是闭环传递函数的极点,其位置未知。轨迹线 A 包含整个 S 域的右半平面。图 8.23 的右图是 A 经 $G(s)H(s)$ 的映射迹线。

图 8.23(a)中,轨迹线 A 没有包含函数 $G(s)H(s)$ 的极点,故 $P=0$;通过 $G(s)H(s)$ 映射而成的 Nyquist 曲线也没有包围 $(-1,0)$ 点,因此 $N=0$;故可知 $Z=P-N=0$,说明轨迹线 A 中没有包含函数 $1+G(s)H(s)$ 的零点,也就是闭环传递函数的极点。换句话说,闭环传递函数在 S 域的右半平面没有极点,所以系统是稳定系统。

图 8.23(b)中,轨迹线 A 同样没有包含函数 $G(s)H(s)$ 的极点,故 $P=0$;$G(s)H(s)$ 映射成两条包围 $(-1,0)$ 点顺时针旋转的 Nyquist 曲线,$N=-2$;这样 $Z=P-N=2$。说明轨迹线 A 中包含函数 $1+G(s)H(s)$ 的两个零点,也就是闭环传递函数的两个极点。换句话说,闭环传递函数在 S 域的右半平面有两个极点,所以系统是不稳定系统。注意我们并没有求出这两个闭环极点的具体位置,但已经知晓了系统稳定与否。

注意:此例中 $G(s)H(s)$ Nyquist 曲线顺时针包围点 $(-1,0)$ 旋转,表示 N 取负值。画一条源自点 $(-1,0)$,随意向某个方向延伸的射线,数一数 Nyquist 曲线穿越射线的次数,即可确定曲线包围点 $(-1,0)$ 旋转的圈数。逆时针穿越为正,顺时针穿越为负。图 8.23(b)中的 Nyquist 曲线顺时针穿越了射线两次,所以 $N=-2$。

2. Nyquist 曲线绘制方法

轨迹线 A 包含 S 平面的右半平面,将轨迹线 A 上的各点代入函数 $G(s)H(s)$ 就可以得到映射迹线 Nyquist 曲线。代入点沿着虚轴正方向移动就可以得到系统开环传递函数 $G(s)H(s)$ 的频率响应的极坐标曲线。通过 $G(s)H(s)$ 曲线上的向量运动特性,就可以快速绘制出 Nyquist 曲线简图。我们通过一个实例来学习 Nyquist 曲线简图的绘制方法。

【**例 8.4**】图 8.24(a)为简化的涡轮发电机组调速控制系统示意图。蒸汽驱动涡轮机组发电,发电机组输出的电流频率要稳定在一定范围内。可以通过一个控制系统调节系统的

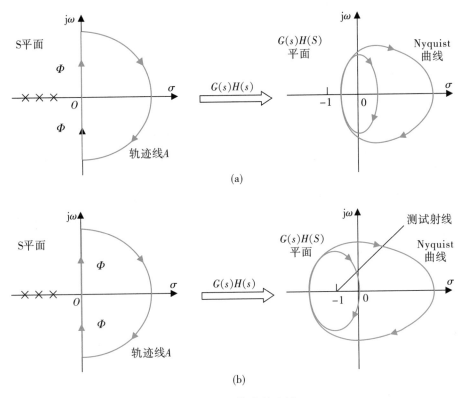

图 8.23　函数映射示例

［注意图中 $1+G(s)H(s)$ 极点×已知,可判断出零点 $\varPhi$ 所处半平面,但具体位置未知。］

输出速率:传感器检测出与系统设定速率的偏差,利用偏差调节蒸汽阀门以补偿速率偏差,确保机组输出的频率在容许范围之内。图 8.24(b)为系统方框图。试绘制系统的 Nyquist 曲线简图。

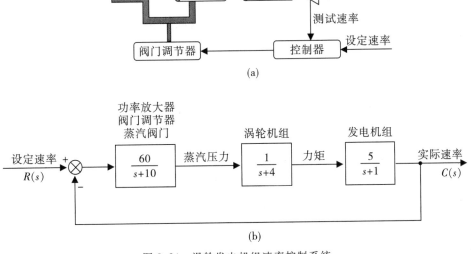

图 8.24　涡轮发电机组速率控制系统

【解题】根据题设可知,系统为单位反馈控制系统,开环传递函数为

$$G(s)H(s) = G(s) = \frac{300}{(s+1)(s+4)(s+10)} \tag{8.56}$$

从 Nyquist 曲线的定义出发,先在 S 平面上画出包围右半平面的轨迹线 A,以及系统开环传递函数 $G(s)H(s)$ 的极点位置,然后将轨迹线 A 上各点代入 $G(s)H(s)$,就可以画出 Nyquist 曲线。作图过程就是 $G(s)H(s)$ 向量(从坐标原点到映射迹线上的点)的复数运算过程。如图 8.25 所示,式(8.56)中的每个 $G(s)H(s)$ 零极点因子对应为左图中的一个向量,将这些向量合成为右图中的向量 $\boldsymbol{R}$,即为 Nyquist 曲线上的点。向量合成计算方法是零点因子向量的乘积与极点因子向量乘积之比。这样合成后向量 $\boldsymbol{R}$ 的幅值,是零点因子向量长度的乘积,除以极点因子向量长度的乘积;合成后向量 $\boldsymbol{R}$ 的相角,是零点因子向量的相角之和,减去极点因子向量的相角之和。此题目中函数 $G(s)H(s)$ 有 3 个极点,分别是 -1、-4 和 -10;没有零点。

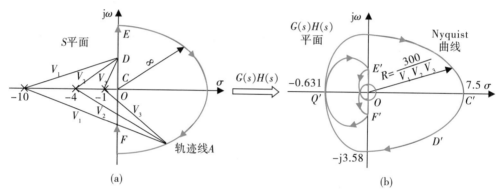

图 8.25 向量合成法求取 Nyquist 曲线

具体作图过程描述如下。

(1)如图 8.25(a)所示,s 点沿着轨迹线 A 从 C 点(坐标原点)经 D 点到 E 点顺时针移动,合成向量 $\boldsymbol{R}$ 的相角从 $0°$ 变化到了 $-3 \times 90° = -270°$,在图 8.25(b)中的 Nyquist 曲线是点 C' 运动到点 D' 再到点 E'。幅值是从 0 频率时的有限值[在图 8.25(a)中的 C 点,3 个极点向量均为有限长度],变化到 E 点无穷大频率处的 0 值[在图 8.25(a)中的 E 点,3 个极点向量长度均为无穷大]。

这一段映射曲线也可以用解析表达式来计算。A 轨迹线从 C 点到 E 点是正虚轴部分,将 $s = \mathrm{j}\omega$ 代入 $G(s)H(s)$ 有:

$$
\begin{aligned}
G(\mathrm{j}\omega)H(\mathrm{j}\omega) &= \left[\frac{300}{(s+1)(s+4)(s+10)}\right]_{s \to \mathrm{j}\omega} = \frac{300}{(40-15\omega^2)+\mathrm{j}(54\omega-\omega^3)} \\
&= 300 \cdot \frac{(40-15\omega^2)-\mathrm{j}(54\omega-\omega^3)}{(40-15\omega^2)^2+(54\omega-\omega^3)^2}
\end{aligned} \tag{8.57}
$$

在 0 频率点处,$G(\mathrm{j}\omega)H(\mathrm{j}\omega) = 300/40 = 7.5$。也就是说,Nyquist 曲线始于幅值为 7.5,角度为 $0°$ 的向量点。随着 ω 增大,$G(\mathrm{j}\omega)H(\mathrm{j}\omega)$ 的实部为正虚部为负。在 $\omega = \sqrt{40/15}$ 处,$G(\mathrm{j}\omega)H(\mathrm{j}\omega)$ 的实部由正值变为负值。在 $\omega = \sqrt{54}$ 处,虚部为零,Nyquist 曲线穿越负实轴。在实轴上的穿越点 Q' 可以代入式(8.57)求得,为 -0.631。随着 s 点继续移动 $\omega \to \infty$,

$G(j\omega)H(j\omega)$ 的实部为负虚部为正。在 E 点频率为 ∞ 处，$G(j\omega)H(j\omega)\approx 300j/\omega^3$，相角为 $90°$，幅值近似为零。

（2）当 s 沿着轨迹线 A 以无穷大半径从 E 点到 F 点，$G(s)H(s)$ 的各因子向量是顺时针旋转了 $180°$，则合成向量 **R** 逆时针旋转了 $3\times 180°$。如图 8.25（b）所示，这一段 Nyquist 曲线始于 E' 点终于 F' 点。从解析式分析，各因式向量可以视作是沿着无穷大半径，从原点引出矢径无穷大的向量。而对于 S 平面的任何点，$G(s)H(s)$ 的值可以代入每个复数的极坐标形式计算得到

$$G(s)H(s) = \frac{300}{(R_{-1}\ e^{j\varphi_{-1}})(R_{-4}\ e^{j\varphi_{-4}})(R_{-10}\ e^{j\varphi_{-10}})} \tag{8.58}$$

此处 R_i 和 φ_i 分别是复数 $(s-p_i)$ 的幅值和相角。点 s 沿着无穷大半径移动过程中，所有的 R_i 是无穷大，相角可以根据题设（向量是从坐标原点引出）求出近似值。这样，沿着无穷大半径，就有

$$G(s)H(s) = \frac{300}{\infty \angle (\varphi_{-1}+\varphi_{-4}+\varphi_{-10})} = 0\angle -(\varphi_{-1}+\varphi_{-4}+\varphi_{-10}) \tag{8.59}$$

图 8.25（a）中的点 E，各因子向量的相角都是 $90°$，所以映射合成向量为 $0\angle -270°$，如图 8.25（b）的 E' 点所示。类似地，在 F 点处，$G(s)=0\angle +270°$，映射点为图 8.25（b）的点 F' 处。其幅值趋近于零，故在靠近坐标原点处标识。

（3）s 沿着轨迹线 A 在负虚轴移动这一段的映射曲线，是将 $s=-j\omega$ 代入 $G(s)H(s)$ 中求得，我们可以利用函数 $G(j\omega)H(j\omega)$ 的性质来确定。$G(j\omega)H(j\omega)$ 的实部总是偶函数，虚部是奇函数；也就是说，当 ω 取负值时，实部不变号，虚部变号。负虚轴上点的映射曲线，是正虚轴映射曲线的镜像，二者关于实轴对称。从 F 到 C 这一段的映射迹线，是点 C 到 E 映射曲线关于实轴对称的曲线。至此就绘制出了完整的 Nyquist 简图。

在上面的例子中，并没有开环极点落在包含整个右半平面的轨迹线 A 的路径上。如果出现这种情况，轨迹线 A 就需要绕过这些点；否则这些点的映射就会以无法确定的方式趋于无穷大，无法得到合成向量的相角信息。

如图 8.26 所示，$G(s)H(s)$ 分母多项式的虚根均为 $G(s)H(s)$ 的极点，位于包含右半平面的轨迹线 A 上。为了绘制 Nyquist 简图，轨迹线必须绕过路径上的每个开环极点。我们

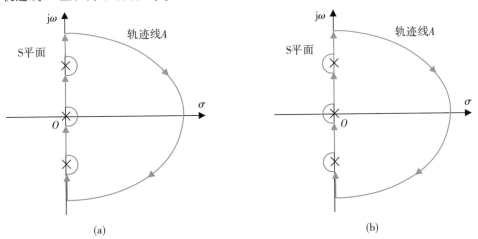

图 8.26　$G(s)H(s)$ 极点在轨迹线 A 上的处理方式

从极点的右边绕过,如图 8.26(a)所示。这样就很明确,$G(s)H(s)$ 每个极点向量沿着轨迹线在极点区域移动时,转过了 $+180°$。这个向量转动角度的信息就可以让我们完成 Nyquist 曲线。注意向量绕过的区域侵占右半平面的距离必须是无穷小,否则右半平面的闭环极点就有可能被误排除在曲线 A 外面了。当然也可以从左边绕过这些开环极点,如图 8.26(b)所示。这样的话,每个极点向量就会以 $-180°$ 绕过这些点区。同样这些区域也要无穷小,否则就可能将左半平面的闭环极点误包含在曲线 A 内了。

【例 8.5】单位反馈系统如图 8.27 所示,试绘制系统的 Nyquist 曲线简图。

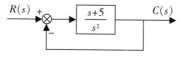

图 8.27　单位反馈控制系统

【解题】由题设可知,系统的开环传递函数为

$$G(s)H(s) = \frac{s+5}{s^2} \tag{8.60}$$

如图 8.28(a)所示,开环传递函数有两个重极点在坐标原点处,位于轨迹线 A 的路径上,必须要绕过此点才能绘制映射迹线。映射迹线从点 C 开始逆时针方向移动。图 8.28(a)中轨迹线 A 上的点 C、D、E、F、G、H 各点,经函数 $G(s)H(s)$ 分别映射到图 8.28(b)中 Nyquist 曲线上的 C'、D'、E'、F'、G'、H' 各点。我们依次分析这些点的映射情况。

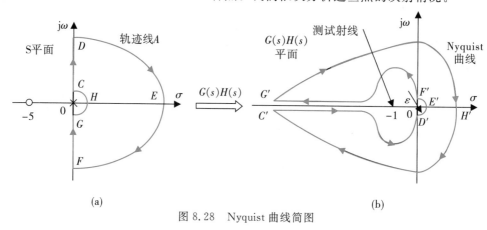

图 8.28　Nyquist 曲线简图

(1)在点 C 处,$G(s)H(s)$ 位于坐标原点处的两个极点向量相角为 $2×90°=180°$,零点向量 $s+5$ 的相角是 $0°$;所以合成后的向量相角是 $-180°$。合成向量的幅值,因为 s 点非常接近两个开环极点,故而幅值为无穷大。这样点 C 映射到 C',是在 $-180°$ 方向的无穷远处。

(2)沿着轨迹线 A 从点 C 移动到点 D,零点向量的相角变化了 $+90°$,极点向量的相角仍然保持不变。所以,映射曲线逆时针变化 $90°$。映射向量从 C' 的 $-180°$ 移动到 D' 的 $-90°$。而向量幅值从无穷大变为零。因为在点 D 处是一个无穷大长度(零点向量)与两个无穷大长度(极点向量)之比。

s 点在正虚轴的这一段映射曲线也可以从系统的频率响应解析式来推导:

$$G(j\omega)H(j\omega) = \frac{5+j\omega}{(-\omega)^2} \tag{8.61}$$

当 ω 从零到无穷大变化时,在低频处 $G(j\omega)H(j\omega)\approx 5/(-\omega)^2$,也就是 $\infty\angle 180°$;在高频处,$G(j\omega)H(j\omega)\approx j/(-\omega)$,即 $0\angle -90°$。这一段映射曲线中的向量实部和虚部总是负的。

（3）点 s 沿着轨迹线 A 在 DEF 段运动时,函数幅值仍然是零(一个零点向量的无穷大长度除以两个极点向量的无穷大长度)。随着向量完成 DEF 段轨迹,$G(s)H(s)$ 的零点向量和两个极点向量各自变化了 $-180°$。所以映射向量的相角变化为 $+180°$,也就是零点向量角度变化减去极点向量角度变化之和。映射曲线如图中 $D'E'F'$ 所示,合成向量变化了 $180°$,幅值以近似为零的微小量 ε 表示。

这一段映射曲线从向量点的解析式来看,则有

$$G(s)H(s) = \frac{R_{-5}\angle\theta_{-5}}{(R_0\angle\varphi_0)(R_0\angle\varphi_0)} \tag{8.62}$$

在 S 平面上,$R_{-5}\angle\theta_{-5}$ 是零点向量,从 $(-5,0)$ 点引向 S 平面某处;$R_0\angle\varphi_0$ 是极点向量,从坐标原点 $(0,0)$ 引向 S 平面某处。当点 s 在 A 上沿着无穷大半径移动时,所有的向量幅值 $R_i=\infty$;所有向量都可以当作是从原点出发的向量。这样,D 点处 $G(s)=0\angle -90°$,因为方程(8.62)中所有向量的相角都是 $90°$;E 点处,所有向量的相角都是 $0°$,所以 $G(s)=0\angle 0°$;F 点处,所有向量的相角都是 $-90°$,所以 $G(s)=0\angle 90°$。

（4）从 F 到 G 这一段的映射迹线,是 C 到 D 段映射迹线的镜像,结果如图中 F' 到 G' 段曲线。

（5）最后,GHC 部分,合成向量的幅值近似为无穷大。零点向量的相角没有变化,极点向量的相角各自变化了 $+180°$,导致映射函数的相角变化为 $-2\times 180°=360°$。如图 8.28(b)所示,从 G' 到 H' 再到 C' 的映射向量,表现为长度无穷大,相角旋转了 $360°$。

根据解析表达式(8.62),令点 s 沿着轨迹线的 GHC 段运动,可知:

在 G 点,$G(s)=(5\angle 0°)/[(\varepsilon\angle -90°)(\varepsilon\angle -90°)]=\infty\angle 180°$;

在 H 点,$G(s)=(5\angle 0°)/[(\varepsilon\angle 0°)(\varepsilon\angle 0°)]=\infty\angle 0°$;

在 C 点,$G(s)=(5\angle 0°)/[(\varepsilon\angle 90°)(\varepsilon\angle 90°)]=\infty\angle -180°$。

至此 Nyquist 曲线已经完成。我们从 $(-1,j0)$ 点出发画一条测试射线如图 8.28 所示,可以看出 Nyquist 曲线逆时针穿越射线一次,顺时针穿越一次,所以 Nyquist 曲线包围点 $(-1,j0)$ 的圈数是零。

3. Nyquist 稳定性判据应用

根据 Nyquist 曲线,利用简单的公式 $Z=P-N$ 就可以判定系统的稳定性。P 是开环传递函数 $G(s)H(s)$ 包围在整个右半平面轨迹线 A 内的极点数;N 是 Nyquist 曲线围绕 $(-1,j0)$ 点转过的圈数;二者相减确定了 Z 值,也就是闭环系统在右半平面的极点数。

如果闭环系统的传递函数中有一个可变的增益,可以利用根轨迹法或者 Routh-Hurwitz 判据法,确定使系统稳定的增益范围。利用 Nyquist 曲线也可以解决这一问题。通常的方法是设置控制回路的增益为单位值,绘制 Nyquist 曲线。因为增益在传递函数中只是一个简单的乘因子,对已有 Nyquist 曲线的合成向量乘以一个常数,增益的效应就可以体现出来了。

【例 8.6】单位反馈系统如图 8.29 所示,试用 Nyquist 判据分析系统增益 K 的效应。

【解题】由题设,系统的开环传递函数为

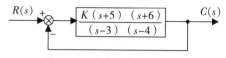

图 8.29　单位反馈控制系统

$$G(s)H(s) = \frac{K(s+5)(s+6)}{(s-3)(s-4)} \tag{8.63}$$

先令 $K=1$,画出系统的 Nyquist 曲线,如图 8.30 所示。图(a)是轨迹线 A 的形状,随着增益 K 的变化,可以观察到图中 Nyquist 曲线膨胀(K 变大)或缩小(K 变小)。这种变化改变了 $(-1,0)$ 判据点被曲线包围的状态,系统的稳定性也随之改变。

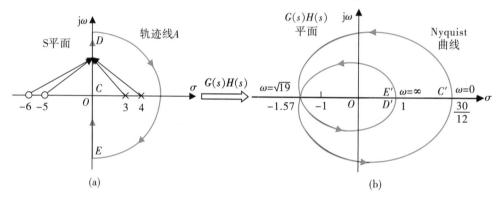

图 8.30　Nyquist 曲线

此系统中,因为 $P=2$,判据点必须要被 Nyquist 曲线逆时针围绕两次使 $N=2$,才能确保得到一个稳定的系统。增益值减小会使得判据点移出 Nyquist 曲线的包围圈,这样的话 $N=0$、$Z=2$,系统是一个不稳定的系统。

在分析此系统时,也可以保持 Nyquist 曲线不变,在实轴上移动 $(-1,j0)$ 判据点。此时同样设置系统增益为单位值 1 来绘制曲线,而将判据点定义为 $(-1/K,0)$。这样随着 K 的增大,判据点显然会向原点靠近。

如果系统的 Nyquist 曲线恰好在 $(-1,j0)$ 点处穿越负实轴,即 $G(j\omega)H(j\omega)=-1$。根据根轨迹的概念,令 $G(s)H(s)=-1$ 的点 s 是系统的一个闭环极点。也就是说,Nyquist 曲线穿越 $(-1,j0)$ 点处的频率,就是根轨迹穿越 $j\omega$ 虚轴的频率。这种情况下系统是临界稳定状态。

【例 8.7】如图 8.31 所示单位反馈控制系统,应用 Nyquist 判据确定 K 取何值时,系统是稳定、不稳定和临界稳定;求解系统临界稳定时的振荡频率。

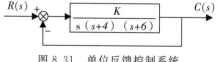

图 8.31　单位反馈控制系统

【解题】设系统增益 $K=1$,画出系统的 Nyquist 曲线简图如图 8.32 所示。图(a)是轨迹线 A 的形状,以半径无穷小绕过坐标原点。对于所有虚轴上的点 s,映射向量为

$$G(\mathrm{j}\omega)H(\mathrm{j}\omega) = \left[\frac{K}{s(s+4)(s+6)}\right]_{K=1,s\to \mathrm{j}\omega} = \frac{-10\,\omega^2 - \mathrm{j}(24\omega - \omega^3)}{100\,\omega^4 + \omega^2\,(24-\omega^2)^2} \tag{8.64}$$

在 $\omega = 0$ 处，$G(\mathrm{j}\omega)H(\mathrm{j}\omega) = -10/(24^2) = -0.01736 - \mathrm{j}\infty$。

求取 Nyquist 曲线穿越负实轴的点，可令式(8.64)的虚部为零，得到 $\omega = \sqrt{24}$，将此 ω 值代入式(8.64)，计算可得实部为 -0.00417。

在 $\omega = \infty$ 处，$[G(s)H(s)]_{s\to\infty} = 1/(\mathrm{j}\infty)^3 = 0\angle -270°$。

从图 8.32(a)的轨迹线 A 可知，$P=0$；要使系统达到稳定，N 必须等于零。根据图 8.32(b)中的 Nyquist 曲线形状，只有判据点$(-1,0)$位于封闭曲线之外，$N=0$，才能确保 $Z = p - N = 0$，系统是稳定系统。随着 K 的增大，Nyquist 曲线膨胀变大。在曲线包围 $(-1,0)$ 点之前，K 可以增大 $1/0.00417 = 239.8$ 倍。所以，当 $K < 239.8$ 时，系统稳定。当 $K = 239.8$ 时，系统为临界稳定，此时 Nyquist 曲线恰好通过$(-1,0)$点，振荡频率为 $\omega = \sqrt{24}$ rad/s。

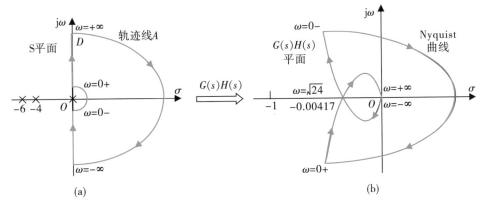

图 8.32　Nyquist 曲线

对系统稳定性的评判也可以采用正 $\mathrm{j}\omega$ 轴上各点的映射迹线来分析。但要注意不同的系统其判据方向不一样。

如图 8.33 所示系统，轨迹线 A 内没有包含系统开环极点。根据 Nyquist 判据，只有 Nyquist 曲线不包围$(-1,0)$点，系统才是稳定的。所以系统是在低增益值时稳定，在高增

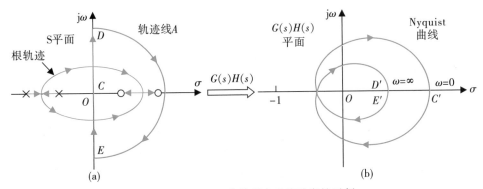

图 8.33　Nyquist 曲线判定系统稳定性示例

益值时不稳定。这时考察 Nyquist 曲线是否包围判据点,只要考察正 $j\omega$ 轴这一段的映射迹线就能得出结论。如果增益值很小,则映射迹线在$(-1,0)$的右边经过,系统稳定;如果增益值很大,映射迹线在$(-1,0)$的左边经过,系统就不稳定。所以,确定系统增益 K 的取值范围使此系统稳定的条件为,当映射向量的相角为 $180°$(或 $-180°$)时,向量幅值要小于单位值 1。此即 Nyquist 稳定性判据的另一种表达。

再来研究图 8.34 所示系统。轨迹线 A 包含了系统的两个开环极点,所以 Nyquist 曲线必须要逆时针包围判据点$(-1,0)$两次,系统才能保证是稳定系统。所以此系统是在低增益值时不稳定,在高增益值时稳定。考察 Nyquist 曲线是否包围判据点,也只要考察正 $j\omega$ 轴这一段的映射迹线就能得到结论。如果增益值很小,映射迹线在$(-1,0)$的右边经过,系统不稳定;如果增益值很大,映射迹线在$(-1,0)$的左边经过,系统稳定。所以,确定系统增益 K 的取值范围使此系统稳定的条件为,当映射向量的相角为 $-180°$(或 $+180°$)时,向量幅值要大于单位值 1。

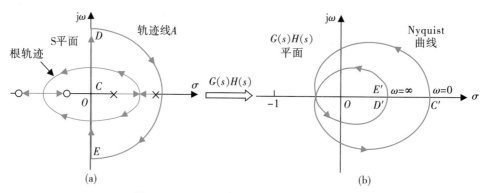

图 8.34 Nyquist 曲线判定系统稳定性示例

图 8.33 和图 8.34 中也都画出了系统的根轨迹曲线,可以对比分析。

【例 8.8】如图 8.35 所示单位反馈控制系统,试确定增益 K 取何值时,系统为稳定、不稳定或临界稳定?对于临界稳定,确定振荡频率。

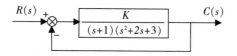

图 8.35 单位反馈控制系统

【解答】根据题设可知系统开环传递函数为

$$G(s)H(s) = \frac{K}{(s+1)(s^2+2s+3)} \qquad (8.65)$$

因为系统开环极点均在左半平面,根据 Nyquist 判据,当 Nyquist 曲线不围绕$(-1,j0)$点时,系统稳定。即曲线在负实轴上的穿越点小于单位值 1 时,系统稳定。

令 $K=1$,画出系统映射迹线,此处我们只画出正虚轴部分的映射迹线即可。如图 8.36 所示,图(a)为轨迹线 A 在正虚轴的部分,图(b)为这一段轨迹线的映射迹线。

求取映射迹线穿越负实轴的点,可将 $s=j\omega$ 代入 $G(s)H(s)$,并令虚部等于零,即可求得

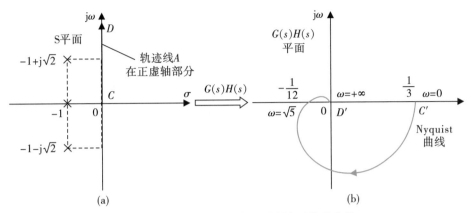

图 8.36 利用正虚轴映射迹线判定系统稳定性

穿越频率；而后将此频率值再代入 $G(j\omega)H(j\omega)$ 即可。

对于任何一个在正虚轴上的点，有

$$G(j\omega)H(j\omega) = \left[\frac{1}{(s+1)(s^2+2s+3)}\right]_{s \to j\omega} = \frac{3(1-\omega^2) - j\omega(5-\omega^2)}{9(1-\omega^2)^2 + \omega^2(5-\omega^2)^2} \quad (8.66)$$

令上式虚部为零可求得负实轴穿越频率 $\omega = \sqrt{5}$。将此值代入式(8.66)，可求出穿越点为 $-1/12 = (1/12)\angle -180°$。

所以结论为当 $K < 12$ 时系统稳定，$K > 12$ 时系统不稳定，$K = 12$ 时系统为临界稳定。系统临界稳定时的振荡频率 $\omega = \sqrt{5}$。

针对工程中常用的单位反馈闭环控制系统，开环传递函数为 $G(s)$，则 Nyquist 判据可以简明地总结为如下两条规则：

(1)若开环系统稳定(右半平面没有开环极点)，则闭环系统稳定的条件是 $G(s)$ 在复平面上的映射迹线不包围(-1,j0)点。

(2)若开环系统不稳定[假定 $G(s)$ 有 n 个极点在右半平面]，则闭环系统稳定的条件是 $G(s)$ 在复平面上的映射迹线逆时针方向包围(-1,j0)点 n 次。

8.4 系统的相对稳定性

1. 增益裕量和相角裕量

利用系统开环极点的位置和 Nyquist 曲线围绕点(-1,j0)转过的圈数，就可以判定系统稳定与否。改变系统的开环增益 K 会导致 Nyquist 曲线膨胀或缩小，系统的稳定状态也会随之改变。显然如果 Nyquist 曲线非常接近(-1,j0)点，说明系统的稳定状态并不可靠，系统参数稍有变化就有可能变成不稳定系统。对一个被判定为稳定的系统，其 Nyquist 曲线距离判据点(-1,j0)的远近，说明了系统目前的稳定状态距离临界稳定状态的远近。这一距离就称为系统的稳定性裕量，即系统的相对稳定性。

我们从 Nyquist 曲线中定义两个量化的系统参数指标，即增益裕量(gain margin)和相角裕量(phase margin)，用以表征系统的相对稳定性。

　　增益裕量 G_M 是系统开环传递函数的增益值,是当映射向量的相角为 $-180°$ 时,导致闭环系统不稳定的增益值,取对数分贝值度量。

　　相角裕量 Φ_M 是系统开环传递函数映射向量的一个相角值,是当映射向量的幅值为单位值时,导致闭环系统不稳定的相角值。

　　从图 8.37 中的 Nyquist 曲线中可以直观地理解这两个参数的定义。设此系统的 Nyquist 曲线不包含 $(-1,j0)$ 点时系统稳定。现 Nyquist 曲线穿越负实轴点的向量幅值为 $1/a(a>1)$。如果系统增益乘以 a,则 Nyquist 曲线就会通过判据点 $(-1,j0)$,变成临界稳定状态。这里 a 就是系统的增益裕量,表示为分贝值 $G_M = 20\lg a$。增益裕量其实就是曲线穿越负实轴向量点幅值的倒数,取对数表示。

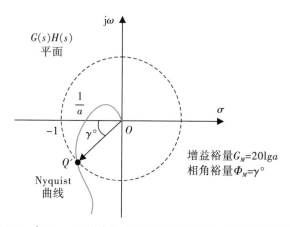

图 8.37　在 Nyquist 图中的定义系统增益裕量 G_M 和相角裕量 Φ_M

　　再来看相角裕量的含义。图 8.37 中 Nyquist 曲线上的点 Q' 处的向量幅值为单位值 1,此向量与负实轴的夹角为 $\gamma°$;也就是说,若 Nyquist 曲线绕原点顺时针旋转 $\gamma°$ 就会与点 $(-1,j0)$ 相遇,系统就不稳定了。此系统的相角裕量就是 $\gamma°$。

　　显然,增益裕量和相角裕量指的是系统在保持稳定性的前提下,映射向量的幅值或者相角还能扩充的程度。

　　【例 8.9】令例 8.8 中系统开环传递函数的增益 $K=6$,计算系统增益裕量和相角裕量。

　　【解答】将式(8.66)乘以 $K=6$ 变为

$$KG(j\omega)H(j\omega) = 6 \times \frac{3(1-\omega^2) - j\omega(5-\omega^2)}{9(1-\omega^2)^2 + \omega^2(5-\omega^2)^2} \tag{8.67}$$

　　为了计算增益裕量,先要计算 Nyquist 曲线穿越负实轴的频率。计算得知系统的负实轴穿越频率 $\omega = \sqrt{5}$。将此值代入式(8.67)求出穿越点为 $-6/12 = 0.5\angle -180°$。也就是说,穿越点实部的绝对值为 0.5;若系统增益再增加 $(1/0.5)$ 倍,曲线就与点 $(-1,j0)$ 相交,系统就会失稳。写成对数表达的增益裕量为

$$G_M = 20\lg(1/0.5) = 6.02 \text{ dB} \tag{8.68}$$

　　求解相角裕量先要找到式(8.67)幅值为单位值 1 时的频率。可以利用数学计算软件解出,在 $\omega = 1.58$ rad/s 时映射向量幅值为 1。在此频率处,相位角为 $-138.8°$。这个角度与 $-180°$ 之间相差 $41.2°$,此即为相角裕量。

2. Bode 曲线求取稳定性裕量

Bode 曲线是完整的 Nyquist 曲线的子集,二者都是系统频率响应的图形化表达形式。在分析设计控制系统时,Bode 曲线与 Nyquist 曲线或根轨迹曲线相比,作图比较简单,可以人工完成。利用 Bode 曲线计算系统的增益裕量和相角裕量,比在 Nyquist 曲线上求取也要方便。两种曲线的对应关系为

(1)Nyquist 图中以坐标原点为中心的单位圆,对应 Bode 幅频曲线上的 0 dB 直线。

(2)Nyquist 图中的负实轴对应 Bode 相频曲线上的 $\pm 180°$ 线(如果不加说明,一般默认是 $-180°$ 线)。

由此可知,在 Bode 曲线中求系统增益裕量,先要在相频响应曲线上找到相角是 $-180°$ 的频率点 ω_{GM};然后在幅频响应曲线上,找到对应此频率的曲线上的点,从这点上升到 0 dB 值的绝对值,即为增益裕量 G_M。求相角裕量,先要在幅频响应曲线上找到与 0 dB 值对应的频率 $\omega_{\Phi M}$;对应此频率的相频响应曲线上的相角值与 $-180°$ 之间的差值,即为系统相角裕量 Φ_M,如图 8.38 所示。

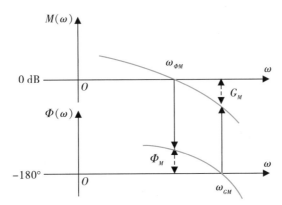

图 8.38　Bode 曲线上的增益裕量和相角裕量

【例 8.10】如图 8.39 所示单位反馈控制系统,采用 Bode 曲线简图确定使系统稳定的增益 K 取值范围。

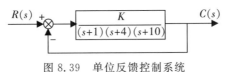

图 8.39　单位反馈控制系统

【解题】系统开环传递函数为

$$G(s)H(s) = \frac{K}{(s+1)(s+4)(s+10)} \tag{8.69}$$

此系统所有的开环极点都在左半平面,根据 Nyquist 稳定性判据,如果在开环系统的频率响应中,对应 $-180°$ 相角的幅频响应值小于单位值 1,则闭环系统稳定。

绘制系统的对数幅频、相频响应 Bode 曲线简图,如图 8.40 所示。

幅频响应中,令 $s=0$,可以求得 $G(s)H(s)$ 的低频段幅值。对数幅值 Bode 曲线始于 $K/40$。简便起见,我们令 $K=40$,这样对数幅频 Bode 曲线渐近线就始于 0 dB 的水平线。

在每个转折频率 $\omega = 1$ rad/s，$\omega = 4$ rad/s，$\omega = 10$ rad/s 处，渐近线的斜率依次变化 -20 dB/decade。

相频响应曲线始于 $0°$ 水平线，直到第一个转折频率 $\omega = 1$ rad/s 的 1/10 频率处都不变。从 $\omega = 0.1$ rad/s 处开始，渐近线以 $-45°$/decade 的速率下降。随后都是在转折频率（$\omega = 4$ rad/s 和 $\omega = 10$ rad/s）前 1/10 处开始，斜率再下降 $-45°$/decade。在每个转折频率后 10 倍处，曲线斜率再依次回调 $+45°$/decade。

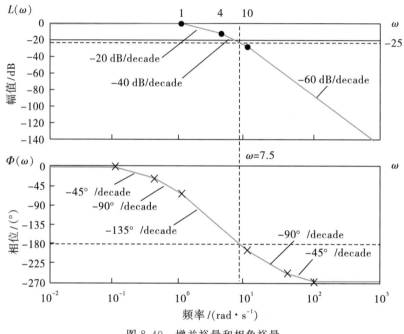

图 8.40　增益裕量和相角裕量

从图 8.40 中人工量测，相频响应为 $-180°$ 对应的频率大约在 $\omega_{GM} = 7.5$ rad/s 处，此频率的幅值响应大约是 -25 dB。意即系统在失稳前，幅值还可以再提升 $G_M = 25$ dB，对应增益为 17.78。因为幅值曲线是按 $K = 40$ 的倍数绘制的，故系统失稳的增益值是 $K = 40 \times 17.78 = 711$。故得到结论 $0 < K < 711$ 时系统稳定。（备注：经 MATLAB 软件仿真计算 $K = 40$ 时的系统频率响应，计算结果是 $-180°$ 相角对应的频率为 $\omega_{GM} = 7.35$ rad/s，幅值是 -25.7 dB，系统失稳的增益值是 $K = 40 \times 17.78 = 771$。）

【例 8.11】 上例单位反馈控制系统取增益 $K = 320$，估算系统的稳定性裕量。

【解答】 图 8.40 中的 Bode 曲线是令增益 $K = 40$ 绘制的。如果 $K = 320$（扩充放大到了 8 倍），则幅值响应曲线就比原曲线升高了 $20\lg 8 = 18.06$ dB。

为寻求增益裕量，先在相频曲线上找到 $-180°$ 相角的频率点 ω_{GM}，在幅频曲线上，此频率点处的幅值上升到 0 dB 的间距值即为增益裕量。上例已经估算出 $\omega_{GM} = 7.5$ rad/s，此频率处原幅频曲线上的幅值为 -25 dB，现在应为 $-25 + 18.06 = -6.94$ dB。所以增益裕量为 $G_M = 6.94$ dB。

为寻求相角裕量，先在幅频曲线上找到幅值为 0 dB 的频率。在相频曲线上，找到对应此频率的相角，此相角与 -180 之间的差值即为相角裕量。注意图 8.40 的各点幅值比此例要小 18.06 dB,0 dB 线应是图中的—18.06 dB 线,对应此线的 $\omega_{\Phi M}=4.5$ rad/s(人工量测)。在此频率处相位角约为—150°,所以相角裕量 $\Phi_M=-150°-(-180°)=30°$。

需要强调的是,在工程设计中要综合考虑两个裕量参数来确定系统的相对稳定性。我们来看图 8.41 的例子。图(a)是一个二阶系统的 Nyquist 曲线,单从增益裕量来看,因为曲线永远不与负实轴相交,所以判定系统总是稳定的;但考察相角裕量,显然大的增益值系统更易于振荡失稳。再看图(b),A 曲线和 B 曲线代表的两个系统具有相同的增益裕量,但显然 A 系统的相角裕量要小于 B 系统,更易于失稳。

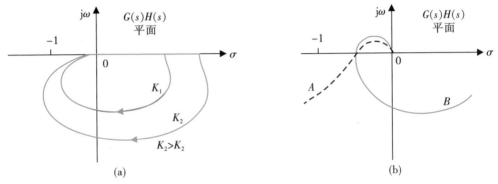

图 8.41 增益裕量相同的系统 Nyquist 曲线对比

在设计系统时,一般情况下增益裕量取 8～20 dB,相角裕量取 30°～60°。

3. 具有时间延迟的系统相对稳定性

时间延迟是指向控制系统输入端发出指令后,输出端经过一段时间间隔后才开始有响应。例如一个供暖系统,热水要通过管道远距离输送到散热片上去。因为热水必须要流经管道,所以散热片只有经过一段时间延迟才能变热。从发出加热指令,到远处位置的温度沿着管道开始上升,这之间的时间差为延迟。注意,这与系统瞬态响应指标中的上升时间概念不一样,在延迟时间段内,系统的输出端没有任何响应。如图 8.42 所示中,对同样的阶跃信号输入,系统 B 的响应与系统 A 相比就有一个时间 T 的延迟。

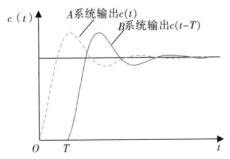

图 8.42 具有时间延迟的系统输出示意图

我们来研究时间延迟的解析表达式。设信号 $R(s)$ 输入到系统 $G(s)$ 生成一个输出信号 $C(s)$;对应时间域的输入输出信号分别为 $r(t)$ 和 $c(t)$。若在 $G(s)$ 系统中串联一个模块 $G_T(s)$,使输出信号 $c(t)$ 延迟 T 秒成为 $c(t-T)$,根据拉普拉斯时间转换定理(参见第 2 章表 2.2),有:

$$L[c(t-T)] = e^{-sT}C(s) \tag{8.70}$$

这样,无时间延迟的系统关系式为 $C(s)=R(s)G(s)$;有时间延迟的系统关系式为

$$R(s)G(s)\,G_T(s) = e^{-sT}C(s) \tag{8.71}$$

所以延迟效应可以用复数域的传递函数表达为

$$G_T(s) = e^{-Ts} \tag{8.72}$$

分析系统引入时间延迟后的频率响应特性,将 $s=j\omega$ 代入延时环节 $G_T(s)$:

$$G_T(j\omega) = e^{-j\omega T} = \cos\omega T - j\sin\omega T \tag{8.73}$$

可知 $|G_T(j\omega)|=1, \angle G_T(j\omega)=-\omega T$。所以在开环系统中串入时间延时后,不改变原映射向量 $G(j\omega)H(j\omega)$ 的幅值,但相角滞后 $(\omega T)°$;而且相角滞后的角度值随着 ω 的增大呈线性增长。

图 8.43 是系统中增加一个延迟环节的频率响应 Bode 曲线示意图。从图中可以看出,系统的幅频响应曲线不变,但相频响应曲线降低。所以增加时间延迟会导致系统的相角裕量变小。对典型二阶系统而言,相角裕量变小意味着减小了系统的阻尼比,增加了系统的振荡性响应。相频曲线降低,也会导致增益裕量频率点 ω_{GM} 左移变小。从幅频曲线可以看出,增益裕量频率点变小,导致增益裕量减小,使得系统向不稳定状态靠近。

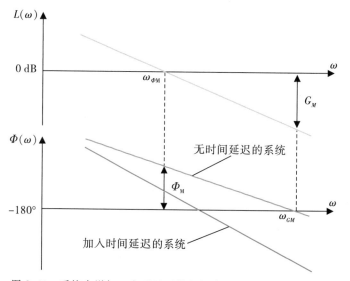

图 8.43 系统中增加一个延迟环节的频率响应 Bode 曲线示意图

【例 8.12】如图 8.44 所示单位反馈控制系统,在前向通路中串联延时环节 $G_T(s) = e^{-Ts}$,试分析时间常数 T 对系统稳定性的影响。

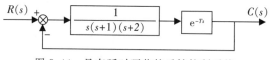

图 8.44 具有延时环节的反馈控制系统

【解题】系统在正虚轴的映射向量为

$$G(j\omega)\,G_T(j\omega) = \frac{e^{-j\omega T}}{j\omega(j\omega+1)(j\omega+2)}$$

根据延时环节的时间常数 T 的取值不同,系统的 Nyquist 曲线也在变化。如图 8.45 画出了 $T=0,T=0.8,T=2,T=4$ 四种情况下的 Nyquist 曲线示意图。可见随着 T 的增大,系统稳定性逐渐变差。当 $T=2$ 时,曲线经过了 $(-1,\mathrm{j}0)$ 点,系统是临界稳定。当 $T\geq2$ 时,系统不稳定。

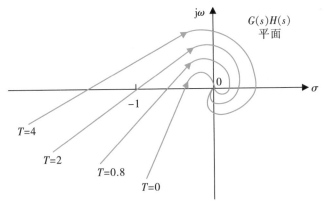

图 8.45　不同延迟时间的 Nyquist 曲线

8.5　闭环系统频率响应性能指标

1. 闭环频率响应性能指标 ω_r,M_r 和 ω_B

利用系统开环传递函数的频率响应可以判定闭环系统的稳定性和稳定性裕量。除此以外,对于正弦输入信号输入到闭环控制系统这种情况,也可以定义一些指标用以表征系统的响应特性和性能。与系统时域响应性能指标(如超调量,峰值时间,过渡时间等)一样,我们也是以二阶系统为代表来研究频域响应性能指标。

注意前面在研究 Nyquist 稳定性判据的时候我们关注的是开环传递函数频率响应,但最终评判系统的性能好坏是基于闭环系统的频率响应特性。

如图 8.46 所示是典型单位反馈二阶控制系统的传递函数。图中开环传递函数 $G(s)$ 中的阻尼比 ζ,无阻尼自然频率 ω_n 等参数都等同于第 3 章中的定义。

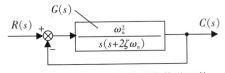

图 8.46　典型二阶控制系统传递函数

系统开环传递函数为

$$G(s) = \frac{\omega_n^2}{s(s + 2\zeta\omega_n)}$$

系统闭环传递函数为

$$T(s) = \frac{C(s)}{R(s)} = \frac{G(s)}{1 + G(s)} = \frac{\omega_n^2}{s^2 + 2\zeta\omega_n s + \omega_n^2}$$

将 $s=\mathrm{j}\omega$ 代入闭环传递函数 $T(s)$,得到二阶闭环系统的频率响应为

$$T(\mathrm{j}\omega) = \frac{\omega_n^2}{(\omega_n^2 - \omega^2) + \mathrm{j}2\zeta\omega_n\omega}$$

幅频响应为

$$M(\omega) = \frac{\omega_n^2}{\sqrt{(\omega_n^2 - \omega^2)^2 + (2\zeta\omega_n\omega)^2}} \tag{8.74}$$

相频响应为

$$\varphi(\omega) = -\mathrm{tg}^{-1}\frac{2\zeta\omega_n\omega}{\omega_n^2 - \omega^2} \tag{8.75}$$

闭环对数幅频响应曲线如图 8.47 所示。易知 $M(0)=1$，在图中是零分贝。

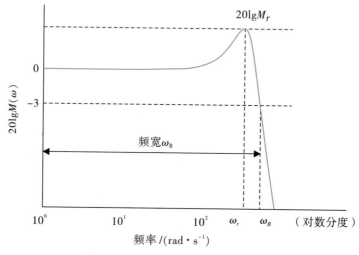

图 8.47 二阶闭环系统幅频响应曲线

定义系统幅频响应 $M(\omega)$ 的极大值为谐振峰值 M_r，对应频率点为谐振频率 ω_r。定义闭环系统的幅频响应值低于零频率处响应幅值以下 -3 dB 的频率，为截止频率 ω_B；称 $0\sim\omega_B$ 频率范围为系统的频宽。

可以推导出这三个参数的具体解析表达式。对式(8.74)作平方运算，而后对 ω^2 求导，令导函数为零，即可求得在 ω_r 处的 M_r 表达式为

$$M_r = \frac{1}{2\zeta\sqrt{1-\zeta^2}}$$

而 $\qquad \omega_r = \omega_n\sqrt{1-2\zeta^2} \tag{8.76}$

按照定义，截止频率 ω_B 可以表示为

$$20\lg M(\omega_B) = 20\lg M(0) - 3 \text{ dB} \approx 20\lg\frac{M(0)}{\sqrt{2}}$$

即 $M(\omega_B)=M(0)/\sqrt{2}$，且有 $M(0)=1$。代入 $M(\omega)$ 的表达式(8.74)即可解出二阶系统的截止频率计算式为

$$\omega_B = \omega_n\sqrt{1-2\zeta^2+\sqrt{4\zeta^4-4\zeta^2+2}} \tag{8.77}$$

这三个指标都与系统的阻尼比 ζ 相关。系统在频率为 ω_r 的正弦信号输入作用下，有发生共振的可能。从 M_r 和 ω_r 的表达式可知，只有在系统阻尼比 $0<\zeta<1/\sqrt{2}=0.707$ 时才存在

谐振频率和谐振峰值。图 8.48 是二阶系统的 M_r 与阻尼比 ζ 之间的关系曲线。当 $\zeta<0.4$ 时，M_r 迅速增大，表明系统的相对稳定性很差。当 $\zeta>0.707$ 时，系统不产生谐振。机械系统通常要求 $1<M_r<1.4(0\sim3\,\mathrm{dB})$。注意不要将对应 $0<\zeta<1/\sqrt{2}$ 这个范围中的谐振峰概念，与系统阶跃响应的超调量概念混淆；后者在 $0<\zeta<1$ 时都会有超调。

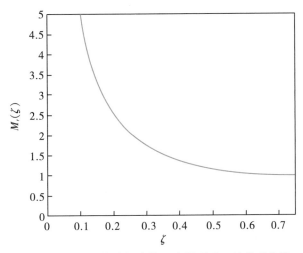

图 8.48　二阶系统谐振峰值 M_r 与阻尼比 ζ 的关系曲线

在第 3 章研究闭环系统的时间响应时，我们定义了系统的阻尼振荡频率 $\omega_d = \omega_n\sqrt{1-\zeta^2}$。可知系统谐振频率 ω_r，阻尼振荡频率 ω_d 与无阻尼自然振荡频率 ω_n 之间有关系：

$$\omega_r < \omega_d < \omega_n \tag{8.78}$$

当阻尼比 ζ 较小时，这三个频率值比较靠近，在此频率附近易于发生共振。

频率从 0 到截止频率 ω_B 的范围称为系统频宽，表征系统响应的快速性，也反映系统对噪声的滤波特性。频宽比较大的系统响应速度快，因为较高频率的信号可以通过系统；但高频噪声也不能有效地滤除。要根据实际工程要求来设计合适的系统频宽。系统截止频率 ω_B 与系统阻尼比 ζ 的关系曲线如图 8.49 所示。

2. 闭环系统频率响应与时间响应指标之间的关系

闭环系统的频率响应性能指标与时间响应性能指标，两者可以相互印证。如谐振峰值 M_r 只与系统的阻尼比 ζ 有关，可以表征系统的相对稳定性。而时域响应指标中的相对超调量 $\%OS$ 也是只与 ζ 有关。如图 8.50 所示是 $\%OS$ 与 M_r 之间的关系曲线，我们可以通过 $\%OS$ 的值获知 M_r 的信息。

闭环系统时间响应的快速性由过渡时间 T_s、峰值时间 T_p、上升时间 T_r 等表征。这些指标与闭环频率响应的频宽 ω_B 之间也存在对应关系。

例如从过渡时间 $T_s = 4/(\zeta\omega_n)$ 解出 $\omega_n = 4/(T_s\zeta)$，代入式(8.76) ω_r 的表达式和式(8.77) ω_B 的计算表达式，可得：

$$\omega_B = \frac{4}{T_s\zeta}\sqrt{1-2\zeta^2+\sqrt{4\zeta^4-4\zeta^2+2}}$$

$$\omega_r = \frac{4}{T_s\zeta}\sqrt{1-2\zeta^2} \tag{8.79}$$

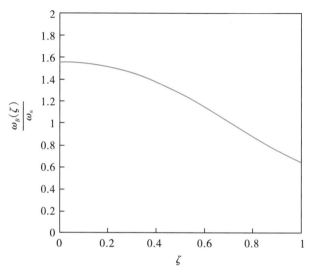

图 8.49　二阶系统截止频率ω_B与阻尼比ζ的关系曲线

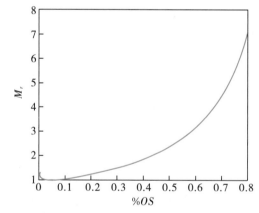

图 8.50　系统谐振峰值M_r与相对超调量%OS之间的关系曲线

类似地,根据$\omega_n = \pi/(T_p\sqrt{1-\zeta^2})$,可得:

$$\omega_B = \frac{\pi\sqrt{1-2\zeta^2+\sqrt{4\zeta^4-4\zeta^2+2}}}{T_p\sqrt{1-\zeta^2}}$$

$$\omega_r = \frac{\pi\sqrt{1-2\zeta^2}}{T_p\sqrt{1-\zeta^2}} \tag{8.80}$$

从这些关系式中可以看出,ω_B(或ω_r)与T_s成反比,ω_B(或ω_r)与T_p成反比;说明系统频宽值越大,系统的时间响应速度越快。这些关系式已经绘制成曲线供工程设计使用,可查阅参考相关文献。

3. 从系统开环频率响应求解闭环频率响应

一般控制系统的开环传递函数比较容易获得,用以研究闭环系统的特性。如果我们已经得到了系统开环频率响应曲线,可以在上面作图求出闭环频率特性。

设单位反馈控制系统的开环传递函数为 $G(s)$,闭环传递函数为

$$T(s) = \frac{G(s)}{1 + G(s)} \tag{8.81}$$

闭环系统的频率响应为

$$T(j\omega) = \frac{G(j\omega)}{1 + G(j\omega)} \tag{8.82}$$

$G(j\omega)$ 是一个复数,将其实部和虚部分开写成 $G(j\omega) = x(\omega) + jy(\omega)$,则有:

$$T(j\omega) = \frac{x(\omega) + jy(\omega)}{1 + x(\omega) + jy(\omega)} \tag{8.83}$$

所以闭环幅频响应 M_c 有关系式:

$$M_c = \frac{|x + jy|}{|1 + x + jy|} = |T(j\omega)| = \frac{\sqrt{x^2 + y^2}}{\sqrt{(1 + x^2)^2 + y^2}} \tag{8.84}$$

显然,对于每个给定的 M_c 值而言,$x(\omega)$ 和 $y(\omega)$ 构成某种关系式。

若 $M_c = 1$,解出 $x = -1/2$;这是一条通过点 $(-1/2, j0)$ 且平行于虚轴的一条直线。也就是说取这条直线上的点计算出 M_c 都等于 1。

若 $M_c \neq 1$,对式(8.48)两边平方,整理变换为

$$\left(x + \frac{M_c^2}{M_c^2 - 1}\right)^2 + y^2 = \frac{M_c^2}{(M_c^2 - 1)^2} \tag{8.85}$$

上式是一个圆的方程,圆的半径为

$$r = \sqrt{\frac{M_c^2}{(M_c^2 - 1)^2}} \tag{8.86}$$

圆心坐标 (x_c, y_c) 为

$$x_c = -\frac{M_c^2}{M_c^2 - 1} \quad y_c = j0 \tag{8.87}$$

换句话说,这个圆上的点都具有同一个 M_c 值。如图 8.51 所示不同的 M_c 值构成一簇圆,称为等 M_c 圆。

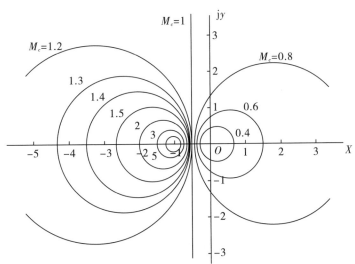

图 8.51　系统等 M_c 圆轨迹

从图中可以看出：

(1)当$M_c>1$时，等M_c圆均在$M_c=1$直线的左侧。随着M_c取值的增大，圆的半径越来越小，最后收敛于$(-1,j0)$点。

(2)当$M_c<1$时，等M_c圆均在$M_c=1$直线的右侧。随着M_c取值的减小，圆的半径越来越小，最后收敛于坐标原点。

(3)当$M_c=1$时，等M_c圆成为一条通过点$(-1/2,j0)$且平行于虚轴的一条直线。

若绘制一条开环传递函数$G(s)$的频率响应极坐标曲线叠加在M_c圆上，则极坐标曲线与M_c圆有相交点，对应此相交点ω值的闭环系统频率响应幅值，即为M_c。如图8.52所示，系统开环频率响应曲线$G(j\omega)$叠加在等M_c圆坐标系上，与$M_c=1.1$圆的交点，对应$G(j\omega)$是ω_1点。说明当$\omega=\omega_1$时，系统闭环频率响应的幅值$|T(j\omega)|=1.1$。

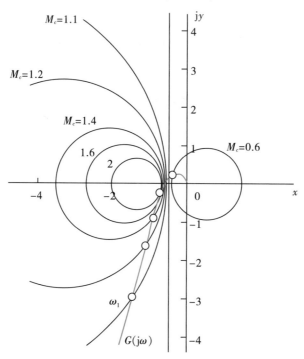

图 8.52　等M_c圆与系统开环频率响应极坐标曲线

利用图8.52中开环频率响应极坐标曲线与等M_c圆的切点，还可以确定闭环系统的谐振频率ω_r和谐振峰值M_r。

采用这种方法我们也可以推导出闭环相位频率响应的等N_c圆表达式。根据式(8.83)，闭环系统的相频响应Φ_c为

$$\Phi_c(\omega) = \arctan \frac{y(\omega)}{x(\omega)} - \arctan \frac{y(\omega)}{1+x(\omega)} \tag{8.88}$$

令$N_c=\tan(\Phi_c)$，利用三角函数和差公式，将上式变形整理可得：

$$\left(x+\frac{1}{2}\right)^2 + \left(y-\frac{1}{2N_c}\right)^2 = \frac{N_c^2+1}{4N_c^2} = \frac{1}{4} + \frac{1}{4N_c^2} \tag{8.89}$$

显然，对于每个给定的N_c值而言，$x(\omega)$和$y(\omega)$构成一个圆方程，称为等N_c圆。如图8.53所示不同的N_c值构成一簇等N_c圆。

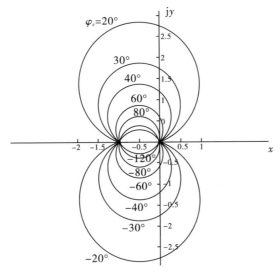

图 8.53　系统等 N_c 圆轨迹

等 N_c 圆实际上是等相角正切值的圆,所以相差±180°倍的相角都在同一个 N_c 圆上。所有等 N_c 圆都通过(-1,j0)点。等 N_c 圆并非完整的圆曲线,只是圆上的一段。

同样叠加一条开环函数 $G(s)$ 的频率响应极坐标曲线叠加在等 N_c 圆上,则极坐标曲线与等 N_c 圆的每个相交点,就确定了系统闭环相位频率响应值。如图 8.54 所示,系统开环频率响应曲线 $G(j\omega)$ 叠加在等 N_c 圆坐标系上,与 $N_c = \tan(-20°)$ 等圆的交点,对应 $G(j\omega)$ 是 ω_1 点。说明当 $\omega = \omega_1$ 时,系统闭环频率响应的相角值 $\angle T(j\omega) = -20°$。

常将等 M_c 圆和等 N_c 圆绘制在同一个坐标系上,然后将开环频率响应极坐标曲线 $G(j\omega)$ 叠加其上,求取交点的 M_c 圆和等 N_c 圆数值,即为对应此 ω 点的闭环频率响应的幅值和相角值。在新的坐标系下逐一绘制出这些幅值和相角,就得到了闭环系统的频率响应曲线简图。

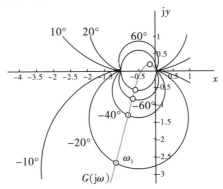

图 8.54　等 N_c 圆与系统开环频率响应极坐标曲线

8.6　通过系统频率响应实验曲线估算系统传递函数

1. 最小相位系统

若控制系统传递函数的零点和极点都位于复平面的左半平面,就称为"最小相位系统";

否则,若系统传递函数有零点或极点位于复平面的右半平面,则称为"非最小相位系统"。这一名称其实是源于系统频率响应特点,我们来举例说明。

设 $T_1 > T_2 > 0$,有两个系统的传递函数 $G_1(s)$ 和 $G_2(s)$ 分别为

$$G_1(s) = \frac{1 + T_2 s}{1 + T_1 s} \qquad G_2(s) = \frac{1 - T_2 s}{1 + T_1 s} \tag{8.90}$$

根据定义可知,系统 $G_1(s)$ 为最小相位系统,系统 $G_2(s)$ 为非最小相位系统。两个函数的频率响应分别为

$$G_1(j\omega) = \frac{1 + j\, T_2 \omega}{1 + j\, T_1 \omega} \qquad G_2(j\omega) = \frac{1 - j\, T_2 \omega}{1 + j\, T_1 \omega} \tag{8.91}$$

因为 $|1 + j\, T_2 \omega| = |1 - j\, T_2 \omega|$,所以 $G_1(s)$ 和 $G_2(s)$ 的幅频特性完全相同。二者的相频特性为

$$\Phi_1(\omega) = \arctan(T_2 \omega) - \arctan(T_1 \omega) \tag{8.92}$$

$$\Phi_2(\omega) = -\arctan(T_2 \omega) - \arctan(T_1 \omega) \tag{8.93}$$

当 ω 从 $0 \to \infty$ 变化时,系统 $G_1(s)$ 的相角变化为 $0°$,系统 $G_2(s)$ 的相角变化为 $-180°$。即最小相位系统的相角变化量,总小于非最小相位系统的变化量。

最小相位系统具有如下特点:如果确定了最小相位系统的幅频特性,则其相频特性也随之确定;反之亦然。因此对于最小相位系统而言,通过其幅频特性曲线就能得到系统的传递函数。其实,写出控制系统传递函数 $G(s)$ 的通式为

$$G(s) = \frac{K(s + z_1)(s + z_2) \cdots (s + z_m)}{(s + p_1)(s + p_2) \cdots (s + p_n)}, m \leqslant n \tag{8.94}$$

令 $s = j\omega$,得到系统的频率响应函数为

$$G(j\omega) = \frac{K(j\omega + z_1)(j\omega + z_2) \cdots (j\omega + z_m)}{(j\omega + p_1)(j\omega + p_2) \cdots (j\omega + p_n)} \tag{8.95}$$

当 $\omega \to \infty$ 时,若 $G(s)$ 为最小相位系统,则 $G(j\omega)$ 的相角必为 $(-90°) \times (n - m)$;若 $G(s)$ 不是最小相位系统,就无此结论。

2. 通过实验曲线估算系统传递函数

通过解析方法建立系统的数学模型时,需要知晓系统各部分之间的物理互动关系,各零部件的参数性能等,在某些场合这些信息并不是很容易得到。但我们可以给系统输入一些特定的测试信号,根据其输出信号的特性,建立系统的输入-输出实验数据之间的联系,推测出系统的传递函数。

在机械系统的输入端施加某个频率的正弦信号,等系统输出信号稳定后,测定信号的幅值和相位角,就得到了系统在此频率点的频率响应特性。在多个频率点上重复这一过程,就获得了系统频率响应的数据。将数据绘制成曲线,从曲线中量测出转折频率,渐开线斜率等参数,就可以写出系统的传递函数。输入正弦信号的物理量纲一般是力或位移,也可以是其他物理量信号。在绘制频率响应的实验曲线时,采用 Bode 曲线方式,以方便下一步从曲线中求取系统的传递函数。

通过实验曲线求取系统传递函数一般步骤为

(1)仔细审读幅频和相频实验曲线,确定系统的型次和零极点组成。先审读幅频曲线在初始段的斜率,用以确定系统型次。再结合审读相位偏移情况,获得系统的极点个数和零点个数之间的差值 $(n - m)$。根据曲线的形状和走向,判断系统传递函数的因式组成形式。

（2）对幅频实验曲线上各段，用 0 dB/decade，± 20 dB/decade 或 ± 40 dB/decade 等渐近线去近似；对相频实验曲线上各段，用 $\pm 45°$/decade 渐近线去近似。

（3）假定系统是最小相位系统，根据渐近线的斜率和位置信息，确定一阶因式的转折频率；确定二阶因式的无阻尼自然频率和阻尼比；写出系统的传递函数。

（4）根据确定的传递函数和系统参数，写出系统的相频响应表达式。绘制相频响应曲线，并与实验相频曲线对比。若两曲线吻合较好，且在高频段都趋近于 $(-90°) \times (n-m)$，说明最小相位系统的预判成立。若传递函数绘制的相角曲线比实验曲线低 $-180°$，说明系统在复平面的右半平面有一个零点，系统不是最小相位系统。

通过实验数据反求系统的传递函数时，可以将函数的各分项写成归一化的形式，即：

$$G(s) = K \cdot \frac{\left(\frac{1}{z_1}s+1\right)\left(\frac{1}{z_2}s+1\right)\cdots\left(\frac{1}{z_m}s+1\right)}{s^\lambda \left(\frac{1}{p_1}s+1\right)\left(\frac{1}{p_2}s+p_2\right)\cdots\left(\frac{1}{p_n}s+1\right)} \qquad (8.96)$$

代入 $s = j\omega$，并令 $\omega \to 0$，可知：

$$[G(j\omega)]_{\omega \to 0} \approx \frac{K}{(j\omega)^\lambda} \qquad (8.97)$$

取 $\lambda = 0, 1, 2$，系统分别为零型，Ⅰ 型，Ⅱ 型系统，各自在 $\omega \ll 1$ 的低频段幅频响应情况为

$\lambda = 0, G(j\omega) \approx K, 20\lg|G(j\omega)| \approx 20\lg K$，幅频响应渐近线是一条水平线，高度为 $20\lg K$。

$\lambda = 1, G(j\omega) \approx K/(j\omega), 20\lg|G(j\omega)| \approx 20\lg K - 20\lg\omega$；幅频响应渐近线是一条斜率为 -20 dB/decade 的斜线，斜线（或是其延长线）与 0 dB 交点处的频率值等于 K。

$\lambda = 2, G(j\omega) \approx K/(j\omega)^2, 20\lg|G(j\omega)| \approx 20\lg K - 40\lg\omega$；当 $|G(j\omega)| = 1$ 时，$20\lg K = 40\lg\omega$。所以幅频响应渐近线是一条斜率为 -40 dB/decade 的斜线，斜线（或是其延长线）与 0 dB 交点处的频率值等于 $\sqrt{K}$。

通过以上分析可知，通过频率响应曲线初始段情形可以确定系统的型次和增益值。

【例 8.13】已知某控制系统通过实验获得的频率响应 Bode 曲线如图 8.55 所示，试测算系统的传递函数。

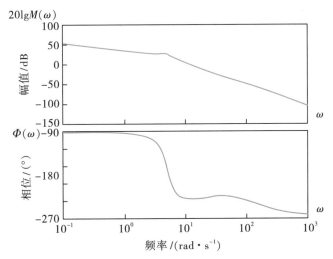

图 8.55　通过实验获得的系统频率响应曲线

【解题】第一步,首先观察低频段幅值响应曲线,呈现出下降直线的模样,可用斜率为 $-20\ \text{dB/decade}$ 的渐近线去拟合,如图 8.56 所示。可知系统为 I 型系统,含有因子 $G_1(s)=K/s$。渐近线与 0 dB 水平线的交点为 $\omega=40\ \text{rad/s}$ 处,可知系统增益 $K=40$。

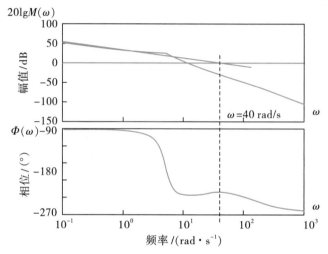

图 8.56　低频段渐近线拟合

第二步,绘制 $G_1(s)=K/s$ 的频率响应曲线,并从图 8.55 原有实验曲线中减去 $G_1(s)$ 的响应,得到新的实验曲线如图 8.57 所示。

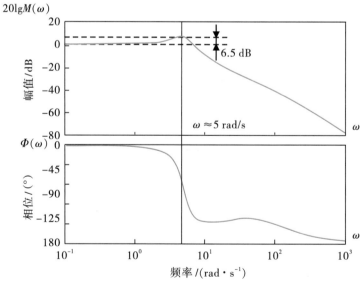

图 8.57　二阶函数参数提取

第三步,观察图 8.57 的幅值曲线,有明显的超调现象,故可推测出系统包含二阶函数。低频段是图中显示峰值频率位于 $\omega_r=5\ \text{rad/s}$ 处,对应幅值约为 $M_r=6.5\ \text{dB}$。二阶系统幅频响应的峰值频率与自然频率相近,故取 $\omega_n\approx5\ \text{rad/s}$。再根据 M_r 的计算公式(8.76),可解出 $\zeta=0.24$。故可以写出单位增益的二阶函数为

$$G_2(s) = \frac{\omega_n^2}{s^2 + 2\zeta\omega_n s + \omega_n^2} = \frac{25}{s^2 + 2.4s + 25} \tag{8.98}$$

第四步,绘制 $G_2(s)$ 的频率响应曲线,并从图 8.57 的曲线中减去 $G_2(s)$ 的响应,得到新的实验曲线如图 8.58 所示。

第五步,观察图 8.58 中的幅频曲线和相频曲线,明显分为三段。我们用渐近线在图上近似比拟可知,幅频曲线从低频到高频的渐近线斜率依次为 0,+20,0 dB/decade。相频曲线是从 0° 逐渐上升、平伸、再下降到 0°。第一个转折频率为 $\omega = 20$ rad/s,此处幅频响应曲线渐近线的斜率从 0 变化到 +20,说明 $G_3(s) = (1/20)s+1$。第二个转折频率为 $\omega = 100$ rad/s,此处幅频响应曲线渐近线的斜率从 +20 变化到 0,说明 $G_4(s) = 1/(0.01s+1)$。

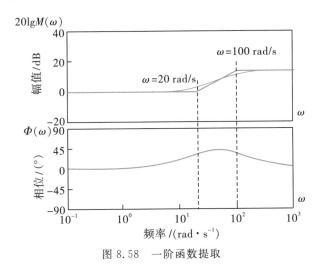

图 8.58　一阶函数提取

至此可以写出系统传递函数为

$$\begin{aligned} G(s) = G_1(s)\,G_2(s)\,G_3(s)\,G_4(s) &= \frac{40}{s} \cdot \frac{25}{s^2 + 2.4s + 25} \cdot \frac{0.05s+1}{0.01s+1} \\ &= \frac{5000(s+20)}{s(s+100)(s^2 + 2.4s + 25)} \end{aligned} \tag{8.99}$$

最后根据测算的 $G(s)$ 表达式画出相频曲线,与实验所得的相频曲线吻合较好,说明系统是最小相位系统。

需要说明的是,此题目的解题过程,只是提供了通过频率响应实验曲线求取系统传递函数的一种思路。应用于工程实践时,还需要根据实验数据处理、测量误差理论、曲线拟合技巧、数值计算原理等技术方法来具体实施。

课后练习题

8.1　对于以下每个系统 $G(s)$,写出幅值和相位的频率响应函数,并画出频率响应的 Bode 曲线简图(渐近线)和 Nyquist 曲线简图。

　　$(1)\,G(s) = \dfrac{1}{s(s+2)(s+5)}$　　$(2)\,G(s) = \dfrac{(s+6)}{(s+2)(s+4)}$　　$(3)\,G(s) = \dfrac{(s+4)(s+6)}{s(s+2)(s+5)}$

8.2　绘制题 8.2 图中每个系统的 Nyquist 曲线简图并用 Nyquist 稳定性判据判断系统的

稳定性。

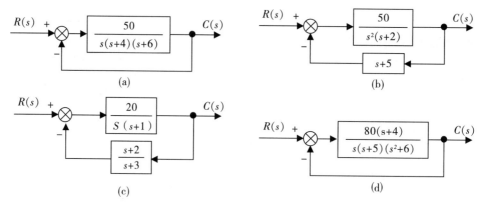

题 8.2 图

8.3 根据题 8.3 图所示的系统频率响应 Bode 曲线绘制极坐标曲线。

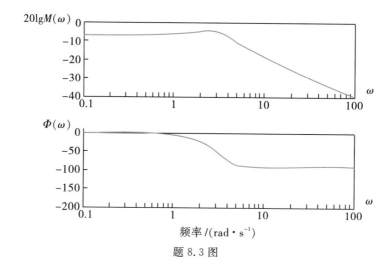

题 8.3 图

8.4 根据题 8.4 图所示的系统 Bode 曲线绘制极坐标曲线。

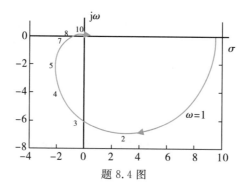

题 8.4 图

8.5 已知单位反馈系统的开环传递函数为

$$G(s)=\frac{K(s+5)}{(s^2+6s+100)(s^2+4s+25)}$$

试用 MATLAB 软件编程绘制系统的 Nyquist 曲线,并找出曲线与实数轴的交叉点和响应频率。

8.6　用 Nyquist 稳定性判据确定如下系统稳定的 K 值范围;并分别计算 $K=1000,100$ 和 0.1 时系统的增益裕量和相角裕量。

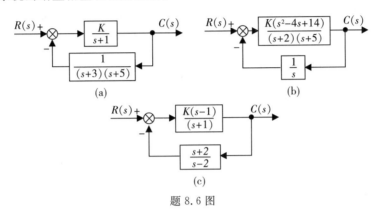

题 8.6 图

8.7　已知二阶闭环系统的参数和性能指标如下,试计算系统频率响应的带宽。

(1)$\zeta=0.2,T_s=3$ s　　　　　　　　(2)$\zeta=0.2,T_p=3$ s

(3)$T_s=4$ s,$T_p=2$ s　　　　　　　　(4)$\zeta=0.3,T_r=4$ s

8.8　单位反馈系统的前向传递函数 $G(s)$ 如下所示,绘制闭环频率响应的等 M 圆和等 N 圆图。

(1)$G(s)=\dfrac{8}{s(s+2)(s+4)}$　　　　　　(2)$G(s)=\dfrac{1000}{(s+4)(s+5)(s+6)(s+7)}$

(3)$G(s)=\dfrac{50(s+3)}{s(s+2)(s+4)}$

8.9　单位反馈系统的前向传递函数 $G(s)$ 频率响应 Bode 曲线如题 8.9 图所示。

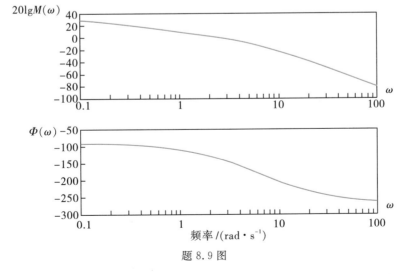

题 8.9 图

(1)从图中量测闭环系统增益裕量,相角裕量,对数幅频响应为 0 dB 的频率,相频响应
为 $180°$ 的频率和闭环带宽。

(2)根据(1)的量测结果,估算闭环系统的阻尼比、超调量、调整时间和峰值时间。

8.10 单位反馈系统的前向传递函数 $G(s)$ 如下:

$$G(s) = \frac{K}{(s+1)(s+4)(s+7)}$$

现系统延迟 0.5 s,绘制频率响应 Bode 曲线,并计算使系统稳定的增益 K 的范围。

8.11 系统通过频率响应实验获得题 8.11 图所示的三个控制系统的 Bode 曲线,试估测各
系统的传递函数。

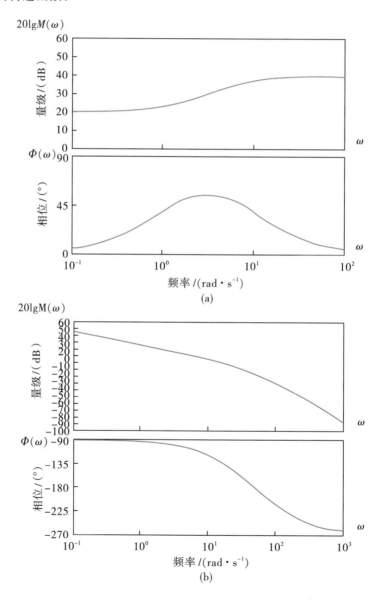

(a)

(b)

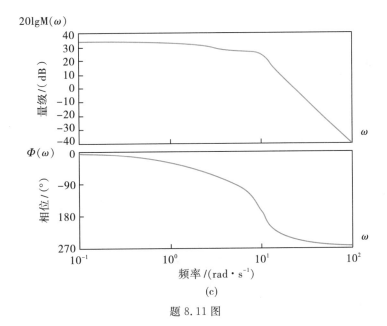

(c)

题 8.11 图

第 9 章　频率响应法补偿校正系统

　　系统的频率响应特性反映了系统的性能。如果这些性能指标不满足要求,可以对现有系统添加某些校正补偿环节以期实现设计目标。在第 7 章我们介绍了用根轨迹曲线设计补偿器的方法,这一章我们介绍基于系统频率响应特性曲线设计补偿器的方法,也称频率响应法或频域设计法。频域设计法主要依据开环系统的 Bode 曲线和 Nyquist 曲线来调整补偿闭环系统的性能指标。显然从 Bode 曲线中更容易获知系统的频率响应特性,但 Bode 曲线表达系统有时会产生歧义(例如非最小相位系统),这时就要用 Nyquist 曲线来验证唯一性。

　　运用频域法设计系统,同样是要改善闭环系统的稳定性,提升瞬态响应品质,降低稳态误差等。在时域中用来表征系统瞬态性能的指标有延迟时间 T_d,上升时间 T_r,峰值时间 T_p,相对超调量 $\%OS$,调整时间 T_s;时域中表征系统稳态性能的指标有稳态误差 $e(\infty)$。在频域中表征系统的性能指标有增益裕量 G_M,相角裕量 Φ_M,谐振峰值 M_r,谐振频率 ω_r,截止频率 ω_B 和系统频宽 $0 \sim \omega_B$ 等。在 8.5 节中我们已经介绍了系统频域响应特性与时域响应性能指标之间的关系。这些公式比较繁复,工程上通常用近似公式或关系曲线来表达。通过调整频域的指标就可以改善时域响应的性能。例如增加相角裕量可以降低相对超调量,增加频宽可以加快响应速度,提高低频段的幅值响应可以改善稳态误差等。

　　频域法与根轨迹法这两种补偿器设计方法各有特点和优势。例如在设计系统增益时,因为利用渐近线原理很容易绘制 Bode 曲线简图,从简图中也很容易读出系统的增益值,所以手工绘图就可以完成设计;而根轨迹法需要在根轨迹曲线上反复搜索才能找到所需的设计点,不用计算机程序几乎无法完成。但是在比较选择不同补偿方案的时域响应性能指标时,因为构成根轨迹曲线的系统特征根在 S 平面上的位置,与过渡时间、超调量等性能指标的关系一目了然,这时根轨迹曲线就体现出方便直观的优势了。

　　频域法是利用开环系统的频率特性与闭环系统的时间响应二者之间的关系来调整补偿闭环系统的。此处我们定义开环系统幅频响应曲线取得 0 dB 值的频率,为幅值穿越频率 ω_C(也就是相角裕量处的频率 ω_{Φ_M})。工程上一般将 ω_C 视为系统频率响应的中心频率,将 ω_C 附近的频率称为中频段,将 $\omega \ll \omega_C$ 的频率称为低频段,将 $\omega \gg \omega_C$ 的频率称为高频段。

　　由系统频率响应的性质可知,决定闭环系统稳态特性(稳态误差)的主要参数(开环增益 K,系统型次),可以通过开环频率响应的低频段求得;决定系统动态特性的主要参数(如幅值穿越频率 ω_C,相角裕量 Φ_M 等)主要反映中频段的频响特性;而系统的抗干扰能力取决于系统的高频段响应性能(因为干扰信号一般都是高频信号)。

　　用频域法设计补偿系统,实质上就是修正系统开环频率特性的曲线形状,使其达到期望的特性。一般来说,要求系统低频段的增益(直流增益)要足够大,以保证稳态误差的要求;

在幅值穿越频率 ω_C 前后,幅频曲线的斜率要等于 -20 dB/dec 并占据充分宽的频带,以保证系统具有充足的相角裕量,保证系统的响应速度足够快;在高频段的增益要迅速减小,尽量降低噪声输入对系统的影响。

9.1　调整系统增益改善相对超调量

　　在第 3 章我们已经证明,对于二阶主导极点类系统,瞬态响应中的相对超调量%OS 这一性能指标,只与系统阻尼比 ζ 有关[参见第 3 章式(3.52)至式(3.53)]。而系统频响特性中的相角裕量,也是只与系统阻尼比 ζ 有关。

　　典型二阶单位反馈系统的开环传递函数为

$$G(s) = \frac{\omega_n^2}{s(s + 2\zeta\omega_n)} = \frac{\omega_n^2}{s^2 + 2\zeta\omega_n s} \tag{9.1}$$

闭环传递函数为

$$T(s) = \frac{\omega_n^2}{s^2 + 2\zeta\omega_n s + \omega_n^2} \tag{9.2}$$

为求取开环系统的相角裕量,先求出令 $|G(j\omega)| = 1$ 的频率点。由

$$|G(j\omega)| = \left| \frac{\omega_n^2}{-\omega^2 + j2\zeta\omega_n\omega} \right| = 1 \tag{9.3}$$

满足上面等式成立的点 ω_C 为

$$\omega_C = \omega_n \sqrt{-2\zeta^2 + \sqrt{1 + 4\zeta^4}} \tag{9.4}$$

在此 ω_C 点处 $G(j\omega)$ 的相位角为

$$\angle G(j\omega_C) = -90° - \arctan\frac{\omega_c}{2\zeta\omega_n} = -90° - \arctan\frac{\sqrt{-2\zeta^2 + \sqrt{1 + 4\zeta^4}}}{2\zeta} \tag{9.5}$$

此相位角与 $-180°$ 之间的差值即为相角裕量 Φ_M:

$$\Phi_M = 90° - \arctan\frac{\sqrt{-2\zeta^2 + \sqrt{1 + 4\zeta^4}}}{2\zeta} = \arctan\frac{2\zeta}{\sqrt{\sqrt{1 + 4\zeta^4} - 2\zeta^2}} \tag{9.6}$$

可以看出,相角裕量 Φ_M 只与系统阻尼比 ζ 有关。Φ_M 与 ζ 的关系曲线如图 9.1 所示。

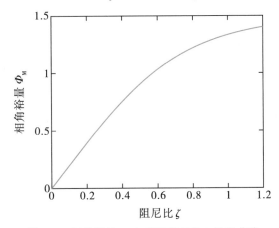

图 9.1　相角裕量 Φ_M 与系统阻尼比 ζ 关系曲线

在第 3 章系统时域分析中我们已经推知,系统相对超调量%OS 只与阻尼比ζ有关[见式(3.52)]。所以改变相角裕量Φ_M就相当于调节%OS 指标。

如图 9.2 所示系统 Bode 曲线,如果我们需要相角裕量Φ_M达到图中 CD 线段所示数值,可以设法让幅频曲线提升 AB 高度即可,这通过调节系统增益就可以实现。也就是说,简单的增益调整就可用于设计系统的相角裕量,达到调整系统相对超调量%OS 的目的。

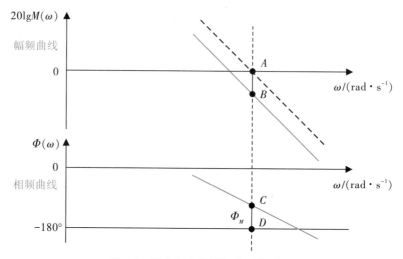

图 9.2 设定相角裕量调节系统增益

根据开环系统频率响应曲线和所设定的二阶闭环系统主导极点,通过调节系统增益值就能满足相对超调量的要求,设计步骤如下:

(1)先选择某个增益值绘制系统 Bode 曲线;

(2)根据阻尼比ζ与相对超调量%OS 的关系式[式(3.52)至式(3.53)],以及ζ与相角裕量Φ_M的关系式(9.6),按照系统所要求的超调量,确定所需的相角裕量;

(3)在相频曲线上确定相角裕量Φ_M对应的频率点ω_{Φ_M}(也就是幅值穿越频率ω_C),如图 9.2 中线段 CD 所示;

(4)在幅频曲线上找到频率点ω_{Φ_M}对应的幅值,提升系统增益,使幅频曲线在ω_{Φ_M}处穿越 0 dB 值,如图 9.2 中线段 AB 所示。

【**例 9.1**】如图 9.3 所示单位反馈系统,确定系统增益 K,要求系统时间响应的相对超调量为 9.5%。

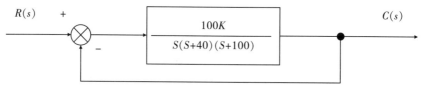

图 9.3 确定系统增益 K 满足超调量设计要求

【**解题**】(1)先选择 K=4 绘制系统频率响应特性曲线,如图 9.4 所示。这时对数幅值为 0 dB 处的频率约为ω=0.1。

(2)对闭环主导极点系统而言,根据式(3.52)可知 9.5%的超调量对应阻尼比ζ=0.6;

再根据式(9.6),计算出相角裕量应为 $\Phi_M = 59.2°$。

(3)在相频曲线上找到具有 $\Phi_M = 59.2°$ 的频率点 ω_{Φ_M},此频率处的相位角与 $-180°$ 之差为 $59.2°$,应等于 $-120.8°$;在曲线上量得到 $\omega_{\Phi_M} = 14.8$ rad/s。

(4)在幅频曲线上对应 $\omega_{\Phi_M} = 14.8$ rad/s 处的对数幅值为 -43.3 dB,要将此点处的幅值提升至 0 dB;原有幅频曲线是 $K = 4$ 绘制所得,幅频曲线要提升 43.3 dB,即系统增益要扩充 K' 倍($20\lg K' = 43.3$,计算出 $K' = 146.2$);现取 $K = 4 \times 146.2 = 584.8$ 即可满足系统超调量 9.5% 的要求。

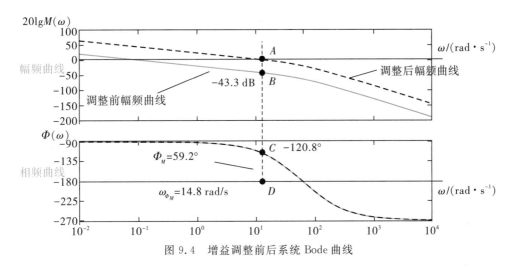

图 9.4　增益调整前后系统 Bode 曲线

增益调整后的系统开环传递函数为

$$G(s) = \frac{58480}{s(s+40)(s+100)} \tag{9.7}$$

在设计系统过程中,计算公式都是基于二阶主导极点系统的假设,设计后必须经过计算机仿真验证系统性能。此例题设计结果经计算机程序仿真计算,调整后的系统相角裕量为 $59.1°$,时域响应的超调量为 9.0%。

9.2　滞后补偿

在第 7 章我们介绍了如何运用根轨迹法设计滞后补偿器。将滞后补偿器串联到原系统中,在改善系统稳态误差时,不改变瞬态响应性能。在上一章系统频率响应分析中我们看到,通过提升低频段的幅频响应值(增益)可以提升系统静态误差常数,改善系统稳态误差;而增加系统的相角裕量可以改善系统的瞬态响应指标。这一节我们通过修正 Bode 曲线来重新描述滞后补偿器的设计过程。

滞后补偿器传递函数形式如下:

$$G_c(s) = \frac{1}{\alpha} \frac{s + \dfrac{1}{T}}{s + \dfrac{1}{\alpha T}},\text{其中 } \alpha > 1 \tag{9.8}$$

滞后补偿器由惯性环节与一阶微分环节串联而成,且惯性环节时间常数大于一阶微分环节时间常数($\alpha T > T$),积分效应大于微分效应。设计滞后补偿器的思路是先确定系统增益以满足稳态误差的要求;然后添加适当的补偿器来修正系统频响曲线,使幅频曲线在系统要求的相角裕量频率点处穿越 0 dB。补偿器的直流增益通过 $1/\alpha$ 调整为单位值,这样补偿器加入系统后,系统直流增益并不改变,保证了系统静态误差常数不变。系统的稳态误差和瞬态响应两方面都能满足设计要求。

图 9.5 所示为滞后补偿器的频率响应曲线示意图。向原系统添加补偿器,就是将此曲线与系统原频响曲线叠加以修正原曲线。因为补偿器的相频特性 $\angle G(\mathrm{j}\omega) \leqslant 0$,所以将其串接进系统后对总的相频响应呈现出角度滞后效应,这也是"滞后补偿器"名称的由来。计算可知最大负相移发生在转角频率 $1/T$ 与 $1/(\alpha T)$ 的几何中点处。

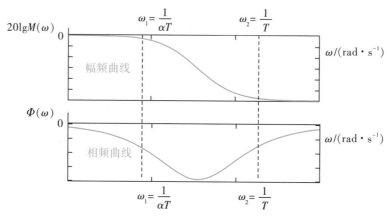

图 9.5 滞后补偿器频率响应曲线

设计滞后补偿器的步骤如下:

(1)先设计系统增益初值 K 以满足稳态误差指标要求,据此 K 值绘制系统 Bode 曲线。

(2)计算满足系统瞬态响应指标所需的相角裕量,在此基础上增加 $5°\sim10°$,暂定为设计相角裕量 Φ'_{M}。这是因为将补偿器添加进系统后,相频响应会有 $-5°\sim-10°$ 的衰减,所以预先将这一衰减考虑进去。

(3)在系统相频曲线上找到取此 Φ'_{M} 值对应的频率 $\omega'_{\Phi_{\mathrm{M}}}$ 点。在系统幅频曲线上找到频率 $\omega'_{\Phi_{\mathrm{M}}}$ 处的增益值,此增益值取负,即为滞后补偿器的幅频曲线高频段幅值。这是因为将滞后补偿器加入原系统后,新系统幅频响应曲线应在 $\omega'_{\Phi_{\mathrm{M}}}$ 处穿越 0 dB 线。即若在 $\omega'_{\Phi_{\mathrm{M}}}$ 处原有系统增益值为 $20\lg K'$,那么滞后补偿器的幅频响应曲线高频段必须为 $-20\lg K'$ 水平渐近线。

(4)选择补偿器高端转折频率比 $\omega'_{\Phi_{\mathrm{M}}}$ 低 1 decade(这是为了确保加入滞后补偿器后,系统在 $\omega'_{\Phi_{\mathrm{M}}}$ 处只有 $5°\sim10°$ 的角度增量)。滞后补偿器的低频段幅值响应为 0 dB 水平渐近线。用 -20 dB/decade 斜线连接高频段和低频段渐近线,确定补偿器的低端转折频率。

(5)加入滞后补偿器后新系统幅频响应会有所衰减,设置补偿器增益值为单位值以确保加入系统后稳态误差不变。由此就确定了滞后补偿器各参数。

(6)计算机仿真计算验证设计结果。

【例 9.2】如前例图 9.3 所示系统,用频域法设计一个滞后补偿器,使系统的稳态误差比上例增益调整后再改善 10 倍,同时保持 9.5% 的超调量。

【解题】在前例中已经计算得到 $K=584.8$ 满足系统超调量 9.5% 的要求。对此 K 值,

计算系统的静态误差常数

$$K_v = \lim_{s \to 0} s \cdot G(s)H(s) = \lim_{s \to 0}\left[\frac{58480}{(s+40)(s+100)}\right] = 14.62 \qquad (9.9)$$

(1)要使系统稳态误差改善 10 倍,则 K_v 就要扩增 10 倍成为 146.2,满足题设要求的 $K = 5848$。系统开环传递函数为

$$G(s) = \frac{584800}{s(s+40)(s+100)} \qquad (9.10)$$

绘制系统 Bode 曲线,如图 9.6 所示。从曲线中的相角裕量可以看出系统不稳定,需要加入补偿器校正系统。

(2)系统要求超调量 9.5% 的要求($\zeta = 0.6$),根据式(9.6)可计算出对应相角裕量应为 59.2°。

(3)我们在 59.2° 基础上再增加 10° 暂设 $\Phi_M' = 69.2°$;在相频曲线上找到相角为 $-180°+69.2° = -110.8°$ 所对应的频率为 $\omega_{\Phi_M}' = 9.65$ rad/s;此频率处的系统幅频响应为 $+24.2$ dB。即滞后补偿器在 $\omega_{\Phi_M}' = 9.65$ rad/s 频率处要为幅值提供 -24.2 dB 的衰减量。

(4)设计滞后补偿器的 Bode 曲线。首先绘制补偿器幅频曲线高频段渐近线为 -24.2 dB;在 ω_{Φ_M}' 左侧 1 decade 之外确定曲线的高频端转折频率,此处我们选 0.96 rad/s。从此 0.96 rad/s 频率处的高频段渐近线上的点出发,画一条斜率为 -20 dB/decade 的斜线,直到抵达 0 dB 为止。此点对应的频率 0.059 rad/s,即为补偿器幅频曲线的低端转折频率。

(5)补偿器必须具有单位直流增益,才能使已经确定的系统 K_v 值保持不变。计算出满足这一要求的补偿器增益为 0.062。故可得滞后补偿器的传递函数为

$$G_C(s) = \frac{0.062(s+0.96)}{(s+0.059)} \qquad (9.11)$$

这样,补偿后系统的开环传递函数为

$$G(s)\,G_C(s) = \frac{36264(s+0.96)}{s(s+40)(s+100)(s+0.059)} \qquad (9.12)$$

图 9.6 所示是添加滞后补偿器前后的计算机仿真系统频率响应曲线对比。补偿后的系

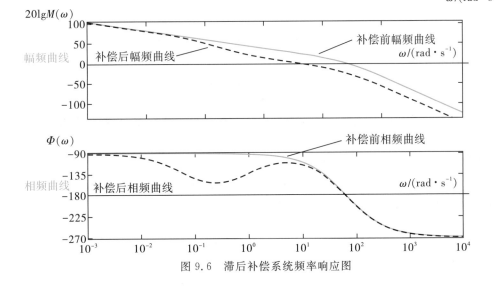

图 9.6　滞后补偿系统频率响应图

统相角裕量为 66.6°,对应幅值穿越频率为 8.87 rad/s,系统超调量为 8%。

9.3　超前补偿

超前补偿器旨在修正系统相频响应曲线,提升相角裕量以降低超调量,并且增大幅值穿越频率以达到更快的瞬态响应。超前补偿器传递函数形式如下:

$$G_c(s) = \frac{1}{\beta} \frac{s + \dfrac{1}{T}}{s + \dfrac{1}{\beta T}} \quad \text{其中 } \beta < 1 \tag{9.13}$$

超前补偿器同样是由惯性环节与一阶微分环节串联而成,但惯性环节时间常数小于一阶微分环节时间常数($\beta T < T$)。设计超前补偿器的思路是通过加大增益穿越频率从而增加系统带宽,同时升高了相频响应曲线在高频段的位置,这样系统就获得了较大的相角裕量和较高的相角裕量频率(幅值穿越频率)。对应的时域性能就是较小的超调量(较大的相角裕量)和较短的峰值时间(较高的相角裕量频率)。补偿器的直流增益通过 $1/\beta$ 调整为单位值,故补偿器加入系统后,系统直流增益并不改变,保证了系统静态误差常数不变。

图 9.7 所示为超前补偿器的频率响应曲线示意图。向系统添加补偿器就是用此曲线来叠加修正原系统频响曲线。因为补偿器的相频特性 $\angle G(\mathrm{j}\omega) \geqslant 0$,所以将其串接进系统后的相频曲线呈现出"超前"效应,这也是"超前补偿器"名称的由来。

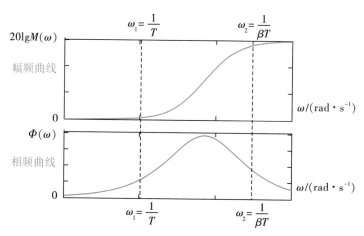

图 9.7　超前补偿器频率响应曲线

设计超前补偿器要同时改变原系统的相角裕量和相角裕量频率,根据超前补偿器的公式,可推导出图 9.7 所示曲线中的相角最大值及其所在频率。

超前补偿器的相频响应函数表达式为

$$\Phi_c(\omega) = \arctan(\omega T) - \arctan(\omega \beta T) \tag{9.15}$$

上式对 ω 求导并令导函数为零:

$$\frac{\mathrm{d}\Phi_c(\omega)}{\mathrm{d}\omega} = \frac{T}{1 + (\omega T)^2} - \frac{\beta T}{1 + (\omega \beta T)^2} = 0 \tag{9.16}$$

据此可求出相角最大值对应的频率为

$$\omega_{\max} = \frac{1}{T\sqrt{\beta}} \tag{9.17}$$

将 $s = j\omega_{\max}$ 代入超前补偿器传递函数 $G_c(s)$ 可得

$$G_c(j\omega_{\max}) = \frac{1}{\beta} \frac{j\omega_{\max} + \dfrac{1}{T}}{j\omega_{\max} + \dfrac{1}{\beta T}} = \frac{j\dfrac{1}{\sqrt{\beta}} + 1}{j\sqrt{\beta} + 1} \tag{9.18}$$

根据三角函数关系式 $\tan(\varphi_1 - \varphi_2) = (\tan\varphi_1 - \tan\varphi_2)/(1 + \tan\varphi_1\tan\varphi_2)$，即可求得补偿器的最大相角和最大幅值分别为

$$\varphi_{\max} = \angle G_c(j\omega_{\max}) = \arctan\frac{1-\beta}{2\sqrt{\beta}} = \arcsin\frac{1-\beta}{1+\beta} \tag{9.19}$$

$$20\lg|M_{\max}| = 20\lg|G_c(j\omega_{\max})| = 20\lg\frac{1}{\sqrt{\beta}} \tag{9.20}$$

超前补偿器的设计步骤如下。

(1)确定闭环系统带宽以满足瞬态响应指标中的过渡时间、峰值时间或上升时间要求。[参见第 8 章式(8.77)以及第 3 章式(3.58)和式(3.59)等]。

(2)设置系统的增益 K 满足系统稳态误差要求，针对这个 K 值绘制系统 Bode 幅频和相频曲线，找出未补偿系统的相角裕量。

(3)确定满足系统阻尼比或超调量的相角裕量，计算需要补偿器提供的相角提升量。加入超前补偿器在提升相角的同时，相角裕量频率(幅值穿越频率)也会右移变大，在新的相角裕量频率处，系统频响的相角将会比原先估算的要小一些。考虑到这一衰减，设计补偿器时，相角要预先增加 5°~10°。

(4)根据已确定的补偿器所需提供的相角值，计算确定补偿器参数 β 值；计算确定补偿器在其最大相角对应频率处的幅值[式(9.19)和式(9.20)]。在未补偿系统幅值曲线上找到此幅值的负值，对应此值的频率即为补偿后系统的相角裕量频率。

(5)设计超前补偿器的转折频率[根据式(9.13)和式(9.17)计算时间常数]。

(6)调整补偿器增益值以确保已设定的系统稳态误差不变。

(7)将补偿器加入原系统，计算机仿真计算闭环系统性能，如果未达到要求，重新设计。

【**例 9.3**】如前例图 9.3 所示系统，用频域法设计一个超前补偿器，使系统的时间响应具有 20% 的相对超调量，峰值时间 $T_p = 0.1$ s，稳态误差常数 $K_v = 40$。

【**解题**】原系统开环传递函数为

$$G(s) = \frac{100K}{s(s+40)(s+100)}$$

(1)根据题设要求计算确定闭环系统频率响应的带宽。20% 的相对超调量意味着 $\zeta = 0.456$，响应速度的要求体现在峰值时间 $T_p = 0.1$ s 这一指标上。将此 ζ 和 T_p 值代入第 8 章式(8.80)，计算出系统所需带宽为 46.6 rad/s。

(2)题设要求系统稳态误差常数 $K_v = 40$，根据第 5 章公式计算可得系统增益应为 160000，即 $K = 1600$。据此增益值绘制系统频率响应曲线，如图 9.8 所示。

(3)系统要求 20% 的相对超调量($\zeta = 0.456$)，根据式(9.6)可计算出对应的相角裕量为 48.1°。现在系统的相角裕量是 35.8°，相角裕量频率为 30.4 rad/s，需要串联超前补偿器提

升相角裕量。预先增加 $10°$ 的修正量来弥补相角可能的衰减,故需要超前补偿器提供的最大相角为 $\varphi_{max}=48.1°-35.8°+10°=22.3°$。

(4)对于 $\varphi_{max}=22.3°$,根据式(9.19)计算确定补偿器参数 $\beta=0.45$;根据式(9.20)计算确定 $20\lg M_{max}=3.47 \text{ dB}$。选择 ω_{max} 为新的相角裕量频率,则原系统在此频率处的幅值应为 $-20\lg M_{max}=-3.47 \text{ dB}$。在原系统幅频曲线上找到幅值 -3.47 dB 对应的频率点 39.5 rad/s,此即为补偿后系统的相角裕量频率。

(5)根据式(9.17)计算出 $1/T=26.49$,且 $1/(\beta T)=58.9$。

至此可写出超前补偿器为

$$G_c(s) = \frac{1}{\beta}\frac{s+\dfrac{1}{T}}{s+\dfrac{1}{\beta T}} = 2.22\left(\frac{s+26.49}{s+58.9}\right) \qquad (9.21)$$

加入超前补偿器后的系统开环传递函数为

$$G_c(s)G(s) = G(s) = \frac{355200(s+26.49)}{s(s+40)(s+100)(s+58.9)} \qquad (9.22)$$

图 9.8 为补偿前后开环系统频率响应曲线。从曲线可以看出,加入超前补偿器后开环系统的幅频响应带宽估算为 68.1 rad/s,大于题设要求的 46.6 rad/s,故系统响应的峰值时间满足要求。补偿后系统的相角裕量为 $46.14°$,相角裕量频率为 39.5 rad/s,超调量为 2.22%。可知,经过增益调整后系统中再加入超前补偿环节,相角裕量、相角裕量频率、闭环系统带宽都增大了;峰值时间和稳态误差指标也都达到了要求;但 2.2% 的超调量略大于题目要求。可以重新设计,再次调整补偿器的参数,使得系统的性能指标达到要求。

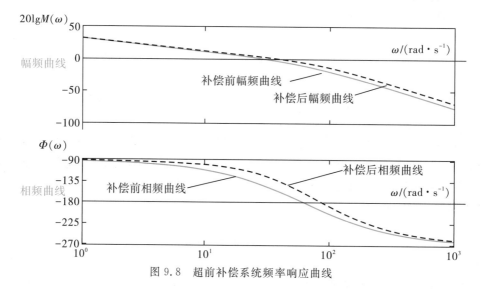

图 9.8 超前补偿系统频率响应曲线

9.4 滞后-超前补偿

滞后补偿器提高了系统的稳态性能,但使系统带宽变小,时间响应减慢;超前补偿器增加了系统带宽,提高了瞬态响应速率,但对稳态误差的影响较小。我们可以先设计一个滞后补偿器降低系统高频段增益,稳定系统并改善稳态误差;再设计一个超前补偿器以满足瞬态响应速度的要求。这种补偿器就称为"滞后-超前"补偿器。

滞后-超前补偿器的传递函数为

$$G_c(s) = \left(\frac{s + \dfrac{1}{T_1}}{s + \dfrac{\gamma}{T_1}} \right) \left(\frac{s + \dfrac{1}{T_2}}{s + \dfrac{1}{\gamma T_2}} \right) \text{其中} T_2 > T_1, \gamma > 1 \tag{9.23}$$

上式第一个括号内表示的是超前补偿,第二个括号内是滞后补偿。注意两个环节中的特征参数 γ 和 $(1/\gamma)$ 互为倒数。滞后-超前补偿器的频率响应曲线如图 9.9 所示。

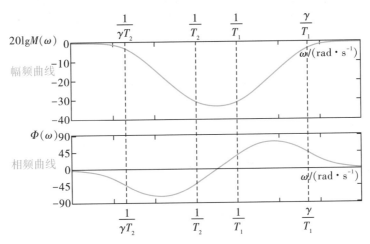

图 9.9 滞后-超前补偿器频率响应曲线

从上图中可以看出,当 $0 < \omega < 1/T_2$ 时补偿器具滞后补偿效应,当 $1/T_1 < \omega < \infty$ 时补偿器具超前补偿效应。

滞后-超前补偿器的设计步骤如下。

(1)根据系统时间响应要达到的性能指标,确定闭环系统带宽 $0 \sim \omega_{BW}$。

(2)根据系统稳态误差的要求确定系统增益 K,并据此 K 值绘制系统频率响应曲线。

(3)计算满足系统要求的相角裕量。

(4)在 ω_{BW} 附近选择新的相角裕量频率。

(5)在新的相角裕量频率处,计算超前环节所需提供的相角值,以满足补偿后系统的相角裕量要求;在此值的基础上再增加 $5° \sim 10°$,作为超前环节的相角最大值,以弥补加入补偿环节后的相角衰减。

(6)根据超前补偿器相角最大值,确定超前环节中的 γ 值。

(7)设计滞后补偿器。将低于新相角裕量频率 1 decade 处确定为高端转折频率 $1/T_2$,再根据已经确定的 γ 值,确定滞后环节的低端转折频率 $1/(\gamma T_2)$。(注意对滞后补偿器的参数设计要求不是很高,只要满足系统稳态误差指标,以及确保系统简单稳定即可。系统的相角裕量在超前补偿器设计中考虑。)

(8)设计超前补偿器。根据 γ 值和新的相角裕量频率值,确定超前补偿器的低端和高端转折频率,解出 T_1 值。

(9)写出滞后-超前补偿器的传递函数,并与原系统开环传递函数串联。

对补偿后的系统进行计算机仿真计算,检验系统带宽,确保系统响应速度要求。如果系统的相角裕量和瞬态响应指标不满足要求,需重新设计系统。

【例9.4】单位反馈系统的开环传递函数为

$$G(s) = \frac{K}{s(s+1)(s+5)} \tag{9.24}$$

用频域法设计一个滞后-超前补偿器,使系统具有 20% 的相对超调量,1.8 s 的峰值时间,稳态误差常数 $K_v = 10$。

【解答】(1)题设要求系统具有稳态误差常数 $K_v = 10$,计算出开环增益 $K = 50$。据此绘制未补偿系统的频响曲线,如图 9.10 所示。此时系统的相角裕量为负值,系统不稳定。

(2)系统时间响应要求 20% 的相对超调量,峰值时间 1.8 s。根据公式计算可知,系统阻尼比 $\zeta = 0.456$,频宽 $\omega_B = 2.59$ rad/s,相角裕量 $\Phi_M = 48°$。

(3)根据闭环系统带宽要求,设定补偿后系统的相角裕量频率 $\omega_{\Phi_M} = 1.8$ rad/s。原系统在此频率处的相角裕量为 $9°$;考虑加入补偿器后的相角衰减,再加上 $10°$ 的提前修正量;最后确定超前环节在此点要为相频曲线提供 $\varphi_{max} = 48° - 9° + 10° = 49°$ 的提升量。

(4)根据式(9.19)计算出超前环节的 $\beta = 0.1398$,取其倒数即为 $\gamma = 7.15$。

(5)设计滞后环节。选择高端转折频率比新相角裕量频率低 1 decade,为 $1/T_2 = 0.18$ rad/s,写出滞后环节传递函数为

$$G_{lag}(s) = \frac{1}{\gamma}\left(\frac{s + \frac{1}{T_2}}{s + \frac{1}{\gamma T_2}}\right) = \frac{1}{7.15}\left(\frac{s + 0.18}{s + 0.025}\right) \tag{9.25}$$

(6)设计超前环节。将 $\varphi_{max} = 49°$,$\omega_{\Phi_M} = 1.8$ rad/s 代入式(9.17),计算出低端转折频率 $1/T_1 = 0.67$ rad/s,写出超前环节传递函数为

$$G_{lag}(s) = \gamma\left(\frac{s + \frac{1}{T_1}}{s + \frac{\gamma}{T_1}}\right) = 7.15\left(\frac{s + 0.67}{s + 4.81}\right) \tag{9.26}$$

(7)串联滞后-超前补偿器后的系统开环传递函数为

$$G_c(s)G(s) = \frac{50(s+0.18)(s+0.67)}{s(s+1)(s+5)(s+0.025)(s+4.81)} \tag{9.27}$$

图 9.10 所示为系统在加入补偿器前后的频响曲线,从曲线中可知补偿后系统的频宽为 3.18 rad/s,相角裕量为 $54.97°$,幅值穿越频率 1.72 rad/s。经计算机模拟计算可得系统时间响应的相对超调量为 15%,峰值时间为 1.5 s,满足题设要求。

用频率响应法设计系统,在原理上是根据频率响应曲线通过作图来探寻补偿器参数。但要注意,在设计过程中用到的系统性能指标参数都是基于二阶主导极点系统的计算公式,所以设计完成后必须经过计算机模拟计算验证系统性能。而补偿器参数的确定一般都是沿用工程实践经验,依据设计原则反复试凑才能达到要求。可以将优化设计过程编制成计算机程序来调试设计参数,以提高设计精度和工作效率。

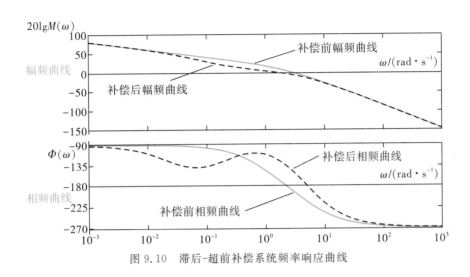

图 9.10　滞后-超前补偿系统频率响应曲线

课后练习题

1. 单位反馈系统的开环传递函数为

$$G(s) = \frac{K}{s(s+10)}$$

分别采用增益调整、相位滞后和相位超前补偿,使系统具有 $50°$ 的相角裕量。

2. 如下图所示系统:

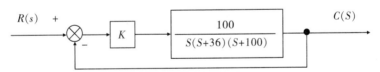

(1) 确定前置放大器增益 K,要求系统对阶跃响应的相对超调量为 9.5%。

(2) 在确定了增益 K 的基础上,再设计一个滞后补偿器,在保持 9.5% 的超调量情况下,使系统的稳态误差改善 10 倍。

(3) 设计一个超前补偿器,使系统具有 20% 的超调量以及稳态误差常数 $K_v = 40$,峰值时间为 $0.1\,\text{s}$。

3. 单位反馈系统的开环传递函数为

$$G(s) = \frac{K}{s(s+1)(s+4)}$$

设计一个滞后-超前补偿器,使系统时间响应具有 13.25% 的超调量,$2\,\text{s}$ 的峰值时间,稳态误差常数 $K_v = 12$。

附录 拉普拉斯积分变换

1.拉普拉斯变换定义

控制系统的数学模型是对物理可实现系统运行过程的数学描述,这种描述常常是关于时间变量的微分(积分)方程式。循用常规的方法求解这类方程比较困难。拉普拉斯变换是求解此类问题的一个重要工具。它可以将时域方程变换为 S′域方程进行求解;求解结果再经过逆拉普拉斯变换为时域描述。

定义:设 $f(t)$ 为时域函数$(t \geqslant 0)$,则运算 $L[f(t)]$ 称为拉普拉斯变换:

$$L[f(t)] = \int_0^\infty f(t) \mathrm{e}^{-st} \mathrm{d}t = F(s) \tag{1}$$

从定义式(1)可以看出,拉普拉斯变换是一种积分变换,被积函数是原时间函数 $f(t)$ 与时间函数 e^{-st} 的乘积,积分变量是时间 t,积分下限为零,上限为无穷大。通过拉普拉斯变换,原时间变量函数 $f(t)$ 转换成了 s 变量函数 $F(s)$。

从函数 $F(s)$ 通过拉普拉斯逆变换 L^{-1} 可以得到时域函数 $f(t)$:

$$L^{-1}\{L[f(t)]\} = L^{-1}\{F(s)\} = f(t) \tag{2}$$

时域函数 $f(t)$ 和它的拉普拉斯变换 $F(s)$ 构成一个可逆变换对。

在控制系统工程学中,S 域中的函数变量 s 通常指复数,故函数 $F(s)$ 实质上是一个复变函数。

2.常见函数的拉普拉斯变换

(1)单位阶跃函数 $u(t) = 1$

有些教材上把单位阶跃函数 $u(t) = 1$ 也称为常值函数,并写成 $u(t) = 1(t)$。根据拉普拉斯变换的定义有:

$$L[1] = \int_0^\infty \mathrm{e}^{-st} \mathrm{d}t = \frac{1}{s} \tag{3}$$

(2)单位脉冲函数 $f(t) = \delta(t)$

单位脉冲函数 $\delta(t)$ 定义为

$$\delta(t) = \begin{cases} \infty & t = 0 \\ 0 & t \neq 0 \end{cases}, 且 \int_{-\infty}^{+\infty} \delta(t) \mathrm{d}t = 1 \tag{4}$$

对于任意一个时域函数 $f(t)$,单位脉冲函数 $\delta(t)$ 有如下运算特性:

$$\int_{-\infty}^{+\infty} \delta(t) \cdot f(t) \mathrm{d}t = f(0), f(0) 为 t = 0 时刻的函数 f(t) 取值。 \tag{5}$$

再根据拉普拉斯变换的定义,可得:

$$L[\delta(t)] = \int_0^\infty \delta(t) \mathrm{e}^{-st} \mathrm{d}t = \mathrm{e}^0 = 1 \tag{6}$$

(3)指数函数 $f(t)=\mathrm{e}^{-at}$

根据拉普拉斯变换的定义式,有

$$L\left[\mathrm{e}^{-at}\right]=\int_0^{\infty}\mathrm{e}^{-at}\,\mathrm{e}^{-st}\,\mathrm{d}t=\int_0^{\infty}\mathrm{e}^{-(a+s)t}\,\mathrm{d}t=\frac{1}{s+a} \tag{7}$$

(4)余弦函数 $f(t)=\cos\omega t$

先运用欧拉公式改写 $\cos\omega t$ 为 $\cos\omega t=\dfrac{\mathrm{e}^{\mathrm{j}\omega t}+\mathrm{e}^{-\mathrm{j}\omega t}}{2}$,则:

$$
\begin{aligned}
L\left[\cos\omega t\right] &= L\left[\int_0^{\infty}\left[\frac{\mathrm{e}^{\mathrm{j}\omega t}+\mathrm{e}^{-\mathrm{j}\omega t}}{2}\right]\mathrm{e}^{-st}\,\mathrm{d}t\right] \\
&= \frac{1}{2}\left[\int_0^{\infty}\mathrm{e}^{\mathrm{j}\omega t}\,\mathrm{e}^{-st}\,\mathrm{d}t+\int_0^{\infty}\mathrm{e}^{-\mathrm{j}\omega t}\,\mathrm{e}^{-st}\,\mathrm{d}t\right] \\
&= \frac{1}{2}\left[\int_0^{\infty}\mathrm{e}^{-(s-\mathrm{j}\omega)t}\,\mathrm{d}t+\int_0^{\infty}\mathrm{e}^{-(s+\mathrm{j}\omega)t}\,\mathrm{d}t\right] \\
&= \frac{1}{2}\left[\frac{1}{s-\mathrm{j}\omega}+\frac{1}{s+\mathrm{j}\omega}\right] \\
&= \frac{s}{s^2+\omega^2}
\end{aligned} \tag{8}
$$

(5)正弦函数 $f(t)=\sin\omega t$

同上,先运用欧拉公式改写 $\sin\omega t$ 为 $\sin\omega t=\dfrac{\mathrm{e}^{\mathrm{j}\omega t}-\mathrm{e}^{-\mathrm{j}\omega t}}{2\mathrm{j}}$,则:

$$
\begin{aligned}
L\left[\sin\omega t\right] &= L\left[\int_0^{\infty}\left[\frac{\mathrm{e}^{\mathrm{j}\omega t}-\mathrm{e}^{-\mathrm{j}\omega t}}{2}\right]\mathrm{e}^{-st}\,\mathrm{d}t\right] \\
&= \frac{1}{2\mathrm{j}}\left[\int_0^{\infty}\mathrm{e}^{\mathrm{j}\omega t}\,\mathrm{e}^{-st}\,\mathrm{d}t-\int_0^{\infty}\mathrm{e}^{-\mathrm{j}\omega t}\,\mathrm{e}^{-st}\,\mathrm{d}t\right] \\
&= \frac{1}{2\mathrm{j}}\left[\int_0^{\infty}\mathrm{e}^{-(s-\mathrm{j}\omega)t}\,\mathrm{d}t-\int_0^{\infty}\mathrm{e}^{-(s+\mathrm{j}\omega)t}\,\mathrm{d}t\right] \\
&= \frac{1}{2\mathrm{j}}\left[\frac{1}{s-\mathrm{j}\omega}-\frac{1}{s+\mathrm{j}\omega}\right] \\
&= \frac{\omega}{s^2+\omega^2}
\end{aligned} \tag{9}
$$

(6)函数 $f(t)=\mathrm{e}^{-at}\cos\omega t$

由于 $\cos\omega t=\dfrac{\mathrm{e}^{\mathrm{j}\omega t}+\mathrm{e}^{-\mathrm{j}\omega t}}{2}$,则:

$$
\begin{aligned}
L\left[\mathrm{e}^{-at}\cos\omega t\right] &= \int_0^{\infty}\mathrm{e}^{-at}\left[\frac{\mathrm{e}^{\mathrm{j}\omega t}+\mathrm{e}^{-\mathrm{j}\omega t}}{2}\right]\mathrm{e}^{-st}\,\mathrm{d}t \\
&= \frac{1}{2}\left[\int_0^{\infty}\mathrm{e}^{-at}\,\mathrm{e}^{\mathrm{j}\omega t}\,\mathrm{e}^{-st}\,\mathrm{d}t+\int_0^{\infty}\mathrm{e}^{-at}\,\mathrm{e}^{-\mathrm{j}\omega t}\,\mathrm{e}^{-st}\,\mathrm{d}t\right] \\
&= \frac{1}{2}\left[\int_0^{\infty}\mathrm{e}^{-(s+a-\mathrm{j}\omega)t}\,\mathrm{d}t+\int_0^{\infty}\mathrm{e}^{-(s+a+\mathrm{j}\omega)t}\,\mathrm{d}t\right] \\
&= \frac{1}{2}\left[\frac{1}{s+a-\mathrm{j}\omega}+\frac{1}{s+a+\mathrm{j}\omega}\right] \\
&= \frac{s+a}{(s+a)^2+\omega^2}
\end{aligned} \tag{10}
$$

(7)函数 $f(t) = e^{-at}\sin\omega t$

由于 $\sin\omega t = \dfrac{e^{j\omega t} - e^{-j\omega t}}{2j}$，则：

$$
\begin{aligned}
L[e^{-at}\sin\omega t] &= \int_0^\infty e^{-at}\left[\frac{e^{j\omega t} - e^{-j\omega t}}{2j}\right]e^{-st}\,dt \\
&= \frac{1}{2j}\left[\int_0^\infty e^{-at}e^{j\omega t}e^{-st}\,dt - \int_0^\infty e^{-at}e^{-j\omega t}e^{-st}\,dt\right] \\
&= \frac{1}{2j}\left[\int_0^\infty e^{-(s+a-j\omega)t}\,dt - \int_0^\infty e^{-(s+a+j\omega)t}\,dt\right] \qquad (11)\\
&= \frac{1}{2j}\left[\frac{1}{s+a-j\omega} - \frac{1}{s+a+j\omega}\right] \\
&= \frac{\omega}{(s+a)^2 + \omega^2}
\end{aligned}
$$

(8)函数 $f(t) = e^t$ 及幂函数 $f(t) = t^n$

$$
L[e^t] = L\left[\int_0^\infty e^t e^{-st}\,dt\right] = \int_0^\infty e^{-(s-1)t}\,dt = \frac{1}{s-1} \qquad (12)
$$

因为

$$
e^t = 1 + t + \frac{t^2}{2!} + \frac{t^3}{3!} + \cdots \qquad (13)
$$

则

$$
L[e^t] = \frac{1}{s-1} = L\left[1 + t + \frac{t^2}{2!} + \frac{t^3}{3!} + \cdots\right] = \frac{1}{s} + \frac{1}{s^2} + \frac{1}{s^3} + \cdots \qquad (14)
$$

比较式(14)最后一个等号两边各项，根据拉普拉斯变换的线性特性(见后)，即有：

$$
\begin{cases}
L[1] = \dfrac{1}{s} \\[2mm]
L[t] = \dfrac{1}{s^2} \\[2mm]
L\left[\dfrac{t^2}{2!}\right] = \dfrac{1}{s^3}, \text{或} \; L[t^2] = \dfrac{2!}{s^3} \\[2mm]
\quad\quad\vdots \\[2mm]
L\left[\dfrac{t^n}{n!}\right] = \dfrac{1}{s^{n+1}}, \text{或} \; L[t^n] = \dfrac{n!}{s^{n+1}}
\end{cases} \qquad (15)
$$

时域函数 $f(t) = 1$ 即为单位阶跃函数，$f(t) = t$ 又称为单位斜坡函数，$f(t) = t^2$ 又称为单位抛物线函数。

3. 拉普拉斯变换的性质和定理

从拉普拉斯的定义出发，可以总结很多拉普拉斯变换的性质和定理。在做函数变换时巧妙运用这些性质和定理，可以得到事半功倍之效。

(1)线性性质

时域函数 $f_1(t)$ 和 $f_2(t)$ 的拉普拉斯变换分别为 $F_1(s)$ 和 $F_2(s)$，对于常数 k_1 和 k_2，有：

$$
\begin{aligned}
& L[k_1 \cdot f_1(t) + k_2 \cdot f_2(t)] \\
&= k_1 \cdot L[f_1(t)] + k_2 \cdot L[f_2(t)] \qquad (16)\\
&= k_1 \cdot F_1(s) + k_2 \cdot F_2(s)
\end{aligned}
$$

此即拉普拉斯变换的线性性质,由拉普拉斯变换的定义可直接证明。

(2)微分定理

设时域函数 $f(t)$ 的拉普拉斯变换为 $F(s)$,$f(t)$ 的导函数为 $\dfrac{\mathrm{d}f(t)}{\mathrm{d}t}$,则根据拉普拉斯变换的定义,有:

$$
\begin{aligned}
L\left[\frac{\mathrm{d}f(t)}{\mathrm{d}t}\right] &= \int_0^\infty \frac{\mathrm{d}f(t)}{\mathrm{d}t} \cdot \mathrm{e}^{-st}\,\mathrm{d}t \\
&= \int_0^\infty \mathrm{d}f(t) \cdot \mathrm{e}^{-st} \\
&= f(t) \cdot \mathrm{e}^{-st}\Big|_0^\infty - \int_0^\infty f(t) \cdot \mathrm{d}\mathrm{e}^{-st} \qquad (17)\\
&= -f(0) + s \cdot \int_0^\infty f(t) \cdot \mathrm{e}^{-st}\,\mathrm{d}t \\
&= s \cdot F(s) - f(0)
\end{aligned}
$$

这里 $f(0)$ 是时域函数 $f(t)$ 在 $t=0$ 的取值(或极限值),也称为 $f(t)$ 的初值。

同理,对于 $f(t)$ 的 n 阶导函数 $\dfrac{\mathrm{d}^n f(t)}{\mathrm{d}t^n}$,其拉普拉斯变换为

$$
L\left[\frac{\mathrm{d}^n f(t)}{\mathrm{d}t^n}\right] = s^n \cdot F(s) - s^{n-1}f(0) - s^{n-2}f'(0) - \cdots - f^{(n-1)}(0) \qquad (18)
$$

(3)积分定理

设时域函数 $f(t)$ 的拉普拉斯变换为 $F(s)$,$f(t)$ 对时间 t 的积分函数为 $\displaystyle\int_0^t f(t)\,\mathrm{d}t$,则根据拉普拉斯变换的定义,有:

$$
\begin{aligned}
L\left[\int_0^t f(t)\,\mathrm{d}t\right] &= \int_0^\infty \left[\int_0^t f(t)\,\mathrm{d}t\right] \cdot \mathrm{e}^{-st}\,\mathrm{d}t \\
&= -\frac{1}{s} \cdot \left[\int_0^t f(t)\,\mathrm{d}t\right] \cdot \mathrm{e}^{-st}\Big|_0^\infty - \int_0^\infty \left[-\frac{1}{s}\mathrm{e}^{-st}\right]f(t)\,\mathrm{d}t \quad (19)\\
&= \frac{1}{s}F(s) + \frac{1}{s}f^{-1}(0)
\end{aligned}
$$

此处 $f^{-1}(0)$ 是时域函数 $\displaystyle\int_0^t f(t)\,\mathrm{d}t$ 在 $t=0$ 时的取值(极限值)。

同理可得:

$$
L\left[\int_0^t \int_0^t \cdots f(t)\,\mathrm{d}t^n\right] = \frac{1}{s^n}F(s) + \frac{1}{s^n}f^{-1}(0) + \frac{1}{s^{n-1}}f^{-2}(0) + \cdots + \frac{1}{s}f^{-n}(0) \qquad (20)
$$

此处 $f^{-1}(0),f^{-2}(0),\cdots,f^{-n}(0)$ 为 $\displaystyle\int_0^t f(t)\,\mathrm{d}t$ 及其各重积分在 $t=0$ 时的取值(或极限值)。

(4)初值定理和终值定理

设时域函数 $f(t)$ 的拉普拉斯变换为 $F(s)$,则函数 $f(t)$ 的初值 $f(0)$ 为

$$
f(0) = \lim_{t \to 0} f(t) = \lim_{s \to \infty} s \cdot F(s) \qquad (21)
$$

函数 $f(t)$ 的终值 $f(\infty)$ 为

$$
f(\infty) = \lim_{t \to \infty} f(t) = \lim_{s \to 0} s \cdot F(s) \qquad (22)
$$

这两个定理也称为零值定理和极值定理,可由微分定理推导证明,此处从略。但在应用时要注意,只有在式中各变量有意义时,此定理才有用。

(5)周期函数的拉普拉斯变换

设时域函数 $f(t)$ 是以时间常数 T 为周期重复的周期函数,即 $f(t+T)=f(t)$,则有:

$$
\begin{aligned}
L[f(t)] &= \int_0^\infty f(t)e^{-st}dt \\
&= \int_0^T f(t)e^{-st}dt + \int_T^{2T} f(t)e^{-st}dt + \cdots \\
&= \sum_{n=0}^\infty \int_{nT}^{(n+1)T} f(t)e^{-st}dt
\end{aligned}
\tag{23}
$$

令 $t=\tau+nT$,则上式变换为

$$
\begin{aligned}
L[f(t)] &= \sum_{n=0}^\infty \int_0^T f(\tau+nT)e^{-s(\tau+nT)}d(\tau+nT) \\
&= \sum_{n=0}^\infty e^{-snT}\int_0^T f(\tau)e^{-s\tau}d\tau \\
&= \frac{1}{1-e^{-sT}}\int_0^T f(\tau)e^{-s\tau}d\tau
\end{aligned}
\tag{24}
$$

(6)函数 $f(kt)$ 的拉普拉斯变换

设时域函数 $f(t)$ 的拉普拉斯变换为 $F(s)$,对于任意常数 k,函数 $f(kt)$ 的拉普拉斯变换为

$$
L[f(kt)] = \int_0^\infty f(kt)e^{-st}dt
\tag{25}
$$

令 $kt=\tau$,则

$$
\begin{aligned}
L[f(kt)] &= \int_0^\infty f(\tau)e^{-s(\frac{\tau}{k})}\cdot\frac{1}{k}d\tau \\
&= \frac{1}{k}\int_0^\infty f(\tau)e^{-(\frac{s}{a})\tau}d\tau \\
&= \frac{1}{k}F\left(\frac{s}{a}\right)
\end{aligned}
\tag{26}
$$

此定理也称为缩放定理或相似定理。

(7)函数 $f(t-a)$ 的拉普拉斯变换

设时域函数 $f(t)$ 的拉普拉斯变换为 $F(s)$,对于任意正实数 a,函数 $f(t-a)$ 的拉普拉斯变换为

$$
L[f(t-a)] = \int_0^\infty f(t-a)e^{-st}dt
\tag{27}
$$

令 $t-a=\tau$,则

$$
\begin{aligned}
\int_0^\infty f(t-a)e^{-st}dt &= \int_0^\infty f(\tau)e^{-s(\tau+a)}d\tau \\
&= e^{-as}\cdot\int_0^\infty f(\tau)e^{-s\tau}d\tau \\
&= e^{-as}\cdot F(s)
\end{aligned}
\tag{28}
$$

这一定理也称为实数域的位移定理或延迟定理。

(8)函数 $\mathrm{e}^{-at}f(t)$ 的拉普拉斯变换

设时域函数 $f(t)$ 的拉普拉斯变换为 $F(s)$，对于任意常数 a，函数 $\mathrm{e}^{-at}f(t)$ 的拉普拉斯变换为

$$
\begin{aligned}
L[\mathrm{e}^{-at}f(t)] &= \int_0^\infty \mathrm{e}^{-at}f(t)\mathrm{e}^{-st}\,\mathrm{d}t \\
&= \int_0^\infty f(t)\mathrm{e}^{-(s+a)t}\,\mathrm{d}t \\
&= F(s+a)
\end{aligned}
\tag{29}
$$

这一定理也称为复数域的位移定理。

(9)卷积定理

设时域函数 $f(t)$，$g(t)$ 的拉普拉斯变换分别为 $F(s)$，$G(s)$，则对原函数卷积 $f(t)*g(t)$ 的拉普拉斯变换为(证明过程从略)

$$
L[f(t)*g(t)] = L\left[\int_0^t f(t-\tau)g(\tau)\mathrm{d}\tau\right] = F(s)\cdot G(s)
\tag{30}
$$

常见函数的拉普拉斯变换的基本性质、拉普拉斯可逆变换对照表如附表 1、附表 2 所示。

附表 1　拉普拉斯变换的基本性质

1	$L[f(t)]=F(s)=\int_0^\infty f(t)\mathrm{e}^{-st}\,\mathrm{d}t$	拉普拉斯变换定义
2	$L[kf(t)]=kF(s)$	线性定理
3	$L[f_1(t)+f_2(t)]=F_1(s)+F_1(s)$	线性定理
4	$L[\mathrm{e}^{-at}\cdot f(t)]=F(s+a)$	频域变换定理
5	$L[f(t-T)]=\mathrm{e}^{-Ts}F(s)$	时间域转换定理
6	$L[f(at)]=\dfrac{1}{a}F\left(\dfrac{s}{a}\right)$	缩放定理
7	$L\left[\dfrac{\mathrm{d}f}{\mathrm{d}t}\right]=sF(s)-f(0)$	微分定理
8	$L\left[\dfrac{\mathrm{d}^2f}{\mathrm{d}t^2}\right]=s^2F(s)-sf(0)-f'(0)$	微分定理
9	$L\left[\dfrac{\mathrm{d}^nf}{\mathrm{d}t^n}\right]=s^nF(s)-\sum_{k=1}^n s^{n-k}f^{k-1}(0)$	微分定理
10	$L\left[\int_0^t f(\tau)\mathrm{d}\tau\right]=\dfrac{F(s)}{s}$	积分定理
11	$f(\infty)=\lim\limits_{s\to 0}sF(s)$	终值定理
12	$f(0+)=\lim\limits_{s\to\infty}sF(s)$	初值定理

附表 2　拉普拉斯可逆变换函数对照表

	$f(t)$	$F(s)$
1	$\delta(t)$	1
2	$u(t)$	$\dfrac{1}{s}$
3	$t\cdot u(t)$	$\dfrac{1}{s^2}$
4	$t^n\cdot u(t)$	$\dfrac{n!}{s^{n+1}}$
5	$\mathrm{e}^{-at}\cdot u(t)$	$\dfrac{1}{s+a}$
6	$\sin\omega t\cdot u(t)$	$\dfrac{\omega}{s^2+\omega^2}$
7	$\cos\omega t\cdot u(t)$	$\dfrac{s}{s^2+\omega^2}$

参考文献

[1] 钱学森,宋健. 工程控制论(上、下册)[M]. 3 版. 北京:科学出版社,2011.

[2] 阳含和. 机械控制工程(上册)[M]. 北京:机械工业出版社,1986.

[3] 王馨,陈康宁. 机械工程控制基础[M]. 西安:西安交通大学出版社,1992.

[4] WIENER N. Cybernetics:Or the Control and Communication in the Animal and the Machine[M]. 北京:中国传媒大学出版社,2013.

[5] DRIELS M. Linear Control Systems Engineering[M]. 北京:清华大学出版社,2000.

[6] NISE N S. Control Systems Engineering[M]. New York:John Wiley & Sons, Inc. ,2010.

[7] DORF R C, BISHOP R H. Modern Control Systems[M]. 北京:电子工业出版社,2009.

[8] Katsuhiko Ogata. Modern Control Engineering[M]. 北京:电子工业出版社,2011.

[9] OGATA K. MATLAB for Control Engineering[M]. 北京:电子工业出版社,2013.

[10] 王正林,王胜开,陈国顺,等. MATLAB/Simulink 与控制系统仿真[M]. 北京:电子工业出版社,2012.